# myBook+

## Ihr Portal für alle Online-Materialien zum Buch!

Arbeitshilfen, die über ein normales Buch hinaus eine digitale Dimension eröffnen. Je nach Thema Vorlagen, Informationsgrafiken, Tutorials, Videos oder speziell entwickelte Rechner – all das bietet Ihnen die Plattform myBook+.

## Ein neues Leseerlebnis

Lesen Sie Ihr Buch online im Browser – geräteunabhängig und ohne Download!

---

### Und so einfach geht's:

- Gehen Sie auf **https://mybookplus.de**, registrieren Sie sich und geben Ihren Buchcode ein, um auf die Online-Materialien Ihres Buchs zu gelangen
- **Ihren individuellen Buchcode finden Sie am Buchende**

### Wir wünschen Ihnen viel Spaß mit myBook+ !

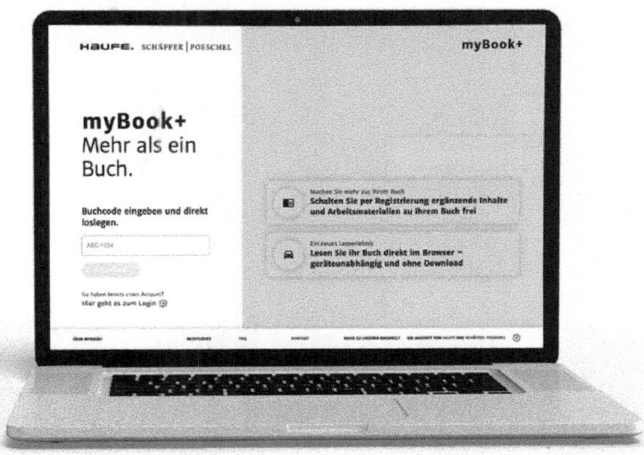


**https://mybookplus.de**

Achtsamkeit und emotionale Intelligenz in Organisationen

Dr. Svea von Hehn, Johanna Rauls

# Achtsamkeit und emotionale Intelligenz in Organisationen

## Agiles Arbeiten in Teams und Organisationskultur der Zukunft

1. Auflage

Haufe Group
Freiburg · München · Stuttgart

**Bibliografische Information der Deutschen Nationalbibliothek**

Die Deutsche Nationalbibliothek verzeichnet diese Publikation in der Deutschen Nationalbibliografie; detaillierte bibliografische Daten sind im Internet über http://dnb.dnb.de/ abrufbar.

| | | |
|---|---|---|
| **Print:** | ISBN 978-3-648-16694-9 | Bestell-Nr. 10857-0001 |
| **ePub:** | ISBN 978-3-648-16695-6 | Bestell-Nr. 10857-0100 |
| **ePDF:** | ISBN 978-3-648-16696-3 | Bestell-Nr. 10857-0150 |

Dr. Svea von Hehn, Johanna Rauls
**Achtsamkeit und emotionale Intelligenz in Organisationen**
1. Auflage, Mai 2023


www.haufe.de
info@haufe.de

Bildnachweis (Cover): © AdobeStock/Aleks Marinkovic

Produktmanagement: Mirjam Gabler
Lektorat: Gabriele Vogt

Wir widmen dieses Buch

Arist und Aaron (SvH)

Renate Skov (JR)

# Inhaltsverzeichnis

# Geleitwort zum Buch

Ob als Angestellte, Teammitglied oder als Führungskraft – das Leben emotional intelligent und achtsam zu gestalten, ist ein Mehrwert für uns selbst und für alle Menschen, mit denen wir zu tun haben. Wir haben dieses Buch für jedes Alter und jede Arbeitssituation geschrieben, ob noch in Ausbildung oder schon kurz vor der Rente. Es gibt wie ein Handbuch praktische, teilweise sehr leicht anwendbare Tipps, basierend auf Erfahrungen aus der Praxis und gestützt durch die zahlreichen wissenschaftlichen Erkenntnisse und durch Interviews, in denen neun Expertinnen und Experten von ihren Erfahrungen berichten. Die Tipps enthalten viele wertvolle Werkzeuge der Psychologie, die man somit an der Hand hat, ohne selbst Psychologie studiert haben zu müssen.

Wir stellen damit einen reichlich gefüllten Werkzeugkoffer zur Verfügung, um auf den drei Ebenen – Individuum, Team und Organisationskultur – emotionale Intelligenz und Achtsamkeit zu etablieren bzw. weiter zu kultivieren oder zu steigern. Dabei gehen wir auf die drei Hebel **Verbundenheit herstellen, Klarheit erhöhen** und **Stress reduzieren** ein.

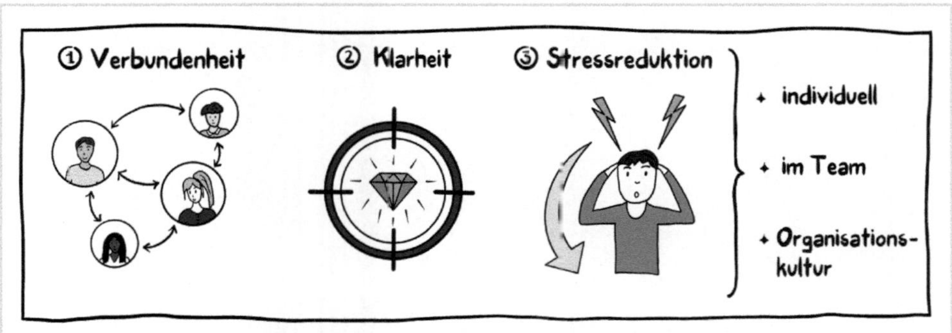


**Abb. 1:** Drei Hebel, um Achtsamkeit und emotionale Intelligenz auf den drei Ebenen zu stärken

Vertiefende Details sind in Boxen dargestellt; im dazugehörigen Fließtext ist aber stets eine kleine Zusammenfassung der Box gegeben, so dass einem eiligen Leser auch ein Verständnis des Buches möglich ist, wenn die Boxen übersprungen werden.

Aufgrund der besseren Lesbarkeit wird im Text zwischen dem generischen Femininum und Maskulinum gewechselt, gemeint sind jedoch stets alle Geschlechter. Auch sind alle aufgeführten Techniken stets für alle Geschlechter geeignet.

Meditationen sind in »Du«-Anrede geschrieben, weil ein »Sie« eine für Meditationen unpassende Distanz entstehen lassen würde.

Dieses Buch ist ohne Zuhilfenahme künstlicher Intelligenz (z. B. *ChatGPT*) handgeschrieben worden.

# Danke

Einen besonderen Dank möchten wir dem RETURN ON MEANING-Team aussprechen, und zwar Nils Cornelissen, Claudia Braun, Dr. Shamsey Oloko, Dr. Cornelia Schmidt, Dr. Tobias Leßmeister, Lena Martensen, Katrin Busch, Laura Seiler, Christoph Holzhaider, Karina Janning, Sören Kluge, Maria Rösch, Anna Wasiak, Laura Hansal, Alexander Rogalla, Petra Wanke, Katja Wöhl und Cornelia Röth.

Wir bedanken uns zudem sehr bei unseren Klientinnen und Klienten aus den verschiedenen Industrien sowie dem öffentlichen und dem gemeinnützigen Sektor, die uns in den letzten Jahren das Vertrauen entgegengebracht haben, ihre Kulturwandelprojekte zu unterstützen, und all den Menschen, die wir dabei kennenlernen und von denen wir uns inspirieren lassen durften. Dazu zählen insbesondere auch diejenigen, die in diesem Buch als Interviewpartnerinnen und -partner zu Wort kommen:

- Petra Martin (Robert Bosch GmbH, Automotive Electronics)
- Prof. Matthias Birk (White & Case LLP)
- Dr. Britta Hölzel (I AM – Institut für Achtsamkeit und Meditation)
- Dr. Martin Schilling (Techstars Berlin)
- Frauke von Polier (Viessmann Climate Solutions SE)
- Max Lederer (Jung von Matt AG)
- Dr. Jörn Apel (remotly GmbH, TheDive GmbH)
- Peter Bostelmann (SAP SE)
- Prof. Johannes Michalak (Private Universität Witten/Herdecke GmbH)

Herzlich danken möchten wir Kerstin Erlich, Anne Rathgeber und Mirjam Gabler für die beispielhafte verlegerische Betreuung und ihr Vertrauen in uns sowie Gabriele Vogt für ihr sehr gutes Lektorat. Ylva Schmökel danken wir sehr für ihre Kreativität, mit der sie die Inhalte dieses Buches lebendig gemacht hat.

Besonders herzlich verbunden danken wir Dr. Arist von Hehn, dem ein wichtiger Anteil an der Verwirklichung dieses Buches zukommt, u. a. für seine Beiträge zur psychologischen Sicherheit und New Work.

Zudem danken wir Christoph Laut für seine Expertise für die Abschnitte zu New Work und agilem Arbeiten. Wir danken Prof. Frederike Masemann und Dr. Julius Goldmann für ihre innovativen Ideen bei der Erstellung dieses Buchs. Marten Röbel danken wir für seine hilfreichen Beiträge zum Thema Stressmanagement.

Für die wertvollen Anregungen aus der Praxis sowie die fachlichen Kommentare möchten wir uns bei Sandra Meyer, Jana Lanio, Maximilian Kayer, Anna Quast, Christine Resner, Melanie Holzapfel, Florian Rauls, Sophie Kill und Pia Drews bedanken. Zudem danken wir Fenna Heinke, Annabell Curtius, Josefina Nagy, Lena Bartsch, Katinka von Rhein, Clara Scheufler, Leonie Leitner, Sophie Rudolf und Johanna Oppermann für ihr Engagement bei der Erstellung des Manuskriptes.

Sehr freundschaftlich verbunden danken wir Dr. Ekkehard Müller-Eckhard, Sabine Kipper, Gesa Gräfer-Jagiello, Marcus Metzner, Karina Fielbrandt-Dietze, Sebastian Snela, Dr. Madeleine Friedrich, Prof. John Erpenbeck, Dr. Andreas Hoyndorf, Dr. Gregor Handler, Dr. Tobias Leipprand, Riccarda Dröwke, Amelie von Stetten, Annalena Korn, Katharina zu Lynar, Christine Holst und Lennard Sund für den wertvollen Austausch – und danke, dass es euch gibt! Dieser Dank gilt auch Katja mit Andreas und Finn sowie Ulrich Grigoleit, der mich (SvH) gelehrt hat, kritisch zu bleiben. Ein ganz besonderer Dank gilt Fabian Fumagalli für die positive Energie, Zuspruch und Neugierde sowie Luisa Huber und Fenja Jahn für ihre Unterstützung durch alle Phasen des Buchprojekts. Zudem danken wir Barbara Riedenbauer, Prof. Wolfhart Pentz, Dr. Till Knoll, Christina Leber, Linda Kokot, Janna Einöder, Linda Altendorfer, Philipp Stachel-Braum, Karl Wolf, Leonardo Molinari, Tilman Dreyer und Madalena dos Reis Goncalves für die Verbundenheit, auch über die Themen dieses Buches hinaus. Und selbstverständlich geht der Dank auch an unsere Lehrer im Bereich von Achtsamkeit, Prof. Migaku Sato Roshi und Grischa Steffin.

Kollegialen Dank für konstruktiven Austausch durch die gemeinsamen Projekte widmen wir Manfred Kirchberger, Jan Mellies, Sarah Sieringer, Dr. Peter Figge, Dr. Sebastian Muschter, Anja Koch, Britta Cosson, Daniela Neumann-Foerschner, Stefan Foerschner, Peter Ströh, Heike Lorenz, Anika Schulz und Prof. Hannah Möltner.

Ganz besonders danken wir unseren Familien für ihre Unterstützung und ihr Verständnis für die Priorität, die das Buch für uns immer wieder hatte, insbesondere an Arist & Aaron sowie an Peter, Renate, Florian & Matthias: Ohne euch würde es das Buch nicht geben.

Danke!

Svea von Hehn & Johanna Rauls

Berlin, 23.2.2023

# Vorwort von Manfred Kirchberger und Jan Pascal Mellies

## Warum wir Transformation mit Überzeugung im Unternehmensalltag leben

In unseren Berufsleben, insbesondere bei SIEMENS, haben wir unterschiedliche Veränderungsprozesse begleitet. Um Unternehmen bzw. Einheiten von Unternehmen als führende Player in ihrem Bereich zu etablieren und unter der sehr hohen Unsicherheit und Geschwindigkeit weiterzuentwickeln, benötigen wir stetige strategische Weiterentwicklung und hohe organisatorische Adaption. Um die strategischen Unternehmensziele zu erreichen, haben wir entweder zu stark auf der eher technisch-organisatorischen »*Was*-Ebene« gearbeitet oder waren zu stark auf der emotionalen-zwischenmenschlichen »*Wie*-Ebene« unterwegs. Aus unser beider Erfahrung hängt diese Einseitigkeit häufig von den Präferenzen der handelnden Personen ab und häufig wird auf die »*Was*-Ebene« fokussiert.

Transformation erfordert jedoch einen ganzheitlichen Ansatz, der technologische und menschliche Aspekte in Einklang bringt. Für eine erfolgreiche Veränderung brauchen wir den Blick auf den Umgang mit uns selbst, mit unseren Kunden sowie mit unserem Team.

## Umgang mit uns selbst

Aller Anfang von Veränderung geht von uns aus. Wir leben in unsicheren Zeiten, daher müssen auch wir als Menschen und in der Rolle als Führungskraft anpassungsfähig und offen für Veränderung bleiben. Inmitten von turbulenten Momenten brauchen wir, die wir in der Verantwortung stehen, Ruhe und den nötigen Fokus – jeder also die individuelle Resilienz. Früher waren wir noch nicht überzeugt davon, dass Resilienz oder Achtsamkeit in die Werkshallen gehören, jetzt stehen wir voll dahinter. In einem Treffen mit 100 Managementkolleg_innen haben wir bei uns vor Kurzem »die Minute des Ankommens«, eine kleine Achtsamkeitspraxis, durchgeführt. Wir versuchten, diese ein bis zwei Minuten in gemeinsamer Stille zu fokussieren und zu atmen. So eine im Werksumfeld höchst ungewohnte Übung hätten die Kolleg_innen nicht erwartet. Doch durch erste gute Erfahrungen mit einem Mehr an Fokus auf der »*Wie*-Ebene« wurde klar, dass wir einen starken Geist brauchen, um gut mit Druck und Krisen umgehen zu können.

Zudem braucht es Veränderungsfähigkeit: Wir haben uns angewöhnt, uns regelmäßig zu fragen, ob es etwas gibt, das wir an uns ändern möchten. So können wir mittlerweile Verletzlichkeit und die Selbstreflexion über das eigene Denken und Handeln als Grundlagen zum Lernen und Wachsen erkennen und zulassen. Zusammengefasst heißt das in Bezug auf emotionale Intelligenz: Selbstwahrnehmung und aktive Reflexion führen zu Momenten von Klarheit. Selbstmanagement ist die Basis von Veränderungsfähigkeit. Sich seiner Stärken bewusst zu sein, diese für hohe Resilienz zu nutzen und gleichzeitig bewusst als Vorbild voranzugehen, ist ein wichtiger Treiber, um Veränderung zu gestalten.

Diese Elemente waren immer integrierter Bestandteil eines ganzheitlichen Veränderungsansatzes, der neben den konkreten o.g. Initiatitiven viel auf klassische Veränderungsmodelle (AkKo Modell & Co.) sowie eine agile Transformation der Gesamtorganisation gesetzt hat.

### Umgang mit unseren Kunden

Wir wollen für unsere Kunden bestmögliche Ergebnisse erzielen. Dies ist ein Kern-Element unserer Denkweise und Ausrichtung von Prozessen und Wertströmen. In unserer Zusammenarbeit mit diversen Kunden haben wir erlebt, wie wichtig emotionale Intelligenz auch auf dieser Seite ist: Wir können unsere Kunden mit ihren Bedarfen nur verstehen, wenn wir bewusst zuhören und versuchen, uns in ihre Lage zu versetzen. Die Frage »Was generiert wirklich Kundenmehrwert« ist dabei zentral. Für eine enge Kundenorientierung braucht es soziales Bewusstsein. Vertrauensvolle und verbindliche Interaktion mit unseren Kunden basiert auf aktivem Beziehungsmanagement – es sind alles Elemente der emotionalen Intelligenz.

### Umgang mit unserem Team

Um Veränderung zu ermöglichen, braucht es starke Partner. Keine Führungskraft kann alles alleine meistern und hat ein individuelles Stärken-/Schwächenprofil. Hier ist es wichtig, Partner zu finden, welche sich auf den verschiedenen Ebenen sehr gut ergänzen. Diesen haben wir beide im jeweils anderen gefunden. Wir beide haben zusammen mit unseren Teams und unseren über 1.000 Mitarbeitenden einen sehr erfolgreichen Transformationsprozess gestaltet und in den Unternehmensalltag integriert und dabei insbesondere die Stärkung der organisatorischen Resilienz der gesamten Unternehmung als Ziel gehabt. Unternehmerische Agilität und Menschlichkeit gehen Hand in Hand. Vertrauen ist die Basis der Zusammenarbeit in Teams in komplexen Kontexten. Agiles Arbeiten stellt relevante Techniken bereit, um mit der Geschwindigkeit des Wandels mitzuhalten. Aber nur mit der entsprechenden Haltung – und darum geht es auch in diesem Buch – können wir die Techniken anwenden.

Unsere Empfehlung ist es also, das *Was* und *Wie*, Business und People in einem integrierten Ansatz weiterzuentwickeln, der Technologie und Menschen gleichermaßen mit einbezieht. Viele von uns haben emotionale Intelligenz aber nicht gelernt. Und empfinden das Mindset von Offenheit und Neugierde, welches für Veränderung notwendig ist, als ungewohnt. Wir sind gespannt, ob wir in Deutschland die Mindset-Wende hinbekommen.

Das vorliegende Buch leistet hierzu einen wichtigen Beitrag, weil es Verständnis schafft sowie kluge Vorschläge und pragmatische Tipps an die Hand gibt, die für ein so umfassendes Thema wie Mindset Change und emotionale Intelligenz notwendig sind. Das Buch ist ein Feuerwerk an Techniken und Impulsen, wie neben dem *Was* auch das *Wie* noch stärker den Weg in unsere Unternehmenspraxis finden kann. Wir kennen die Autorinnen persönlich aus unserer Zusammenarbeit der letzten Jahre in unseren Veränderungsprozessen. Sie führen wissenschaftliche Erkenntnisse mit einem tiefen Verständnis der Unternehmensrealität zu praktischen Werkzeugen zusammen.

Jeder, der sich mit Veränderung in Unternehmen beschäftigt, sollte dieses Buch lesen. Und auch jeder, der dabei im Umgang mit sich selbst, mit dem Team und mit den Kunden dazulernen möchte.

*Karlsruhe, Januar 2023*
*Manfred Kirchberger*
*Head of Global Manufacturing Excellence, Werkleiter und Global Manager Werkeverbund SIEMENS AG Digital Industries*
*Jan Pascal Mellies*
*Global Head of People & Organization Strategy & Transformation der SIEMENS AG*

Jan arbeitete als Finance Partner mit Manfred als Werksleiter an der Transformation des Werkes in Karlsruhe. 2021 wurde »ihr« Werk zur europaweiten Firma des Jahres durch A. T. Kearney ausgezeichnet. Das Werk verzeichnet einen 40%igen Zuwachs an Produktivität verglichen mit vor fünf Jahren.

# Abbildungsverzeichnis

# 1 *You are here* – äußerer Wandel erfordert innere Veränderung

Digitalisierung und Diskussionen rund um künstliche Intelligenz, demografische Entwicklung und die Notwendigkeit der Transformation zu einer CO2-neutralen Wirtschaft sind inzwischen im Alltag der meisten Unternehmen angekommen. Covid-19 und der russische Angriffskrieg gegen die Ukraine haben das Tempo der Veränderung noch beschleunigt. Der Wandel wird zum »Neuen Normal« und wird betitelt mit der sogenannten BANI-Welt[1]: brittle, anxious, non-linear, incomprehensible. Menschen agieren demnach in ihren Organisationen in einer zerbrechlichen, sorgenvollen, nicht-linearen und schwer verständlichen Welt und stehen durch die damit einhergehende zunehmende Komplexität, Geschwindigkeit, Vernetztheit und Unsicherheit unter Druck: »Die Transformation muss tiefgreifender und schneller denn je erfolgen. Der wirtschaftliche Wandel richtet sich nicht auf kleinere Facetten der Unternehmenspolitik, sondern stellt traditionelle Geschäftsmodelle komplett in Frage. Die daraus folgenden Anpassungen müssen speziell für deutsche Unternehmen in zuvor ungeahnter Geschwindigkeit erfolgen, da die Wettbewerbsfähigkeit durch Technologieanbieter in USA und Asien massiv bedroht ist und zudem das Begrenzen des Klimawandels keinen zeitlichen Aufschub duldet«, so der Wirtschaftswissenschaftler Prof. Paul (2022, S. 3). Ökonomie, Ökologie und gesellschaftliche Belange sind zu integrieren. Noch vor wenigen Jahren undenkbar, werden inzwischen selbst von renommierten Akteuren Alternativen zum noch vorherrschenden Modell der Wachstumsökonomie diskutiert, wie z. B. vom Club of Rome (2022) mit der gemeingutorientierten Wohlergehensökonomie. Die Energiewende ist in vollem Gange, die Notwendigkeit einer Ernährungswende heiß diskutiert, eine sogenannte lebensdienliche Wirtschaft wird vorgeschlagen, mit völlig anderen Organisationssteuerungsmodellen als bisher verbreitet (vgl. z. B. Klein & Hughes, 2019; Laloux, 2015). BANI bringt also auch Chancen mit sich.

Die Diskussionen und Diskurse, die sich entlang aktueller Fragen entwickeln, haben eines gemeinsam: Ohne die Menschen mitzunehmen, d. h. aktiv daran zu beteiligen und mitwirken zu lassen, wird es keinen Wandel geben. Der Wandel erfordert Verhaltensveränderungen und eine Veränderung der Art und Weise, wie über Dinge gedacht und wie ihnen begegnet wird, also der Mindsets (zur Darstellung von Mindsets siehe Box 3.3 in Kap. 3.2.3). Natürlich bedarf es Veränderungen in Steuerungskennzahlen und -logiken, Prozessstrukturen und Reportingsystemen – sie reichen jedoch nicht aus (vgl. z. B. Paul, 2022; 2023). Äußere Veränderung erfordert innere Transformation. Die Haltung, die uns im Umgang mit den Änderungen der Außenwelt hilft, kann

1 In den 1980ern wurde von VUCA gesprochen als Akronym für Volatilität, Unsicherheit, Komplexität (engl. »complexity«) und Mehrdeutigkeit (engl. »ambiguity«); dieser Betriff wird durch BANI mehr und mehr abgelöst, erstmals benannt durch Autor und Futurist Jamais Cascio auf der Blog-Plattform »Medium« in seinem Artikel »Facing the Age of Chaos« (Cascio, 2020).

mit **bewusst** beschrieben werden. Ein anderes Wort dafür ist Achtsamkeit, was bedeutet, bewusst im gegenwärtigen Moment, also »hier«[2] zu sein.

Niemand muss unter Zwang meditieren und keiner muss dringend sein eigenes Gemüse anbauen, um diese Haltung der Achtsamkeit einzunehmen. Auch müssen Führungskräfte keine Therapeuten werden, um ihren Führungsstil in Richtung achtsame Führung zu lenken. Oder ihren Konzernjob aufgeben und achtsame Coaches werden, um dadurch Organisationskulturen lebensdienlicher gestalten zu können. Es gibt auch keine Einteilung in achtsame oder unachtsame Menschen, weil alle Menschen die Kapazität in sich tragen, die notwendig ist, um achtsame Momente aktiv herzustellen.

Warum aber sollten wir Menschen nach Achtsamkeit streben? Das kann unterschiedliche Gründe haben und auf diese geht das Buch mit pragmatischen Tipps und aufbauend auf den Erkenntnissen aus Wissenschaft und Praxis ein:

- Wer für sich selbst Möglichkeiten finden will, gelassen und klar zu bleiben, konfrontiert mit Unvorhersehbarkeiten und den damit zusammenhängenden Unsicherheiten, mit neuartigen Fragestellungen oder mit einer möglichen mentalen oder körperlichen Erschöpfung, erhält als **Individuum** in Kapitel 2 Inspirationen.
- Wer gerne etwas in und mit seinem Team bewegen möchte, um gemeinsam lebendig in der BANI-Welt zu agieren, Innovationen und hohe Kundenorientierung zu schaffen und die Art der Zusammenarbeit neu gestalten möchte, findet einen Fundus an Techniken und Impulsen fürs **Team** in Kapitel 3 – ganz unabhängig davon, ob Sie denken, dass Sie oder die anderen sich ändern sollten.
- Wer denkt, es sei an der Zeit, dass sich das Umfeld, also die Organisation, von innen heraus wandelt, um mit dem äußeren Wandel umzugehen, wird dabei begleitet in Kapitel 4, welches der **Organisation** gewidmet ist.

Ganz gleich, für welche der drei Ebenen Sie sich interessieren und in welchem Kontext Sie agieren: Eine innere Transformation, um mit der äußeren Veränderung umzugehen, ist für alle schrittweise möglich – durch Erkenntnis, Training, Mitstreiter. Und es braucht Mut, diese Schritte zu gehen und die hier beschriebenen mitunter ungewohnten Techniken auszuprobieren und umzusetzen. In diesem Buch kommen Menschen zu Wort, die diesen Mut in der Arbeitswelt hatten und die sich auf den Weg gemacht haben, in verschiedenen Kontexten. Auch Sie können mit niedrigschwelligen Herangehensweisen, mit Tipps »to go« oder in übergreifenden Transformationen etwas bewirken. Und jede Person, die sich mit ihrer Selbstwahrnehmung und Entwicklung auseinandersetzt, ist wertvoll für sich, für das Team, für die Organisation – und für eine lebenswerte Gesellschaft.

2 Daher auch das Cover dieses Buches »You are here«.

Eine unvorhersehbare, unbegreifliche, vielfältig vernetzte, sich kontinuierlich wandelnde Welt muss nicht bedrohlich sein, sondern kann auch mit allen Facetten von Lebendigkeit erfahren werden: als bunt, schillernd, überraschend, wundervoll. Es ist möglich, nicht in den Widerstand zu gehen, sondern BANI zu »umarmen«, um – nahezu paradox – klarer zu sehen, mehr zu verstehen, passendere Lösungen zu finden und bessere Entscheidungen zu treffen.

*Man muss noch Chaos in sich haben, um einen tanzenden Stern gebären zu können*
Nietzsche, 1883

Dies bedeutet, mit dem sein zu können, was da ist – auch wenn es wie Chaos erscheint. Ohne es direkt in bestehende Konzepte und Strukturen zu formen. Bestehende Vorstellungen basieren auf Erfahrungen der Vergangenheit, aber um etwas Neues zu gestalten, um angemessen mit den Veränderungen, die uns umgeben, mitzugehen, bedarf es einer Haltung, die das Neue erfassen kann und will. Eine emotionale Intelligenz, die auf Achtsamkeit basiert, ist der Zugang zu dieser Haltung und inneren Veränderung.

Mit Achtsamkeit kommt das Bewusstsein und somit der Blick wie von jemandem, der Regie führt und von der übergeordneten Balkonperspektive aus die Richtung sieht und angibt. Emotionale Intelligenz ist das Vehikel, in dem Achtsamkeit wirksam wird.

*You are here*. Alle Mutigen, die sich einer Veränderung im Inneren öffnen, um die Veränderung im Außen aktiv mitzugestalten, nimmt dieses Buch mit auf die Reise.

## 1.1 Achtsamkeit und emotionale Intelligenz in Organisationen – der aktuelle Stand

In den letzten 30 Jahren nahm die Diskussion um die Relevanz emotionaler Intelligenz in Unternehmen an Fahrt auf (Goleman, 1997; Salovey & Meyer, 1993) und auch das Thema Achtsamkeit kam – z. B. durch das »Search Inside Yourself«-Programm[3] von Google (Tan, 2018) – großflächig in die Konzerne.

3 Das »Search Inside Yourself – Die beste Suchmaschine ist unser Geist« (SIY) Programm ist ein zweitägiges achtsamkeitsbasiertes Training zur emotionalen Intelligenz, insbesondere für Führungskräfte. Der Ingenieur Chade-Meng Tan hat es für Google mit renommierten Achtsamkeitslehrern wie Marc Lesser 2007 entwickelt. In 2012 wurde aufgrund der hohen Nachfrage ein Non-Profit-Leadership-Institut (SIYLI) in San Francsico ausgegründet, das das Training weltweit für Organisationen anbietet.

## Einführende Definition von emotionaler Intelligenz

Es gibt verschiedene Modelle der emotionalen Intelligenz, ein weitverbreitetes ist das des US-amerikanischen Wissenschaftsjournalisten und Psychologen Daniel Goleman, der Pionierarbeit rund um den Einfluss von Emotionen im Unternehmenskontext leistete. Sein aktualisiertes Modell (Goleman & Boyatzis, 2017) umfasst die folgenden vier Dimensionen der emotionalen Intelligenz:

- Selbstwahrnehmung,
- Selbstregulation,
- soziales Bewusstsein und Empathie sowie
- Beziehungsmanagement.

Die ersten beiden Dimensionen beziehen sich auf den Umgang mit sich selbst, die dritte und vierte Dimension auf den Umgang mit anderen. Diese vier Dimensionen zeigen auf, was mittels Achtsamkeit möglich ist zu kultivieren.

**Abb. 1.1:** Emotionale Intelligenz umfasst vier Dimensionen

## Einführende Definition von Achtsamkeit

Achtsamkeit bedeutet, mit einer Haltung der Freundlichkeit und Offenheit präsent und bewusst zu sein, im gegenwärtigen Moment (vgl. Kabat-Zinn, 2013). Achtsamkeit ist mehr als Aufmerksamkeit. Sie bedeutet, sich der eigenen Gefühle, Gedanken und Handlungen in jedem Augenblick voll bewusst zu sein. Dies meint – etwas vereinfacht gesagt –, dass man statt im

Autopiloten im Bewusstsein des aktuellen Daseins ist. Und nicht gedanklich in der Vergangenheit und Zukunft, sondern präsent im Hier und Jetzt.

Achtsamkeit ist bereits zu einem Trend geworden und wurde mit vielen Bezeichnungen versehen: Fähigkeit, Technik, Superpower, Haltung, Art des Schauens. Achtsamkeit verschafft einen Zugang zur inneren und äußeren Welt. Es ist zudem eine genuin menschliche Eigenschaft, die man streng genommen nicht erwerben muss, sondern ohnehin schon hat. Man vergisst nur immer wieder, sie zu nutzen, weil man sich im Autopiloten aufhält – was sicherlich auch viele Vorteile mit sich bringt, sonst würde es diesen Zustand nicht geben (Details hierzu erfolgen in Kap. 1.2.2).

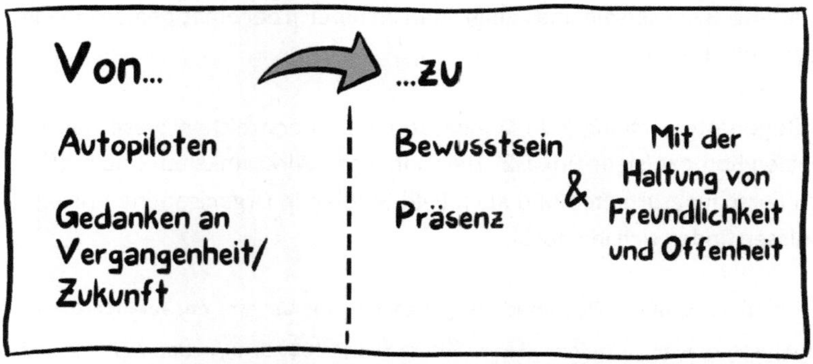


**Abb. 1.2:** Achtsamkeit zeichnet sich durch Bewusstsein und Präsenz mit einer Haltung von Freundlichkeit und Offenheit aus

### 1.1.1 Achtsamkeit und emotionale Intelligenz in Unternehmen

In manchen Kontexten werden diese Themen derzeit noch als »weich« angesehen und stehen in Zusammenhang mit Gesundheitsthemen, z. B. Stressreduktion, mentale Gesundheit oder Arbeitssicherheit. Vor dem Hintergrund gestiegener Ansprüche in fast jeder Branche erhalten emotionale Intelligenz und Achtsamkeit aber eine neue Bedeutung für die Unternehmenswelt, insbesondere durch den Bezug zur Veränderungsfähigkeit (siehe Box 1.1) sowie zu Innovation und Problemlösekompetenzen (siehe Box 1.3).

Christian Schmeichel, Chief Future of Work Officer bei SAP, unterstreicht dies: »Achtsamkeit und emotionale Intelligenz sind zwei grundlegende Fähigkeiten, die über die Zukunftsfähigkeit eines Unternehmens entscheiden werden. Man muss sich auf seine persönlichen Werte und Stärken besinnen und wie man diese am besten ins Unternehmen einbringen kann, wenn man langfristig erfolgreich arbeiten will« (SAP, 2023).

In einer emotional intelligenten Organisationskultur zu arbeiten bedeutet, schneller und innovativer zu werden. Aber nicht in dem Sinne, noch schneller zu arbeiten, sondern stattdessen sich schneller auf Neues einstellen zu können.

»Achtsamkeit hat einen direkten Bezug zu Innovations- und Führungsfähigkeit. Dies wird vom Business immer mehr erkannt. Wir werden eine rasante Akzeptanz von Achtsamkeit und emotionaler Intelligenz in den nächsten Jahren erfahren«, sagt Petra Martin, Leiterin des globalen Kompetenzzentrums von BOSCH (Martin, 2022; siehe Interview 1.2.2.2). Dies bestätigt auch Prof. Matthias Birk, der an der NYU sowie an der Columbia University lehrt und als Global Director für Partner Development bei White & Case tätig ist (siehe Interview Kap. 1.2.2.8).

Neue Formen der Führung und der agilen Zusammenarbeit, die als Antwort auf die BANI-Welt Popularität erfahren haben, sind überhaupt erst möglich durch eine Veränderung, insbesondere was Haltung, Bewusstsein und Fähigkeiten im Bereich der emotionalen Intelligenz angeht (Details dazu siehe Kap. 3).

Aussagekräftige Untersuchungen in Organisationen unterstreichen diese Relevanz auch im internationalen Kontext (siehe Box 1.2). Die vielfältigen Wirksamkeiten sind mittlerweile zahlreich durch Forschungsarbeiten und auch Feld-Studien in Organisationen belegt (Details zu den Ergebnissen finden sich in Kap. 5).

**Box 1.1 Achtsamkeit bewirkt in Organisationen einen besseren Umgang mit Veränderung**

- Die OECD benennt Achtsamkeit bereits als Future Skill (OECD, 2018), neben digitalen und weiteren Kompetenzen. Achtsamkeit gilt insbesondere durch die dokumentierte Wirkung auf Entscheidungsprozesse, auf Selbst- und Stressregulation und den Umgang mit Veränderung heute nicht mehr nur als »nice to have«, sondern als zentraler Befähiger von emotionaler Intelligenz bereits als »must have« (Congleton et al., 2015; Goleman et al., 2017).
- Eine Reihe aktueller Studien zeigt einen deutlichen Zusammenhang zwischen Achtsamkeit und der Kompetenz, auf veränderte Rahmenbedingungen flexibel zu reagieren (Budhiraja & Rathi, 2022; Roemer et al., 2021). U. a. untersuchte ein Forschungsteam das Arbeiten von 198 Mitarbeitenden in einem agilen, dynamischen Arbeitsumfeld. Der Achtsamkeitswert der Mitarbeitenden hatte eine positive Auswirkung auf ihre Anpassungsfähigkeit, z. B. im Hinblick auf den Umgang mit Unsicherheit, das Krisenmanagement, Lernfähigkeit und Problemlösekompetenzen (Johnstone & Wilson-Prangley, 2021).
- Auch McKinsey betont immer wieder die Relevanz von Achtsamkeit für die Arbeitswelt. Hier sind nicht nur die »Klassiker« Mitarbeiterbindung und Verringerung des Krankenstandes gemeint, sondern auch der Einfluss von Achtsamkeit und emotionaler Intelligenz auf die Implementierung von Strategien oder die Umsetzung von Veränderungen (z. B. Keller & Schaninger, 2019; Kumra et al., 2022).

**BOX 1.2 Emotionale Intelligenz ist eine international gefragte Kernkompetenz in Unternehmen**

Eine Untersuchung von 2019 von Capgemini zeigt, dass in China, Indien, Amerika, Schweden, England und anderen Ländern die Mehrzahl der Mitarbeitenden bereits davon ausgehen, dass emotionale Intelligenz eine nicht mehr wegzudenkende Kernkompetenz sein wird (siehe Abb. 1.3). Die meisten Organisationen, die befragt wurden (83%), gehen davon aus, dass emotionale Intelligenz eine notwendige Voraussetzung für Erfolg sein wird und die Nachfrage nach dieser in den nächsten Jahren[4] um bis zu ein Sechsfaches steigen wird. Organisationen können eine bis zu vierfache Kapitalrendite erreichen, wenn sie in den Aufbau von emotionaler Intelligenz investieren (Capgemini Research Institute, 2019).

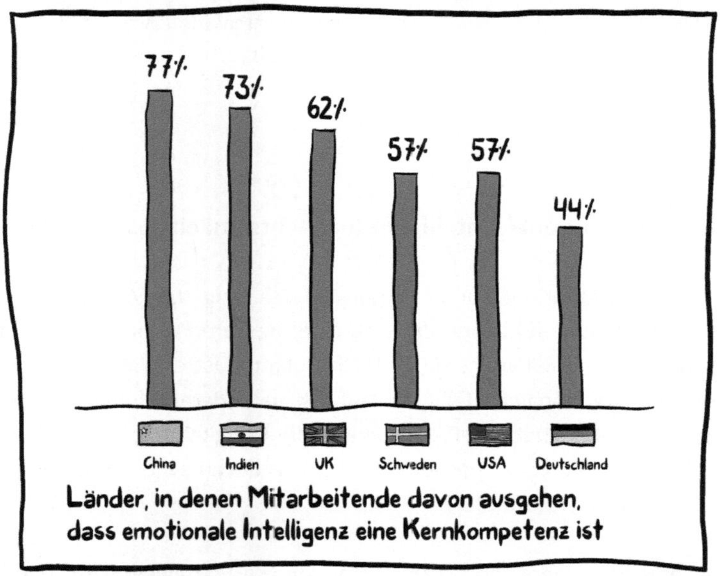


**Abb. 1.3:** Emotionale Intelligenz ist eine für die meisten Länder nicht wegzudenkende Kernkompetenz, wobei diese Erkenntnis in Deutschland weniger ausgeprägt ist als in anderen Ländern (nach Capgemini Research Institute, 2019)

In dieser Studie wird deutlich, dass sich die Erkenntnis in Deutschland allerdings erst langsam durchsetzt. Wir erleben trotz einer überzeugenden Datenlage in vielen Unternehmen in Deutschland – bis auf wenige Ausnahmen – noch immer eine verhältnismäßig große Zurückhaltung beim Thema emotionale Intelligenz und Achtsamkeit.

**BOX 1.3 Achtsamkeit bewirkt erhöhte Innovation und Problemlösekompetenz**

Erste Forschungsarbeiten berichten eine positive Wirkung von Achtsamkeit auf kreative Fähigkeiten. Vereinfacht kann man sagen: Achtsamkeit verschafft einen besseren Zugang zur eigenen Intuition und erweitert so den Raum für kreative Ideen und Lösungen. Hier eine kleine Auswahl an aktueller Forschung:

- Ein umfangreicher Literaturreview von Henriksen und Kollegen (2020) beschreibt eine komplexe, aber positive Beziehung zwischen Achtsamkeit und Kreativität. Achtsamkeit ermögliche ein bewussteres Monitoring der eigenen Gedanken, was neue Ideen schneller zum Vorschein bringe, so das Forschungsteam.

4 Die Autoren sprechen von dem Zeitraum 2019-2024. Befragt wurden N = 750 Führungskräfte im Senior Management, mittlerem Management und HR-Bereich (Capgemini Research Institute, 2019).

- In einer weiteren Untersuchung steigerte ein Achtsamkeitstraining die Fähigkeiten, sich auf neue Impulse einzulassen, was sich positiv auf das Entstehen neuer Ideen auswirkt (Baas et al., 2014).
- Im Anschluss an ein Achtsamkeitstraining waren Personen besser in der Lage, Probleme zu lösen (Ostafin & Kassman, 2012). Die Autorinnen führten dies auf verbesserte Fähigkeiten der non-konzeptionellen Wahrnehmung zurück.
- In Untersuchungen aus verschiedenen Unternehmenskontexten wurde Achtsamkeit als der verantwortliche Wirkmechanismus und als Innovationsfähigkeit von Führungskräften sowie Mitarbeitenden herausgestellt (Krishnan, 2021; Al-Zu‹bi, 2018).

### 1.1.2 Wie hängen emotionale Intelligenz und Achtsamkeit zusammen?

Verschiedene namhafte Autorinnen und Autoren sind sich einig, dass Achtsamkeit zu einer erhöhten Selbstwahrnehmung führt und diese zu einer besseren Wahrnehmung von anderen Menschen beiträgt (Decety & Lamm, 2006). Nach Goleman ist die Selbstwahrnehmung die Basiskompetenz von emotionaler Intelligenz, auf der die anderen Dimensionen emotionaler Intelligenz aufbauen (2011). Dabei sei Achtsamkeit die Fähigkeit, die wesentlich zur Selbstwahrnehmung beiträgt, und vor allem Meditationspraxis die entscheidende Technik, diese zu verbessern (Goleman & Davidson, 2017).

Die Forschung der letzten Jahre, die in Kapitel 5 differenziert dargelegt wird, legt den Schluss nahe, erstmals einen direkten Zusammenhang zwischen Achtsamkeit und allen vier Dimensionen von emotionaler Intelligenz zu sehen: Die vier Dimensionen der emotionalen Intelligenz bilden Überschriften dessen, was durch Achtsamkeit fähig ist zu kultivieren, insbesondere mittels Bewusstsein. Ohne Achtsamkeit keine emotionale Intelligenz. Wie oben gesagt: Emotionale Intelligenz ist das Vehikel, in dem Achtsamkeit wirksam wird.

Der aktuelle Stand der Forschung zu emotionaler Intelligenz und Achtsamkeit kann entlang der vier Dimensionen vereinfacht zusammengefasst werden (in Kap. 5 finden Sie dies dann differenziert dargelegt):

- **Selbstwahrnehmung**: Mithilfe von Achtsamkeit lernt man, die eigenen Gefühle zu beobachten und zu differenzieren sowie den Körper bewusster wahrzunehmen, wodurch die Selbstwahrnehmung verbessert wird. Mit Übung gelingt es auch, die eigenen Gedanken zu betrachten.
- **Selbstregulation**: Mittels Achtsamkeit schafft man es, sich auch in stressigen Situationen zu beruhigen, heftige Gefühle zu kanalisieren und sich von Rückschlägen zu erholen. Man lernt durch Achtsamkeit, seine Emotionen zu verstehen und damit umzugehen.
- **Soziales Bewusstsein und Empathie**: Die Anwendung von Achtsamkeitstechniken ermöglicht eine bewusstere Wahrnehmung der Gefühle anderer und hilft dabei, Verständnis für sie zu entwickeln. Es fällt einem leichter, sich in andere hineinzuversetzen, die Vielfalt an Emotionen zu unterscheiden und klarer soziale Signale zu lesen.

- **Beziehungsmanagement**: Achtsamkeit unterstützt dabei, anderen aktiv zuzuhören, ihren Bedürfnissen offener zu begegnen und ihnen gegenüber Wertschätzung auszudrücken. Dies erhöht die Qualität der Interaktionen und damit die Zusammenarbeit.

Emotionale Intelligenz bezeichnet alles, was im Inneren in Bezug auf sich selbst und in Bezug auf andere Menschen passiert – nicht nur in Bezug auf Emotionalität.

Was sind die Kriterien für eine Kultur der emotionalen Intelligenz in Unternehmen? Zunächst ist sie kein Kuschelkurs, sondern integriert die Verbundenheit zwischen Menschen und die Klarheit und Ehrlichkeit in den Interaktionen (siehe Abb. 1.4).

Organisationen können sich in einer Schnelldiagnostik fragen: Stellen wir in unserem Team eher Beziehungen in den Vordergrund – also betrachten wir eher Harmonie als wünschenswert? Dann sind wir wahrscheinlich gut darin, eine Verbundenheit zueinander aufzubauen. Manchmal fällt es uns dann allerdings schwer, klar zu sein, weil wir eine Harmonie nicht stören wollen. Oder haben Inhalte die Priorität, dann gelingt es uns vielleicht besser, sachlich und klar zu sein. Wenn uns allerdings die Sache, an der wir arbeiten, sehr am Herzen liegt, verlieren wir dann die Verbindung zum Gegenüber? Oder können wir beides?

Unternehmen mit einem hohen Reifegrad an emotionaler Intelligenz bzw. Achtsamkeit integrieren beides. Wie genau und was mit Reifegerad gemeint ist, wird in Kapitel 4 beschrieben.

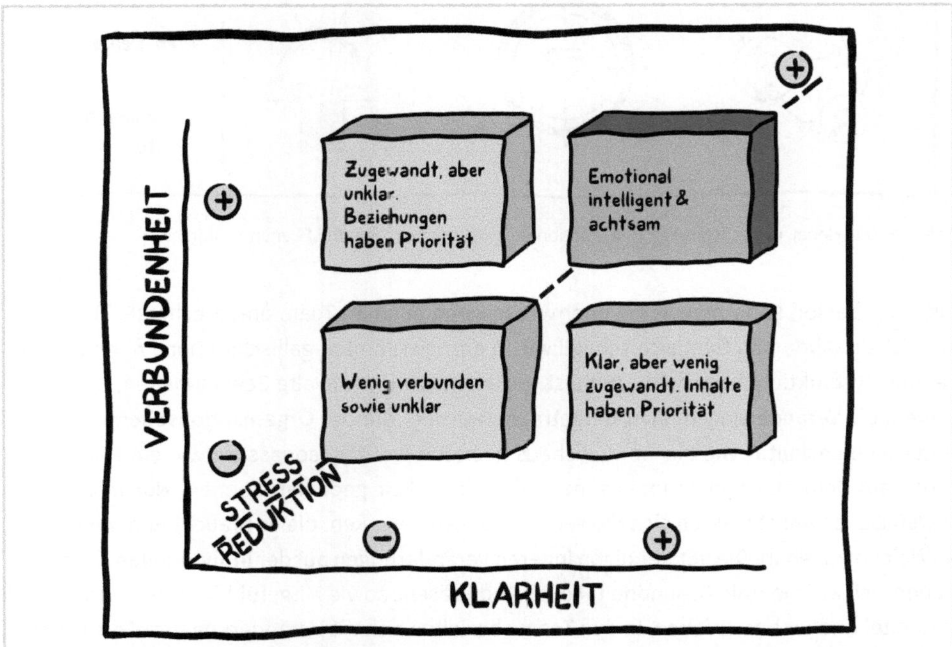


**Abb. 1.4:** Unternehmen mit einem hohen Reifegrad an emotionaler Intelligenz bzw. Achtsamkeit zeichnen sich aus durch hohe Verbundenheit, hohe Klarheit und Stressreduktion

Die beiden wichtigsten Hebel zur Gestaltung einer emotional intelligenten und achtsamen Kultur im Unternehmen sind demnach also, Verbundenheit sowie Klarheit herzustellen. Es geht hier darum, eine bessere Verbindung zu sich selbst und zu anderen sowie eine höhere Klarheit zu sich und anderen aufzubauen. Der dritte Hebel liegt darin, Stress zu reduzieren, dies aus zwei Gründen:

- Stress ist nicht nur eine Barriere, um Verbundenheit herzustellen, weil er die Empathie reduziert. Er erschwert es auch, klar zu denken. Dies zeigen Forschungsergebnisse aus den Neurowissenschaften (Nitschke & Bartz, 2022; Schulreich et al., 2022; Todd et al., 2015).
- Die meisten Menschen und Teams in Unternehmen müssen zunächst erst einmal etwas Raum schaffen, um Zeit und Kapazität aufbringen zu können, damit sie an Verbundenheit und Klarheit arbeiten können.

Daher sind die pragmatischen Werkzeugkoffer in diesem Buch in die drei Bereiche **Verbundenheit, Klarheit sowie Stressreduktion** strukturiert. Diese wiederum werden entlang der drei Ebenen **Individuum, Team und Organisation** besprochen, da es für die nachhaltige Kultivierung von Achtsamkeit und emotionaler Intelligenz eines holistischen Ansatzes bedarf.

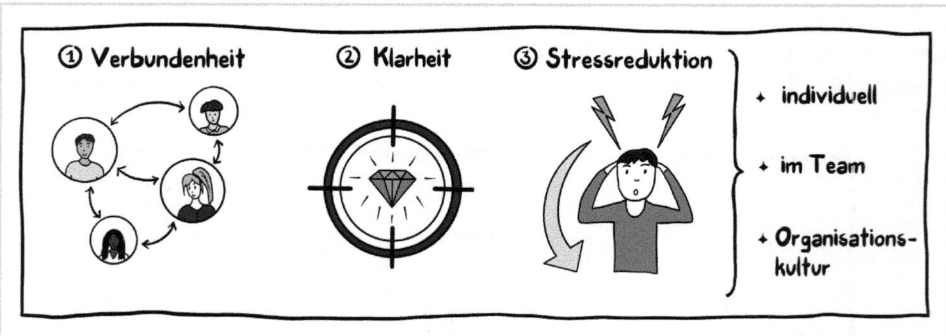


**Abb. 1.5:** Drei Hebel, um Achtsamkeit und emotionale Intelligenz auf den drei Ebenen zu stärken

Als Einzelperson kann man achtsamer werden und auch im Team entsprechende Techniken entwickeln. Aber man fühlt sich schnell wie in dem berühmten gallischen Dorf, wenn die Umgebung dysfunktional erscheint, zumeist verfällt man wieder in alte Gewohnheiten, wenn vom Umfeld die Veränderungen nicht mitgetragen werden. Auf der **Organisationsebene** kann die Unternehmenskultur wie ein Gewächshaus gestaltet werden, sodass sie wie ein Nährboden wirkt, auf dem emotionale Intelligenz und Achtsamkeit gedeihen können. Nur mit diesem systemischen Ansatz lassen sich die Veränderungen bewirken, die es braucht, um mit der BANI-Welt umzugehen. Die notwendigen inneren Veränderungen auf der **individuellen Ebene** beziehen sich auf mentale Gesundheit, Fokus und Präsenz sowie Mitgefühl, warum und wie wird in Kapitel 2 näher beschrieben. In den **Teams** beziehen sich die Veränderungen auf die psychologische Sicherheit, achtsame Führung und agile Mindsets, dies wird eingehender in Kapitel 3 beleuchtet. Die folgende Abbildung visualisiert die einzelnen Zusammenhänge:

**Abb. 1.6:** Die BANI-Welt erfordert einen emotional intelligenten Umgang, sowohl beim Individuum (Kap. 2) als auch im Team (Kap. 3) und in der Organisationskultur (Kap. 4).

Zusammengefasst: Äußere Veränderung erfordert innere Transformation. Die vier Dimensionen der emotionalen Intelligenz beschreiben Vorgänge in Bezug zu sich selbst und in Bezug auf andere Menschen. Achtsamkeit entwickelt diese emotionale Intelligenz und ermöglicht den Zugang zur inneren Welt. Sie ist sowohl auf den Ebenen Individuum, Team als auch der Organisationskultur notwendig, um als Unternehmen nachhaltig mit BANI umgehen zu können. Emotionale Intelligenz und Achtsamkeit können entlang der drei Hebel Verbundenheit, Klarheit und Stressreduktion kultiviert werden. Wie dies genau umgesetzt werden kann, ist Thema dieses Buches.

## 1.2 Emotionale Intelligenz und Achtsamkeit im Detail

### 1.2.1 Warum ist emotionale Intelligenz wichtig?

#### Übung

Denken Sie an eine Führungskraft oder Mentorin, die Sie in Ihrem beruflichen Werdegang unterstützt und vielleicht geprägt hat – welche Attribute zeichnen diese Person aus und in welchen Situationen wurde dies deutlich? Notieren Sie ein paar Eigenschaften. Wenn Ihnen niemand einfällt, fragen Sie sich alternativ: Wen würden Sie um Rat fragen bei Entscheidungen? Und welche Attribute zeichnen diese Person aus?

Wenn diese Frage Menschen in Unternehmen gestellt wird, kommen als Antwort häufig folgende Eigenschaften: »vertrauensvoll, authentisch, empathisch, offen, klar.« Und als Situationen werden u. a. genannt: »Ist auch in stressigen Situationen gelassen geblieben; gab uns einen sicheren Ort zum Wachsen; stand bei Herausforderungen hinter uns; hat uns gezeigt, dass unsere Arbeit wichtig ist; ist mit gutem Beispiel vorangegangen; kann man sich anvertrauen, wenn es nicht gut läuft; hört gut zu und hat uns inspiriert, nach höherer Qualität zu streben« (diese und weitere Beispiele siehe Abbildung 1.7). Dies alles sind Attribute aus dem Bereich von emotionaler Intelligenz, häufig aus dem Bereich der Interaktion.

In einer Studie befragte die Unternehmensberatung Bain & Company über 2000 Mitarbeitende der Economist Intelligence Unit, welche Attribute sie bei Führungskräften inspirieren. Mit großem Abstand wurde *Centeredness* als häufigste Eigenschaft genannt (Garton, 2017). Centeredness meint die vollkommende Präsenz im Hier und Jetzt, das Kernelement von Achtsamkeit.

**Abb. 1.7:** Beispiele, wie sich emotionale Intelligenz im Arbeitsalltag in der Führung ausdrückt

Selten wurden von den Teilnehmenden Attribute aus dem Bereich von IQ – wie fachliche Expertise oder Intelligenz – genannt, denn fachliche Expertise und Intelligenz haben (hoffentlich) die meisten Personen in der Organisation, in der sie arbeiten, da diese eine notwendige Voraussetzung für beruflichen Erfolg darstellen.

**BOX 1.4 Emotionale Intelligenz in 19 Kompetenzen**

Innerhalb der vier oben genannten Dimensionen der emotionalen Intelligenz – Selbstwahrnehmung, Selbstregulation, soziales Bewusstsein und Empathie sowie Beziehungsmanagement – gibt es 19 Kompetenzen der emotionalen Intelligenz (Goleman, 2002), beginnend im Bereich der Selbstwahrnehmung: Hier finden sich die emotionale Selbstwahrnehmung, zutreffende Selbsteinschätzung und Selbstvertrauen. Unter Selbstregulation fallen folgende Kompetenzen: emotionale Selbstkontrolle, Transparenz, Anpassungsfähigkeit, Leistung, Initiative und Zuversicht (also eine positive Einstellung). Organisationsbewusstsein, Empathie und Service bilden das soziale Bewusstsein. Die vierte Dimension der emotionalen Intelligenz, das Beziehungsmanagement, umfasst Einflussnahme, Coaching und Mentoring, Konfliktmanagement, Veränderungskatalysator, Bindungen aufbauen, Teamarbeit und Kooperation sowie inspirierende Führung.

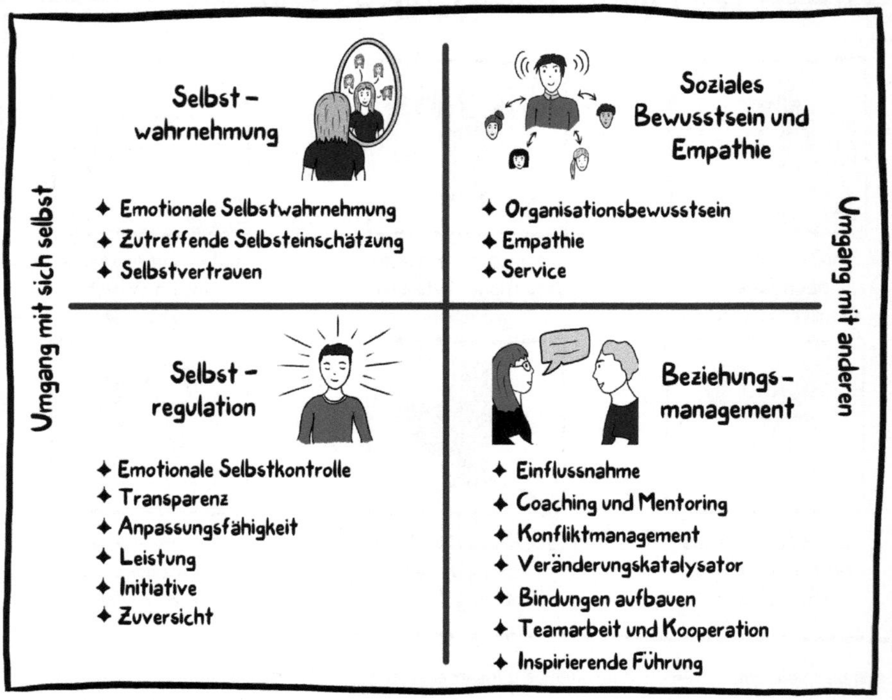


**Abb. 1.8:** Definition emotionaler Intelligenz (Goleman & Boyatzis, 2017)

Überall dort, wo Menschen miteinander interagieren, macht sich emotionale Intelligenz oder besser gesagt das Fehlen eben dieser bemerkbar. Sei es in Besprechungen, Verhandlungen, Überzeugungssituationen oder Problemlösegesprächen zwischen Teammitgliedern, Kundinnen, Zulieferern oder anderen Dienstleisterinnen entlang jeder Ebene in Organisationen: Es macht einen spürbaren Unterschied dahingehend, *wie* die Begegnung abläuft. Denn es geht dabei nicht nur um das, *was* besprochen wird, sondern insbesondere um die Form, *wie* miteinander umgegangen wird. Ebenso ist nicht nur in Interaktionen mit anderen, auch im Umgang mit sich selbst emotionale Intelligenz unabdingbar, um sich selbst wahrzunehmen, die eigenen inneren Vorgänge zu verstehen und sie zu regulieren.

Eine Reihe an wissenschaftlichen Befunden hat die Wirksamkeit von emotionaler Intelligenz auf verschiedene Bereiche untersucht. In der nachfolgenden Abbildung werden die aktuellen und auf die Arbeitswelt bezogenen, wissenschaftlich robusten Studienergebnisse in sechs Bereichen dargestellt.

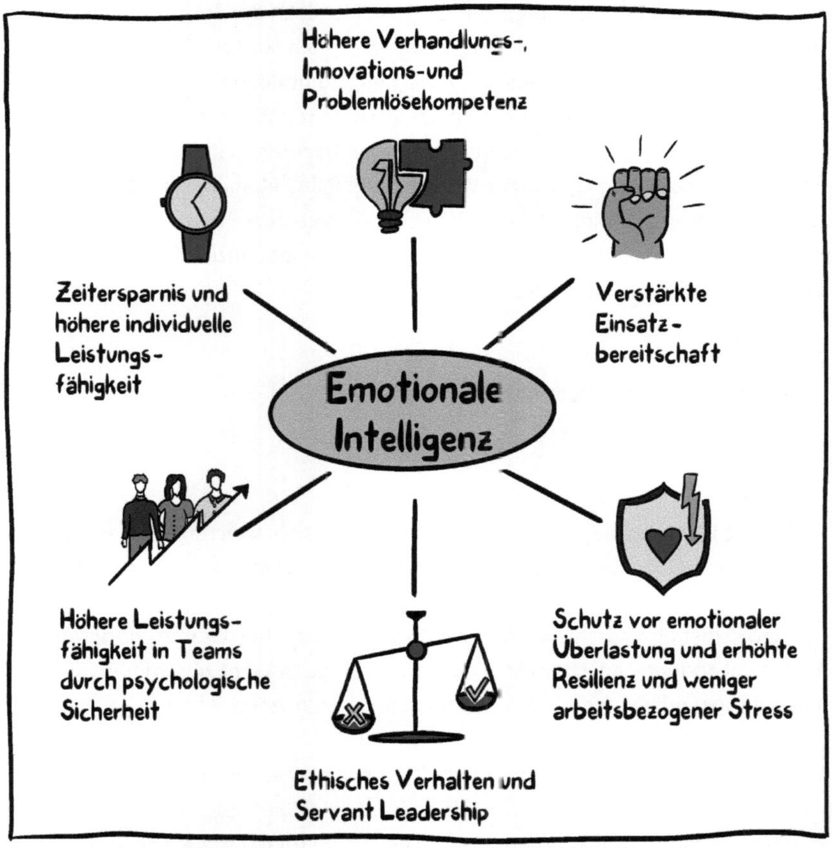


**Abb. 1.9:** Sechs Wirkfaktoren emotionaler Intelligenz

Neurowissenschaftliche Studien legen einen Schutz vor emotionaler und psychischer Belastung bzw. erhöhte Resilienz durch eine hohe emotionale Intelligenz nahe (O'Connor et al., 2002). Weitere Studienergebnisse bestätigten bei Fachkräften im Gesundheitswesen den Zusammenhang zwischen hoher emotionaler Intelligenz und geringerem Stressempfinden (Nikolaou & Tsaousis, 2002). Hier wurden zudem bei hoher emotionaler Intelligenz eine höhere Einsatzbereitschaft und Loyalität gegenüber der Organisation festgestellt (ebenda). Eine hohe emotionale Intelligenz beeinflusst auch die individuelle Verhandlungs-, Innovations- und Problemlösekompetenz positiv (Humphrey, 2013; Rock, 2011). Aktuelle Studienergebnisse im Kontext von kundenorientierten Branchen zeigen einen Zusammenhang von hoher emotionaler Intelligenz mit Zeitersparnis sowie einer gesteigerten individuellen Leistungsfähigkeit (Kaur & Singh, 2021).

Die Wirksamkeit von emotionaler Intelligenz zeigt sich auch in der Zusammenarbeit auf Teamebene: Teams mit emotional intelligenten Umgangsformen weisen eine höhere Leistungsfähigkeit auf bedingt durch psychologische Sicherheit (Edmondson, 2018). Zudem besteht ein positiver Zusammenhang zwischen emotionaler Intelligenz und ethischem Verhalten (Hopkins & Deepa, 2018). In einer Metaanalyse zeigt sich ein signifikanter, positiver Zusammenhang zwischen emotionaler Intelligenz und Servant Leadership (Miao et al., 2021), der stark durch ethisches Verhalten geprägt ist. Dies wird u. a. damit begründet, dass Personen, die über eine hohe emotionale Intelligenz verfügen, wahrscheinlicher die Konsequenzen der Handlung, die sie in Erwägung ziehen, beachten (Jeffries & Lu, 2018).

### 1.2.2 Was verbirgt sich hinter Achtsamkeit?

> **Übung**
>
> Schließen Sie für einen Moment die Augen und fragen sich, welche Laternen auf Ihrer Straße stehen oder welche Kleidung der Mensch, den Sie zuletzt gesehen haben, trägt.

Menschen sind selbst überrascht, wie sehr sie Details im täglichen Leben ignorieren, insbesondere in Bezug auf andere Menschen. Achtsamkeit befähigt, präsent zu sein und mühelos wahrzunehmen, was sowohl im Inneren als auch um einen herum geschieht.

Achtsamkeit wurde aus dem »Ökoregal« geholt und ist im gesellschaftlichen Mainstream angekommen. Das öffentliche Interesse am Thema ist so groß wie nie zuvor. Die stark wachsende Anzahl beeindruckender Studienergebnisse (siehe Abb. 1.10) hat dabei enorm zur Popularität im westlichen Kulturkreis beigetragen. Allein in den Jahren 2019 und 2020 wurden jeweils über 1.000 wissenschaftliche Publikationen unter dem Schlagwort »Mindfulness« (dt. Achtsamkeit) veröffentlicht.

Achtsamkeit ist zu einem Trend geworden, was zu einem Wildwuchs an Bezeichnungen geführt hat. In diesem Buch wird Achtsamkeit aus verschiedenen Perspektiven beleuchtet – praktisch, technisch, wissenschaftlich, joblich, klinisch, systemisch. Hier wird jeweils versucht, die dabei passende Sprache anzuwenden. Eine gängige und handliche Definition wurde bereits in Kapitel 1.1. gegeben (siehe dazu auch Abb. 1.2) mit »Raus aus dem Autopiloten und den Gedanken an Vergangenheit und Zukunft hin zu Präsenz und Bewusstsein«. Achtsamkeit bedeutet Gewahrsein, d. h., im gegenwärtigen Moment präsent zu sein und die eigenen Gefühle, Gedanken, Körperempfindungen sowie die Umgebung mit einer freundlichen, neugierigen und offenen Haltung wahrzunehmen (Mindfulness All-Party Parliamentary Group, 2015). Es bedeutet auch, sich der eigenen Handlungen in jedem Augenblick voll bewusst zu sein (Nhat Hanh, 2023).

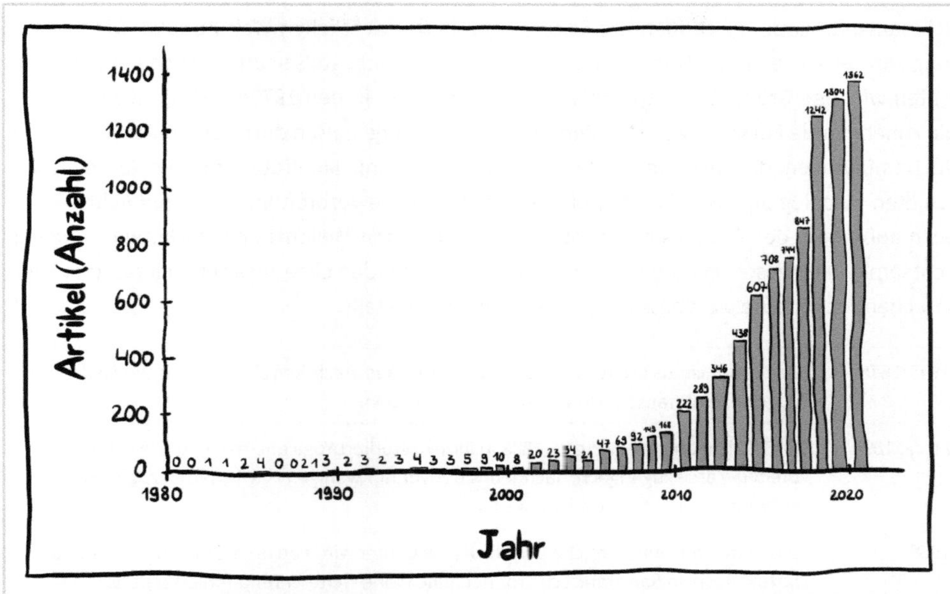


**Abb. 1.10:** Steigende Anzahl veröffentlichter wissenschaftlicher Artikel zu Achtsamkeit (angelehnt an American Mindfulness Research Association, 2022)

### 1.2.2.1 Die Entwicklung von Achtsamkeit

Meditation findet sich seit tausenden von Jahren in verschiedenen Traditionen und Religionen, z. B. in der christlichen Mystik, bei den Benediktinern, im Yoga, im Buddhismus (vgl. von Hehn & von Hehn, 2021). Achtsamkeit selbst ist erstmals vor ca. 2.500 Jahren im Satipatthasna Sutta und Anapanasati Sutta (z. B. in der Übersetzung von Thich Nhat Hanh, 2008) beschrieben als Sati, was mit »volles Bewusstsein« übersetzt wird. Die Meditation wurde zwar nicht von Buddha erfunden, der diese tiefe Versenkung wahrscheinlich während seiner Jahre als Asket gelernt hat. Ihm wird aber die Idee, einfach nur präsent zu sein für den gegenwärtigen Moment – was Achtsamkeit ausmacht – zugeschrieben.

Heute finden in vielen verschiedenen Organisationen – Schulen, Verwaltungen, Therapiepraxen, Gefängnissen, Sportverbänden und vielen weiteren – Achtsamkeitsprogramme statt, in denen auch die Achtsamkeits-Meditation gelehrt wird. In Unternehmen ist Achtsamkeit ebenfalls angekommen. Unternehmen aus dem Bereich des Güterverkehrs auf Schienen oder des Stahlbaus schulen bereits ihre Mitarbeitenden in Achtsamkeit, um deren Aufmerksamkeit in Gefahrensituationen zu erhöhen und so den Arbeitsschutz zu verbessern. Darüber hinaus berichten aktuelle Überblicksarbeiten von zahlreichen positiven Effekten für den Arbeitsplatz durch Achtsamkeit (siehe z. B. Eby et al., 2019; Lomas et al., 2019; Vonderlin et al., 2020). Führende Organisationen in Deutschland und in den USA bieten heute achtsamkeitsbasierte Programme an. Die überwiegende Mehrheit basiert dabei auf Modifizierungen des sogenannten Mindfulness-Based-Stress-Reduction-(MBSR)-Programms von Prof. Jon Kabat-Zinn (Eby et al., 2019).

Achtsamkeit wurde durch mehrere Strömungen in der westlichen Welt populär. Die Verbreitung von Zen – u. a. durch Thich Nhat Hanh – und Yoga – angestoßen durch Krishnamacharya – legten wichtige Grundsteine. Die Entwicklung von MBSR in den 1970er Jahren (Gross, 2012), die zunehmende Forschung um die Wirkweisen – u. a. angestoßen durch den Dalai Lama – und die Bemühungen, die Wirksamkeit der Achtsamkeitstechnik Meditation mittels Neurowissenschaften zu belegen, sowie ihre populärwissenschaftliche Verbreitung, machten Achtsamkeit auch außerhalb des Buddhismus populär. Die wichtigsten Meilensteine zur Entwicklung von Achtsamkeit in Wissenschaft und Praxis sind in der folgenden Liste zusammengefasst; die entsprechenden Akteure werden auf myBook+ näher vorgestellt.

| | |
|---|---|
| 1848-1870 | Der Buddhismus breitet sich in San Francisco aus, nachdem sich chinesische Siedler im Zuge des Goldrauschs dort niedergelassen haben. |
| ab ca. 1898 | Sri T. Krishnamacharya (geb. 1888 in Indien) studiert Yoga und macht diese Lehre einer breiten Masse zugänglich, nachdem sie zuvor nur wenigen Privilegierten zugänglich war; er bringt Yoga in die westliche Welt. |
| 1959 | Das erste und einflussreiche buddhistische Center wird von dem Zen-Lehrer Shunryu Suzuki Roshi in San Francisco eröffnet. Eine Reihe weiterer renommierter buddhistischer Lehrer (u. a. Taizan Maezumi Roshi) immigriert aus dem asiatischen Raum in die USA, um weitere buddhistische Center zu eröffnen. |
| 1960-1979 | Buddhistische Lehren werden im Westen populär.<br>Steve Jobs beschäftigt sich mit der Zen-Schule und beginnt, Achtsamkeit in die Unternehmenskultur und das Design von Apple zu integrieren. |
| 1966 | Der buddhistische Mönch Thich Nhat Hanh (»father of mindfulness«) immigriert in Folge des Vietnamkriegs nach Frankreich. Er prägt dort den Begriff »Mindfulness«, macht ihn der westlichen Welt zugänglich und gründet eines der größten buddhistischen Klöster in der westlichen Welt. |
| 1979 | Der Wissenschaftler und Zen-Schüler Prof. Jon Kabat-Zinn entwickelt das Programm »Mindfulness-Based Stress Reduction (MBSR)« zur Linderung chronischer Schmerzen und Stress an der Stress Reduction Clinic der Universität von Massachusetts in Worcester, USA. |
| 1987 | Die erste Konferenz des Mind and Life Instituts findet auf Initiative von Neurowissenschaftlern und des Dalai Lama in Dharamshala, Indien, statt, um den Dialog zwischen buddhistischen Traditionen und Wissenschaft zu fördern. |
| 1990 | Der amerikanische Psychiater Steven C. Hayes entwickelt die »Acceptance and Commitment Therapy« (ACT[5]) als eine moderne Weiterentwicklung der kognitiven Verhaltenstherapie, die achtsamkeits- und akzeptanzbasierte Techniken einsetzt. |

5 ACT verfolgt einen störungsübergreifenden Therapieansatz. Dabei geht es zum einen um den Aufbau einer akzeptierenden Haltung gegenüber inneren Erfahrungen im Gegensatz zu der sog. Experiential Avoidance (der Erfahrungsvermeidung) und zum anderen wird das werteorientierte Handeln im Alltag gefördert (Luoma et al., 2009).

| | |
|---|---|
| 2001 | Die »Mindfulness-Based Cognitive Therapy« (MBCT) wird von den Achtsamkeitsforschern und Verhaltenstherapeuten Zindel, Segal, Williams und Teasdale entwickelt. MBCT ist ein achtwöchiges Therapieverfahren zur Rückfallprävention bei Depression. Die Achtsamkeitsübungen orientieren sich eng an MBSR (s. o.) und werden mit Elementen aus der kognitiven Verhaltenstherapie kombiniert. |
| 2004 | Die Neurowissenschaftler Prof. Richard Davidson und Dr. Antoine Lutz studieren erstmals umfassend die Gehirnströme tibetischer Mönche. Sie weisen eine außergewöhnlich hohe Gamma-Aktivität nach, die geistige Spitzenleistungen (Aufnahmefähigkeit, Gedächtnisprozesse und Aufmerksamkeit) repräsentiert – ein Durchbruch in der Gehirnforschung, aus dem ein neues Forschungsfeld entsteht: »Contemplative Neuroscience« – die Neurowissenschaft der Meditation. |
| 2006 | Der Cerealienhersteller General Mills implementiert unter der Leitung von Janice Marturano ein firmenweites Achtsamkeitsprogramm für Führungskräfte des Unternehmens in den Vereinigten Staaten. |
| 2007 | Der Google Ingenieur Chade-Meng Tan entwirft unter Beteiligung von Daniel Goleman und Zen-Mönchen »Search Inside Yourself« (SIY) als Personalentwicklungsprogramm für Google.<br>In Großbritannien starten die ersten großen Achtsamkeits-Initiativen an Schulen. |
| 2009 | Die Goldman Sachs Group bietet ein Personalentwicklungsprogramm zu Resilienz und Achtsamkeit an. |
| 2011 | Die *Headspace*-App wird vom ehemaligen buddhistischen Mönch Andy Puddicombe entwickelt. |
| 2012 | Das SIY-Programm wird eigenständige Non-Profit-Organisation mit dem Ziel, Achtsamkeit in Unternehmen und Organisationen zu etablieren. |
| 2013 | Das Softwareunternehmen SAP bietet SIY-Trainings als Personalentwicklungsprogramm an. |
| 2014 | Das *Time* Magazin ruft die »Mindful Revolution« aus. |
| 2015 | Achtsamkeit ist Thema beim Weltwirtschaftsforum in Davos.<br>Achtsamkeit wird offiziell zum Milliardengeschäft in den USA (IBIS World). |
| 2016 | Das britische »Healthy Workforce Programme« der NHS kooperiert mit Headspace, um Mitarbeitenden Zugang zu Achtsamkeit zu ermöglichen. |
| 2017 | *Calm* wird Apple-App des Jahres (über30 Millionen Downloads). Mehr als 1.000 Meditationsapps sind auf dem Markt.<br>*Headspace* etabliert Meditationskanäle in Airlines und veröffentlicht Pläne für öffentliche Meditationskabinen. |
| 2020 | Die Anzahl wissenschaftlicher Artikel zum Thema Achtsamkeit wächst in der Studiendatenbank *Web of Science* auf über 16.000. |
| 2022 | Der Virtual-Reality-Anbieter Tripp erhält 11 Millionen Dollar, um das »Mindful Metaverse« zu entwickeln. |

**Tab. 1.1** Ausgewählte Meilensteine im Überblick, die einen Einblick über die Entwicklung von Achtsamkeit zu einer säkularisierten Form geben; kein Anspruch auf Vollständigkeit.

### 1.2.2.2 Interview mit Petra Martin, Leiterin des Kompetenzzentrums Leadership der Robert Bosch GmbH

**»Achtsamkeit ist bei uns raus aus der Lächel-Ecke und wird für ihre Wirkung auf Innovationsfähigkeit anerkannt«**

**Zur Person:**
Petra Martin ist seit 32 Jahren bei der Robert Bosch GmbH und leitet seit 12 Jahren das Kompetenzzentrum Leadership im Geschäftsbereich Automotive Electronics. Die gelernte Wirtschaftswissenschaftlerin entwickelt zahlreiche Weiterbildungsangebote für weltweit 40.000 Mitarbeitende von Bosch/AE mit dem Fokus auf Leadership, Zusammenarbeit und agile Organisationsentwicklung. Petra entwirft mit ihrem Team laufend neue Formate, um Achtsamkeit in den Alltag von Führungskräften integrierbar zu machen, gilt als Pionierin im Bereich Achtsamkeit in Unternehmen und inspiriert auf Kongressen andere Organisationen. Petra hat einen erwachsenen Sohn und lebt mit ihrer Familie in Braunschweig.

**Wie ist dein Bezug zu Achtsamkeit und der von Bosch?**

Vor über 15 Jahren begann ich mit Achtsamkeit durch Meditation und Yoga. Beides steigerte mein persönliches Wohlbefinden und führte zu einer bewussteren Haltung bei regelmäßiger Ausübung. Zudem las ich viele Studien und integrierte das neue Wissen in ein neues Format zur Führungskräfteentwicklung, das 3.000 Personen durchliefen. Dadurch haben wir Achtsamkeit aus der Lächel-Ecke herausgeholt. Ca. 3.000 Leute nehmen im Konzern auch weiterhin unsere achtsamkeitsbasierten Angebote an – Tendenz steigend, dennoch fristet das Thema bislang weiter ein Nischendasein.

Seitdem hat Achtsamkeit für mich an Vielfalt und Einsatzmöglichkeit gewonnen. Heute denke ich, dass Achtsamkeit einer der größten Hebel in der Arbeitswelt ist und noch viel mehr Aufmerksamkeit erfordert: Achtsamkeit bringt viele wertvolle Aspekte mit sich, sodass wir sie im Businesskontext wirklich gut gebrauchen können. Nicht nur, dass Menschen empathischer werden und besser zusammenarbeiten können, wohlwollender miteinander umgehen und weniger gestresst sind, sondern: Die Menschen werden innovativer. Seitdem wir über eine Studie den Fokus auf Innovation gelegt haben, bekommt das Thema Achtsamkeit intern mehr Aufmerksamkeit, auch bei den Bereichsvorständen.

**Kannst Du mehr zu der Bedeutung von Achtsamkeit und Innovation erzählen?**

Die Bedeutung von Achtsamkeit wird in Zukunft massiv wachsen; insbesondere die Ernsthaftigkeit, mit der Unternehmen sie betrachten werden. Dazu muss Achtsamkeit aus dem Well-Being- und Gesundheits-Bereich heraus. Wir müssen offen dazu stehen, dass Achtsamkeit das Business fördert. Es geht nicht nur darum, dass sich die Mitarbeitenden wohler fühlen und netter miteinander umgehen. Ich bin überzeugt davon, dass wir den Innovationsmuskel durch Achtsamkeit trainieren können, dazu gibt es auch bereits Studien (*Anmerkung*: siehe Box 1.3).

Ich hatte eine Studie zu Innovation durchgeführt und anschließend mit meiner Kollegin auf der Veranstaltung »Bosch Connected World« (Konferenz alle 2 Jahre, zuletzt im Nov. 22 in Berlin, 10.000 Personen) einen Vortrag zu Mindfulness und Innovation gehalten. Wir hielten eine Pille hoch: »Wenn ihr dieses Wundermittel einmal am Tag nehmt, dann werdet ihr innovativ und alles wird sprudeln.« Das Fazit war: Alle würden dieses Mittel gerne nehmen. Und das Wundermittel ist tatsächlich da – Meditation. Es verhält sich wie mit dem Joggen – jeder weiß, dass es gesund ist, trotzdem macht es nicht automatisch jeder.

Meine Prognose ist dennoch: In fünf Jahren steht das Thema Achtsamkeit in Organisationen ganz woanders. Wahrscheinlich sind wir noch nicht so weit, dass jeder meditiert, das ist wohl auch unrealistisch, aber das Thema Achtsamkeit wird eine höhere Akzeptanz haben und es wird mehr Interesse geben. Ich bin mir sicher, wir werden eine signifikante Veränderung sehen!

**Welche weiteren positiven Aspekte der Zusammenarbeit können Achtsamkeit und emotionale Intelligenz verstärken?**

Was zeichnet Personen aus, die bei uns einen guten Ruf haben oder in den Talentpools sind? Es sind Personen mit mentaler Stärke und ausgeprägter emotionaler Intelligenz. Das befähigt sie dazu, einen großen Impact im Konzern zu haben.

**Verträgt sich Achtsamkeit mit dem Trend der Selbstoptimierung und der oft erwarteten »Extra-Meile«?**

Die Denkweise »Wer am längsten im Büro sitzt, ist der Fleißigste« ist lange vorbei. Erfolgreiche Führungskräfte sind diejenigen, die es sehr gut beherrschen, auch mal Nein zu sagen, Grenzen zu setzen und die erkannt haben, dass es Zeit für viel mehr im Leben braucht als nur für die Arbeit. Seit der Pandemie und den geänderten Arbeitsbedingungen hin zum hybriden und fragmentierten Arbeiten ist das Thema »Der erschöpfte Mensch«[6] in allen Organisationen präsent. Jede Form von Austausch ist ein geplanter Termin im Kalender, gleichzeitig macht es die Menschen müde, den ganzen Tag vor dem Bildschirm zu sitzen. Mangelnder Fokus führt zu qualitativ schlechteren Arbeitsergebnissen und die Zusammenarbeit leidet. In unserem neuesten achtsamkeitsbasierten Format »Strong Teams« lernen unsere Mitarbeitenden, Vereinbarungen und Routinen im Team zu entwickeln und dadurch ihren Zusammenhalt zu stärken.

**Wie reagierst Du auf die Vorwürfe rund um »McMindfulness«, Achtsamkeit diene lediglich der Produktivitätssteigerung?**

Meiner Meinung nach klingt die Reaktion auf solche Vorwürfe immer nach Rechtfertigung und die hat Achtsamkeit nicht verdient. Tools zu Zeitmanagement oder Projektmanagement dienen ja auch der Produktivitätssteigerung – hat man sie deswegen verurteilt? Ich finde Produktivitätssteigerung per se erstmal nicht schlecht.

Dazu ein Beispiel: Ein Topmanager – ehrgeizig, schlau und genießt einen sehr guten Ruf bei Bosch – war Teilnehmer meiner allerersten zehnmonatigen Campus-Veranstaltung. Sein Fazit am Ende war, das bewusste Atmen sei nichts für ihn. Überraschenderweise probierte er es dennoch und berichtete mir, wie sehr ihm Meditation helfe, mit seiner ständigen Anspannung umzugehen. Kurz darauf starteten wir unser *Mindful@work* Programm, an dem er ebenfalls teilnahm. Das Programm wurde von einer Studie begleitet und das erstaunliche Ergebnis war: Er war am Ende 15 % produktiver, gemessen an verschiedenen Daten. Und er konnte besser auf Menschen zugehen und ihnen zuhören sowie Denkmuster erkennen und seine Wahrnehmung schärfen. Seine Erkenntnis war, dass das ja ein klarer Wettbewerbsvorteil sei. Wir hatten das Programm nicht mit der Absicht der Produktivitätssteigerung angeboten, sondern er hat diese Erfahrung für sich daraus mitgenommen.

Wenn wir ein Angebot machen, das auf so vielen Ebenen gut für die Menschen ist, dann gibt es natürlich auch Kritiker, aber eine Rechtfertigung ist meiner Meinung nach nicht nötig.

**Sollte jedes Unternehmen Achtsamkeitsprogramme einführen? Wo fängt man am besten an?**

»Wer eine Verhaltensänderung erreichen will, braucht große Ziele oder großen Schmerz.« – Wenn man sich in der Unternehmenslandschaft umsieht, erkennt man, dass die meisten Unternehmen aus großem Schmerz heraus Achtsamkeitsprogramme einführen, weil sie mit dem Rücken an der Wand stehen: Ihre Krankenquote ist extrem hoch oder das Thema Mental Health erfordert besondere Aufmerksamkeit. Das muss aber nicht sein, Achtsamkeit kann auch präventiv, wegen großer Ziele eingeführt werden. Dafür ist Neugierde hilfreich. Bei Achtsamkeit geht es immer wieder darum, diese Neugierde zu kultivieren und sich zu überlegen, was die eigene Entwicklungsfrage

6 Das gleichnamige Buch von R. Perner (2012) beschreibt, wie Flexibilität, Konkurrenzdruck, soziale Vereinsamung durch virtuelle Beziehungswelten zu Stress, Überforderung und schließlich zur totalen Erschöpfung führen können.

ist. Ein Freund von mir sagt: »Management is about teaching, leadership is about learning« – das trifft es meiner Meinung nach sehr gut. Achtsamkeit macht uns neugieriger, macht uns zu Lernenden, aber auch demütiger, uns immer als unfertig zu verstehen. Wir bleiben staunend.

**Welche Stolpersteine gibt es? Wie gehst Du mit möglichen Widerständen im Unternehmen um?**

Die Auseinandersetzung mit dem Thema Achtsamkeit ist nicht gut geeignet, wenn man einen einfachen Job haben will. Hat man hingegen Pioniergeist, dann ist es das richtige Thema, um Haltung zu zeigen. Es ist kein Thema, mit dem man sofort große Bewunderung bekommt. Aber wenn man beharrlich bleibt, weil man von der Wirksamkeit überzeugt ist, dann zeigt man wirklich Haltung.

Es wird dem Thema nicht gerecht und bringt zu wenig, wenn wir nur Achtsamkeitsseminare anbieten; wichtig ist, dass wir die achtsame Haltung in unseren Arbeitsalltag integrieren und dem Thema Raum geben. Ich habe z. B. nichts dagegen, wenn unsere Mitarbeitenden während der Arbeitszeit meditieren.

**Was ist deine Vision? Wie würdest du gerne die Wirtschaftswelt verändern?**

Wenn wir Zusammenarbeit verändern könnten, dann könnten wir die Welt verändern. Die Welt wäre dann ein besserer, friedlicherer Ort, an dem wir weniger Lebenszeit in unproduktiven Konflikten verschwenden. Zu mir kommen regelmäßig Leute und klagen über Probleme in der Zusammenarbeit, sie leiden darunter und es entsteht großer Druck. Unternehmen sind noch extrem auf Wettbewerb ausgerichtet und es werden leider immer noch viel zu oft die Ressourcen Aufmerksamkeit und Wertschätzung zurückgehalten.

Mir ist es wichtig, dass Menschen im Businesskontext verstehen, was Zusammenarbeit tatsächlich bewirken kann. Wenn wir es schaffen, den Willen zur Zusammenarbeit als Grundeinstellung zu entwickeln und die Bereitschaft dafür mitbringen, uns bei der Arbeit so zu verhalten, dass andere gut dastehen bzw. ihren Job gut machen können – das wäre das Größte für mich.

Meiner Meinung nach hat Achtsamkeit einen großen Einfluss, um dieses Ziel erreichen zu können. Stell dir vor, jeder will, dass es bei den anderen gut läuft – dann läuft es doch bei allen gut.

**BOX 1.5 BOSCH bietet verschiedene Formate rund um Achtsamkeit an**

Petra Martin: »Ziel unserer vielfältigen Angebote ist es, Kontakt zum Thema über niedrigschwellige Formate zu ermöglichen.« Es werden u. a. folgende Formate angeboten:

- »Mind Friends« – auf Basis von Working out loud; 10 Wochen inkl. App, Workbook (in Zusammenarbeit mit externen Firmen), 2 Durchgänge pro Jahr mit jeweils 50 Personen.
- »Growth Friends« – auf Basis von Martin Permantiers »Haltung entscheidet«, 10-wöchiges Trainingsprogramm.
  - Beide Programme arbeiten mit dem Prinzip »social learning«: Lernen voneinander und miteinander in Buddy-Gruppen.

- Verschiedene Mindfulness Days.
- Achtsamkeitsmodule integriert in Führungskräftetrainings.
- Team-Trainingsprogramm »Strong teams-smart work« – Achtsamkeit bei hybridem Arbeiten.
- »Lunch Talks« – Mittagspause mit Interview mit Person aus anderem Unternehmen, wie SAP, Ikea, Adesso, Allianz.
- Mindful@Work: 6 Module je 2 Stunden, live, tiefer als Mind Friends, kompakt.
  - Wie bin ich in Konflikten?
  - Wie kann ich meine Aufmerksamkeit steuern?
  - Wie kann ich meine Gedanken beobachten? Denkmuster durchbrechen?

### 1.2.2.3 Gedankenwandern, Autopilot, Meta-Aufmerksamkeit, Bewusstheit – woran können Sie eine Veränderung der Achtsamkeit merken?

#### Das Gedankenwandern und der Autopilot

*Kennen Sie diese Situationen des Gedankenwanderns?*

- *Sie wollen ein wichtiges Dokument lesen und merken auf der zweiten Seite, dass Sie völlig in Gedanken waren, und müssen wieder von vorne anfangen.*
- *Sie sitzen im Meeting, werden nach Ihrer Meinung gefragt und ertappen sich dabei, dass Sie nicht zugehört haben, weil Sie noch über den Film vom Vorabend nachgedacht haben.*
- *Sie arbeiten am Rechner und denken dabei an den Sport, den Sie nach der Arbeit machen wollen. Beim Sport denken Sie bereits an das Abendessen und beim Abendessen denken Sie an Ihre Arbeit – anstatt präsent im Hier und Jetzt zu sein, wandern die Gedanken in die Zukunft.*

**Abb. 1.11:** Gedankenwandern zeichnet sich dadurch aus, dass die Gedanken woanders sind anstatt im Hier und Jetzt

Der Begriff des Gedankenwanderns (engl. Mind Wandering) wurde 2010 von Wissenschaftlern aus Harvard geprägt. Sie haben über 2.000 Menschen mit Hilfe einer App zu zufälligen Momenten am Tag befragt: »Denken Sie gerade über etwas anderes nach als das, was Sie tun?« Das Ergebnis: Zu fast 50 % der Zeit waren die Menschen mit der Aufmerksamkeit nicht im gegenwärtigen Moment, sondern mit den Gedanken auf »Wanderschaft«. Das Forschungsteam nannte dies »Mind Wandering« (Killingsworth & Gilbert, 2010). Das bedeutet: Die Hälfte des Lebens sind wir nicht präsent, sondern in Gedanken, am Tagträumen, meist in der Zukunft oder der Vergangenheit. Gedankenwandern tritt laut der Studie bei quasi jeder Alltagsaktivität auf. Grundsätzlich gilt: Dies ist menschlich, hilft dem Gehirn, sich zu entspannen, und hat eine Relevanz für Kreativität und Intuition. Ein zu hohes Maß an Gedankenwandern jedoch macht auf lange Sicht unglücklich, deshalb der Titel der beschriebenen Studie: »A wandering mind is an unhappy mind.« Dabei sind, wie oben bereits angemerkt, nicht die Gedanken selbst ein Problem, sondern der unbewusste Zustand des unaufhörlichen Denkens, ohne sich dessen bewusst zu sein, dass man denkt.

Man könnte Gedankenwandern womöglich als eine Variante des Autopiloten sehen, was bedeutet, dass wir wie »ferngesteuert« funktionieren, ohne präsent oder bewusst zu sein.

*Kennen Sie vielleicht auch diese Situationen, in denen der Autopilot das Denken regiert?*

- *Ein Kollege gibt Ihnen gutgemeintes Feedback und Sie werden augenblicklich wütend und pampen ihn an; am Abend bereuen Sie Ihre heftige Reaktion.*
- *Sie sind umgezogen und fahren nach der Arbeit automatisch die alte Strecke und merken dies erst, als Sie schon fast vor Ihrer (früheren) Tür stehen.*

Der Autopilot navigiert uns durch den Alltag: in Interaktionen und auch, wenn wir mit uns alleine sind – mit unbewussten, gewohnheitsmäßigen Vorgängen. Besonders bei anhaltendem Alltagsstress und Ärger geht es uns darum, möglichst zu »funktionieren« und durch schwierige Situationen zu kommen. Was eine geniale Fähigkeit des Gehirns ist und neben dem Energiesparen noch weitere Vorteile hat (näher in Kap. 2.4 beleuchtet), hat aber andererseits einen hohen Preis: Unsere Wahrnehmung verengt sich und unser Denken nutzt häufiger »Abkürzungen«. Wir verfallen reflexhaft in gewohnte Reaktionsmuster. Wir blenden die Perspektiven von anderen Menschen aus und sind nur auf uns selbst fokussiert. Und wir handeln häufig sogar so, dass wir uns im Nachhinein wünschen, anders gehandelt zu haben.

### Die Meta-Aufmerksamkeit und Bewusstheit

In diesen autopilot-gesteuerten Situationen ermöglicht die Meta-Aufmerksamkeit, d. h. die Fähigkeit, die eigene Aufmerksamkeit wahrzunehmen, einen sogenannten Pausenknopf zu betätigen – also eine Wahlfreiheit zu haben, anstatt vom Autopiloten oder vom Gedankenwandern »davongetragen« zu werden. Vielleicht kennen Sie das Gefühl, sich beim Arbeiten in Gedanken zu verlieren und dies plötzlich wie aus dem Nichts zu realisieren. Genau dieses Realisieren ist unsere Meta-Aufmerksamkeit, unser Gewahrsein, unsere Bewusstheit. Sie macht uns nicht nur unserer Gedanken und Eingebungen bewusst, sondern hilft auch, ungewolltes Abschweifen und Denkfehler, wie z. B. Schwarz-Weiß-Denken, leichter zu erkennen (Baird et al., 2014). Meta-Aufmerksamkeit ist das Gewahrsein bzw. »Wissen« darüber, ob man gerade achtsam ist oder nicht. Ist die Meta-Aufmerksamkeit wie ein Muskel stark trainiert, wird man eine umherwandernde Aufmerksamkeit schnell erkennen und in die Aufmerksamkeit zurückfinden.

Davidson und Goleman beschreiben in ihrem Buch »*Altered Traits*« (2018), wie Achtsamkeitstraining die Meta-Aufmerksamkeit ausweitet. Menschen mit einer soliden Achtsamkeitspraxis fällt es deshalb leichter, ihre Gedanken und Gefühle wahrzunehmen, ohne dabei von ihnen davongetragen zu werden. Stellen Sie sich einen Bahnhof vor: Gedanken agieren wie ankommende Züge, die Sie vom Gleis aus betrachten. Mittels Achtsamkeit entscheiden Sie, ob Sie auf einen Zug aufspringen oder ihn vorbeiziehen lassen.

**Abb. 1.12:** Gedanken können wie Züge betrachtet werden, in die man einsteigt oder die man vorbeifahren lässt

Ein Achtsamkeitsmoment ist der Moment des »Gewahrwerdens«, des »Anknipsens der Bewusstheit« und der Präsenz, im Gegensatz zum Autopiloten oder Gedankenwandern. Achtsamkeitstechniken, insbesondere die Meditation, sind Techniken des »Gewecktwerdens« mit dem Ziel, weniger reflexhaft zu agieren, das unaufhörliche, automatische Denken zu unterbrechen (z. B. Harris, 2014) und präsent zu sein. Denn »wie aufmerksam wir für den gegenwärtigen Augenblick sind, bestimmt die Art unserer Erfahrung und die Qualität unseres Lebens sehr weitgehend« (Harris, 2014, S. 17).

Durch sogenannte Defusionsübungen – die uns einen Abstand von unseren Gedanken erlauben, wie bei dem Bild mit dem Zug – können wir uns bewusst machen, dass wir unsere Gedanken nicht glauben müssen, sondern lernen, sie lediglich wahrzunehmen, mit Abstand aus einer anderen Perspektive zu betrachten und nicht zu bewerten (Hayes & Wilson, 2003; Masuda et al., 2004). Dabei geht es darum, nicht den Inhalt der Gedanken, sondern unseren Umgang mit und unsere Beziehung zu ihnen zu verändern (Masuda et al., 2004). Dadurch üben wir einen offeneren und flexibleren Umgang mit unseren eigenen Gedanken (Hayes & Wilson, 2003).

Das unaufhörliche Denken kann man sehr gut in Interaktionen wahrnehmen: Wenn man versucht, sich ausschließlich auf das zu konzentrieren, was das Gegenüber sagt, bemerkt man die eigenen inneren Kommentare, die meist einen bewertenden Charakter haben, wie z. B. »ich stimme dem zu«; »das finde ich ja ganz merkwürdig«. Man versucht, diesem inneren Diskurs nicht zu folgen, sondern sich stattdessen voll auf das Gegenüber zu konzentrieren – hierbei hilft die Technik des achtsamen Zuhörens (siehe Toolbox Kap. 2.3.1). Präsenz lässt sich zudem durch die Atemmeditation (siehe Kap. 1.2.2.4), die 5-Sinnes-Übung, durch das Self-Check-in oder auch den Body-Scan (alle in Kap. 2) üben. Weitere Techniken finden sich in den verschiedenen Toolboxen dieses Buches (in Kap. 2, 3 und 4).

Durch die Meta-Aufmerksamkeit entwickeln wir einen holistischen und einen distanzierten Blick. Man identifiziert sich nicht mehr so sehr mit den Inhalten des Geistes und ist weniger mit seinen inneren Vorstellungen beschäftigt. Man sieht klarer, was »da ist«. Dies impliziert auch ein Sehen, welches die Bedingungen und die Beziehungen untereinander sichtbar macht. Als einfaches Beispiel betrachten wir eine Kartoffel: Sie wird in ihrem Aussehen, Geruch etc. mit allen Sinnen wahrgenommen. Zusätzlich werden noch weitere Seiten an ihr wahrgenommen: Sie wird nicht als isolierte »Kartoffel an sich« betrachtet, sondern mit dem Verwoben- und Abhängigsein von allen anderen Elementen, aus denen sie zusammengesetzt ist, also z. B. die Sonne. Auch die Bedingungen, die dazu führten, dass wir die Kartoffel in der Hand halten, wie die Arbeit von anderen Menschen oder die Fahrt, die sie hinter sich hat, kann man nicht aus der Kartoffel nehmen; ebenso wenig wie die Sonne, denn ohne Sonne würde sie nicht existieren.

Achtsames Betrachten ist dabei weniger ein kognitiver Vorgang, der Mühe kostet: Eine reife Achtsamkeitspraxis bringt diese Art des Schauens mit sich[7] – je nach Übungsgrad mehr oder

7 Thich Nhat Hanh spricht hier vom »Intersein« (2004), das beschreibt, »dass nichts über ein eigenständiges Selbst verfügt, sondern alles mit allem verbunden ist. Wir können nicht aus uns selbst heraus existieren, weil wir mit allem, das existiert, verbunden sind« (S. 24).

weniger holistisch. Auf den beruflichen Kontext bezogen sieht man eine Produktentscheidung in einem Strategiemeeting im Lichte der Folgen der Handlung: den verschiedenen Bedingungen, in denen diese Produkte hergestellt werden, und den weitreichenden Folgen für andere Menschen und für die Umwelt. Achtsames Betrachten beinhaltet kein Ausblenden dessen, was da ist, sondern Integration.

### 1.2.2.4 Wie stärkt man Achtsamkeit? Meditation und weitere Techniken

Durch regelmäßige Achtsamkeitsmeditationen kultiviert man Achtsamkeit. Aber auch andere, leichter zugängliche Techniken, wie regelmäßiges Innehalten oder sich daran zu erinnern, eine neugierige, freundliche Haltung einzunehmen, tragen zur Achtsamkeit bei. In diesem Buch werden in den Toolboxen verschiedene weitere achtsamkeitsbasierte Techniken genannt. Im Folgenden werden im Detail die Achtsamkeits-Meditationstechnik erläutert und zwei gängige Mythen beschrieben.

#### Achtsamkeits-Meditationstechnik

In der Achtsamkeitsmeditation nimmt man bewusst wahr, was in dem Moment wahrzunehmen ist. In der folgenden Meditationspraxis wird dies deutlich:

> **Übung**
>
> Eine Position finden, die sich gleichzeitig entspannt und wach anfühlt. Vielleicht die Schultern entspannen, die Wirbelsäule strecken. Augen geschlossen halten oder nach unten gerichtet. Ein paarmal tief durch die Nase einatmen, langsam ausatmen – im eigenen Tempo. Den Kontakt mit dem Boden spüren und den Körper auf dem Stuhl, die Brust weit werdend, die Hände spüren.
>
> Einfach innehalten. Wahrnehmen, was jetzt gerade ist. Und dann die Aufmerksamkeit auf die Atmung legen. Wahrnehmen, dass der Körper ganz von allein atmet; nichts, was zu verändern wäre. Einfach nur wahrnehmen, spüren, wie der Körper atmet. Und dann die Aufmerksamkeit beim Atem ruhen lassen.
>
> Wann immer der Geist abgelenkt wird von Gedanken, einfach wieder zurück zur Atmung kehren. Freundlich, geduldig. Wenn Geräusche, körperliche Empfindungen oder Gefühle auftauchen, diese einfach betrachten, als Phänomene, die man wahrnehmen kann. Und dann zurück zur Atmung kehren. Wenn Gedanken kommen, versuchen, diese wahrzunehmen, als ein Objekt des Bewusstseins. Oder auch die Geräusche und Empfindungen, die als Nächstes auftauchen. Und dann die Aufmerksamkeit wieder auf die Atmung lenken. Diese Übung wiederholen, bis man sich fühlt wie jemand, der all die Dinge wahrnehmen kann, sogar Gedanken und Gefühle und körperliche Empfindungen. Als Phänomene, die kommen, bleiben und wieder gehen.

Für Menschen, die mit solchen Übungen beginnen, ist es oft hilfreich, die Anleitung zu hören. Deshalb finden sich geführte Meditationen hinter dem QR-Code.

Harris (2014) vergleicht den Versuch, dieser Anleitung zu folgen, mit dem Versuch, auf einem Drahtseil zu balancieren, nachdem man die Instruktion erhalten hat: also einen Fuß vor den nächsten zu setzen und nicht vom Seil zu stürzen. Diese recht simpel klingende Anleitung erfordert einige Übung – aber wieso? Wir können uns vornehmen, uns auf den Atem zu konzentrieren. Was dann sehr schnell passiert, ist, dass man abgelenkt wird – durch Geräusche, Empfindungen und einfach durch Gedanken. Der sogenannte Autopilot bringt uns gewohnheitsmäßig in die Vergangenheit oder in die Zukunft, meistens in einen Zustand des Grübelns, von Besorgtheit oder in die Fantasie. Wenn wir uns dann daran erinnern, dass wir uns auf den Atem konzentrieren wollten, können wir re-fokussieren und dem Atem erneut folgen. Bis wir wieder abgelenkt werden. Dieser Kreislauf (s. Abb. 1.13) wiederholt sich unzählige Male in wenigen Minuten.

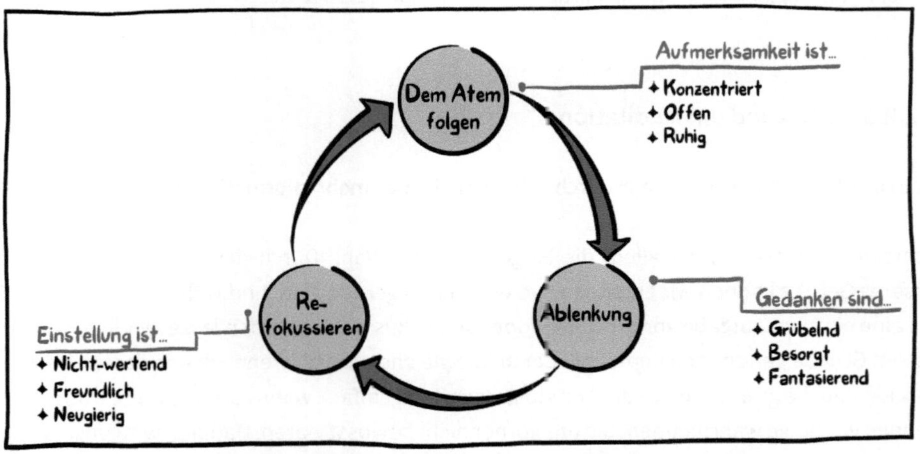


**Abb. 1.13:** Der Vorgang bei der achtsamkeitsbasierten Atemmeditation wiederholt sich kontinuierlich (Quelle: nach Tan, 2018)

Zwei Mythen werden häufig mit dieser Atemmeditation verbunden: dass das Ziel ist, sich auf die Atmung zu fokussieren, und dass es darum ginge, nicht zu denken. Aber:

- **Mythos 1** – *»Es geht darum zu lernen, sich auf den Atem zu fokussieren«*: Es geht nicht darum, zu lernen, sich auf den Atem zu fokussieren. Dies ist lediglich die Übung. Es geht vielmehr darum, den Moment wahrzunehmen, an dem die Gedanken abschweifen. Dies ist der Moment der Achtsamkeit. Magischerweise trainiert man damit die eigene Bewusstheit und auch im Alltag wird uns anschließend schneller bewusst, wenn unsere Gedanken abschweifen.

- **Mythos 2** – *»Es geht darum, nicht mehr zu denken«*: Es geht nicht darum, das ginge auch nicht, denn selbst wenn wir jahrelang meditieren, würden immer noch Gedanken kommen. Der ungeübte Geist produziert Gedanken wie ein tosender Wasserfall, der durch regelmäßige Übung jedoch zu einem ruhigen Fluss werden kann. Die Gedanken selbst sind nicht unbedingt ein Problem, aber der Zustand des unaufhörlichen Denkens, ohne sich dessen bewusst zu sein, dass man denkt, bringt Probleme mit sich.

**Box 1.6 Meditation als Fitness-Training**

Man kann Achtsamkeit kultivieren und somit mehr und mehr achtsame Momente aneinanderreihen. Häufig wird die Metapher eines »Muskelaufbaus« angeführt, um den Trainingseffekt zu verdeutlichen. In einer Achtsamkeitspraxis geht es allerdings weniger darum, irgendwohin kommen zu wollen oder ein Ergebnis zu erzielen, sondern darum, im Jetzt zu sein. Achtsamkeit lässt sich nicht unbedingt wie im Fitnessstudio sukzessiv und linear aufbauen. Es geht darum, Achtsamkeit immer und immer wieder zu praktizieren. Die Folgen auch einer kurzen Praxis sind bereits überzeugend. Dies belegen beispielsweise die Studien, die in Kapitel 5 beschrieben werden. Goleman und Davidson fassen es kurzerhand zusammen: je mehr und je kontinuierlicher die Praxis, desto besser (2018).

### 1.2.2.5 FAQ rund um Meditation

**Ist es nicht schlechter, wenn man durch Achtsamkeit noch mehr Informationen aufnehmen kann?**

Achtsamkeit lässt uns vor allem die Möglichkeit der Wahl. Durch das Achtsamkeitstraining unseres Geistes können wir erkennen, wo wir mental gerade sind, und wählen, ob wir uns z. B. auf eine einzelne Aufgabe konzentrieren oder den Fokus weiter werden lassen wollen. Wir denken im Grunde genommen immer wieder an die gleichen Dinge. Wenn wir uns dessen bewusst werden und die gewohnten Gedanken »loslassen« und einfach wahrnehmen, was gerade da ist, können wir Dinge wahrnehmen, die uns vorher nicht bewusst waren. Dadurch wird unser Leben bunter und reicher.

In einem unbewussten Zustand blenden wir andere Menschen häufig aus, weil wir mit unseren eigenen Gedanken beschäftigt sind. Sind wir hingegen achtsam im gegenwärtigen Moment, können wir erkennen, was Menschen um uns herum brauchen und was sie beschäftigt. Das stellt ein wesentliches Element für den Beziehungsaufbau dar. In ähnlicher Weise trifft das auf uns selbst und unseren Körper zu. Vielleicht merkt man erst, wenn man sehr gereizt auf jemanden reagiert, dass man unausgeschlafen oder unterzuckert ist.

**Was ist der Unterschied zwischen Konzentration und Achtsamkeit?**

Aufmerksamkeit ist gerichtete Wahrnehmung. Meist wandert Aufmerksamkeit umher (im Zustand des Autopiloten). Wenn die Aufmerksamkeit immer wieder vom Gedankenwandern

»zurückgeholt« wird, kreiert man den Effekt von kontinuierlicher Aufmerksamkeit, was Konzentration ist. Konzentration oder Fokus bedeutet das Halten der gerichteten Aufmerksamkeit für einen längeren Zeitraum. Achtsamkeit ist eine Haltung mit Freundlichkeit und Offenheit, mittels der man seine Aufmerksamkeit bewusst auf etwas richten kann.

**Warum sollte ich mich nur auf eine Sache konzentrieren, dann bekomme ich die anderen ja gar nicht mehr mit?**

Achtsamkeitstraining lehrt uns, mit unserem Geist umzugehen. Es erlaubt uns, eine Wahl zu treffen. Was möchte ich in diesem Moment wahrnehmen? Worauf will ich meine Sinne fokussieren? Wir sind den Informationen weniger »ausgeliefert« und verbrauchen weniger Energie bei der Verarbeitung der Informationen. Durch Achtsamkeit können wir sogar mehr Informationen verarbeiten und erinnern. Es geht nicht darum, uns vor der Lebendigkeit zu verschließen und dauernd in der Stille zu verweilen. Vielmehr hilft die bewusst aufgesuchte Stille im Alltag lebendiger zu sein. Erst wenn wir die Störgeräusche reduzieren, können wir klarer sehen und die ganze Breite der Informationen verarbeiten. Wie bei der Metapher mit der Schneekugel (siehe Kap. 2.2.2) benötigen wir einen Moment der Ruhe, um den Schnee sinken zu lassen und uns auf das Wichtige zu fokussieren.

**Ich habe keinen einzigen Gedanken in der Meditation, bei mir ist nur eine Flatline, wieso ist das so?**

Viele Menschen haben so viele Gedanken im Kopf, dass es sich im Moment der Stille dann so anfühlt, als sei kein einziger Gedanke präsent. Manchmal sind wir außerdem so mit unseren eigenen Gedanken verhaftet, dass wir nicht merken, was wir für Gedanken haben und dass es überhaupt ein Gedanke ist. Wir glauben, dass die Gedanken ein inhärenter Teil von uns sind; das sie »ich« seien.

**Ich schlafe beim Meditieren ein oder werde zu müde, ist das immer so?**

Während der Meditation müde zu werden oder zu merken, wie müde man eigentlich ist, ist ein häufiges Phänomen. Es mag auch daran liegen, dass Körper und Geist gewohnt sind, ständig aktiv zu sein und einige Minuten »nichts-tun« werden dann verwechselt mit »das muss Schlafenszeit sein«. Um Müdigkeit vorzubeugen, kann es hilfreich sein, den Zeitpunkt für eine Meditation zunächst so zu wählen, dass man sich fit fühlt, z. B. direkt am Morgen. Auch eine wache Körperhaltung – am besten frei sitzend, ohne sich anzulehnen – trägt dazu bei, dass man bei der Meditation weniger ermüdet. Eine Umgebung mit frischer Luft und möglichst außerhalb des eigenen Schlafzimmers können präventiv gegen Müdigkeit wirken. Anhaltende Müdigkeit kann natürlich ein Zeichen dafür sein, dass man zu wenig Schlaf bekommt. Meditation ist übrigens keine Entspannungstechnik, im Gegenteil, sie dient dazu, klarer zu werden und erfordert hohe Konzentration.

#### 1.2.2.6 Meditation im Alltag: wie sie zur neuen Gewohnheit wird

In diesem Buch finden sich viele Tipps zur Verhaltensänderung. Meist fällt es aber nicht leicht, diese umzusetzen bei fehlender Energie in einem fordernden Alltag. Vielleicht hatten auch Sie zum neuen Jahr schon einmal den Vorsatz, häufiger Sport zu machen, gesünder zu essen oder regelmäßig zu meditieren – und wurden dann doch von Ihren bisherigen Gewohnheiten »gesteuert«. Wissenschaftliche Erkenntnisse geben Anhaltspunkte dafür, dass der Erfolg von Menschen, die im Einklang mit ihren langfristigen Zielen leben, zum großen Teil auf Gewohnheiten basiert (Wood, 2016). Hintergrund ist, dass Gewohnheiten automatisierte Verhaltensweisen sind, die bei der Umsetzung weniger Energie kosten. Der Aufbau solcher Gewohnheiten erfordert hingegen Zeit und Disziplin. Nachfolgende Tipps helfen, die Achtsamkeitstechnik der Meditation als neue Routine wirksam in den Alltag zu integrieren und sie langfristig beizubehalten. Übrigens: Die Tipps können auch auf den Aufbau von anderen Routinen übertragen werden.

- **Meditation als Vorhaben priorisieren**: Menschen neigen dazu, sich zu viel auf einmal vorzunehmen. Maximal können wir aber nur 1-2 neue Dinge im Monat zur neuen Gewohnheit machen. Deshalb ist es sinnvoll, Meditation als neue Routine zu priorisieren.
- **Babysteps**: Nicht direkt mit einer Stunde oder mehr pro Tag anfangen, sondern sich erst langsam steigern. Man kann z. B. mit einer Minute Ankommen am Morgen beginnen und dann jede Woche ein bisschen länger meditieren.
- **Den Anfang des Tages nutzen**: Zu Beginn des Tages steht uns meistens viel Energie zur Verfügung. Diese kann man sich für sein Morgenritual der Meditation zunutze machen.
- **Sich Anlässe schaffen**: Es fällt Menschen leichter, neues Verhalten an bereits bestehende Rituale zu »koppeln«. So kann die Meditation z. B. an eine bestimmte Uhrzeit, einen Ort oder an einen emotionalen Zustand gekoppelt werden, z. B. immer direkt nach dem Zähneputzen oder jedesmal, wenn man sich gestresst fühlt.
- **Visuelle Erinnerungen nutzen**: In seiner physischen Umgebung Erinnerungen aufstellen, z. B. Post-it-Notes am Arbeitsplatz zur Erinnerung, dass man in der Pause meditieren möchte; ein Meditationskissen zuhause platzieren oder einen Reminder auf dem Telefon.
- **Tägliche Wiederholungen für mindestens drei Wochen**: Wiederholungen sind notwendig, um eine Verhaltensweise langfristig zu verinnerlichen. Je öfter man eine Sache wiederholt, desto eher bilden sich neue neuronale Verbindungen aus. Forschungsarbeiten gehen von mindestens drei Wochen täglicher Übung aus, um einfache Routinen zur Gewohnheit zu machen (Lally et al., 2010).
- **Sparringspartner suchen und sich in regelmäßigen Abständen verabreden**: Vielleicht hat jemand im Freundes- oder Kollegenkreis auch Lust zu meditieren oder meditiert bereits regelmäßig. Mit diesen Personen im Austausch darüber zu bleiben, ist motivierend und hilft, langfristig am Ball zu bleiben.
- **Das »Window of Opportunity« nutzen**: Menschen neigen dazu, neue Gewohnheiten in die Tat umzusetzen, wenn sie Veränderungen durchleben, wie z. B. nach einem Umzug, einem Jobwechsel oder einer Trennung (u. a. Verplanken & Roy, 2016). Diese Einschnitte in den

Alltag führen zu mehr Offenheit gegenüber Veränderungen und ermöglichen sogenannte »windows of opportunities«, d. h. Gelegenheiten, um neue Gewohnheiten in den Alltag zu integrieren.

#### 1.2.2.7 Warum Achtsamkeit in der Unternehmenswelt Fuß fasst

Was haben folgende Organisationen gemeinsam: ABB, Aetna, American Express, Apple, AXPO, BASF, BMW, Bosch, Continental, Deutsche Bank, Deutsche Telekom, DM, EZB, Ford, Genentech, General Mills, Goldman Sachs, Google, IMB, Intel, LinkedIn, Lufthansa, Netflix, Nike, Procter & Gamble, Roche, RWE, SAP, Salesforce, Siemens und die United Nations? – Sie bieten wie fast die Hälfte aller mittelständischen Unternehmen in den USA achtsamkeitsbasierte Trainings an (National Business Group on Health, 2019; SIY Global, 2022). Wieso aber interessieren sich Unternehmen mehr und mehr für Achtsamkeit?

Folgende Einflüsse scheinen dabei relevant zu sein:

- Wie oben beschrieben sind emotionale Intelligenz und Achtsamkeit für die Organisationen in einem Umfeld von Veränderung und komplexen Herausforderungen unbestritten notwendig.
- Immer mehr namhafte Organisationen berichten davon, dass sie Achtsamkeitstechniken in den Arbeitsalltag integrieren und welche positiven Wirkungen dies hat, wodurch andere wiederum überzeugt werden (siehe Box 1.2 und 1.3).
- Mehr und mehr wird ein Agiles Mindset gewünscht, welches durch Achtsamkeit gefördert wird (siehe Kap. 3).
- Das Stresserleben und die damit verbundenen gesundheitlichen Folgen haben deutlich zugenommen. Achtsamkeit wird hier anerkannt als Technik zum konstruktiven Umgang mit Stress (siehe Kap. 2).
- Die Neurowissenschaft hat gerade in den letzten Jahren wegweisende Forschungsergebnisse zur Wirkung von Achtsamkeitstechniken dargelegt, sodass es harte Fakten zu diesem Thema gibt, die viele Entscheider in den Organisationen überzeugen, wo es bislang ein als »weich« angesehenes Thema war (siehe Kap. 5).

In Unternehmen, für die Achtsamkeit noch recht neu ist, werden gerne klassische Key-Performance-Indikatoren genutzt, um den positiven Einfluss von Achtsamkeit in Organisationen zu unterstreichen. Diese KPIs liegen mittlerweile vor, die nachfolgende Box bietet hierzu eine hilfreiche Übersicht.

**BOX 1.7 Die Vorteile von Achtsamkeit in der klassischen KPI-Sprache**

**Return on Investment**

- Nach der Einführung der Achtsamkeitstrainings »Search Inside Yourself« steigerte der Softwarehersteller SAP seinen Return on Investment um 200 % (Thomasson, 2018). Dieser lässt sich neben

den Umfragewerten der Kursteilnehmer auch anhand des gestiegenen Employee Engagement Index und des Rückgangs an Krankheitsausfällen messen (Machmeier, 2018).
- Unternehmen, die Achtsamkeit anbieten, verzeichnen laut einer Analyse des Beratungsunternehmens Willis Towers Watson (2019) im Durchschnitt 11 % mehr Umsatz. Je besser deren Gesundheitsprogramme aufgestellt sind, desto höher die Kapitalrendite der Unternehmen.

Weniger Fehlzeiten und gesundheitsbedingte Ausfälle
- Eine Oxford-Studie in Zusammenarbeit mit Headspace, Google und Roche berichtete von 46 % weniger depressiven Symptome und einem gesteigerten Wohlbefinden durch tägliche Achtsamkeitspraxis bei Arbeitnehmenden (Bostock et al., 2019).
- Eine Studie evaluierte 2014 eine Online-Achtsamkeitsintervention, die langfristig zu weniger Burnoutfällen im Unternehmen führte. Die Wissenschaftlerinnen schätzten die eingesparten Kosten auf ca. $ 22.000 pro Mitarbeitenden[8] (Aikens et al., 2014).
- Eine Studie der University of Wisconsin berichtete 76 % weniger Fehltage für Beschäftigte, die aktiv Achtsamkeit praktizierten (Barret et al., 2012).

**Gesteigerte Attraktivität des Arbeitgebers und höhere Unternehmensbindung**
- Eine Studie untersuchte den Zusammenhang von Achtsamkeitsprogrammen und Unternehmensbindung: Je höher die Achtsamkeit, desto stärker war das Engagement gegenüber dem derzeitigen Arbeitgeber (Dane & Brummel, 2014).

Achtsamkeit in Unternehmen kann heute als zeitgemäße Erweiterung des Gesundheitsmanagements gesehen werden (Kowitz, 2022).

### 1.2.2.8 Interview mit Prof. Matthias Birk, Diplom-Psychologe und Meditationslehrer

## Über Achtsamkeit in der Arbeitswelt

**Zur Person:**
Prof. Matthias Birk ist Diplom-Psychologe und praktiziert Zen-Meditation seit seinem 17. Lebensjahr. Er unterrichtet am New Yorker Still Mind Zendo, an der New York University, der Columbia Business School und am Garrison Institut und bringt Achtsamkeit in viele verschiedene Organisationen wie Amazon, Deutsche Bank, Goldman Sachs, Google, White & Case und die United Nations. Er publiziert regelmäßig zu Achtsamkeit in Organisationen (Birk, 2022), u. a. im Harvard Business Review (Birk 2020; 2021). Er hat zwei Kinder und lebt mit seiner Familie in New York.

8 Auf Basis eines Durchschnittgehalts von $ 100.000.

**Warum gehört Achtsamkeit in die Berufswelt?**

Ich stelle mir die Frage etwas anders: Warum gehört Achtsamkeit ins Leben? Weil erst Achtsamkeit es uns erlaubt, frei zu werden, das Leben so wahrzunehmen, wie es ist, und frei von Mustern und festgefahrenen Ideen zu handeln. Und vielleicht am wichtigsten: weil wir das Leben ja ohne Achtsamkeit nicht echt mitbekommen. Und wenn man arbeitet, dann gehört dadurch natürlich Achtsamkeit auch in die Berufswelt. Übrigens: Das heißt nicht, dass mich Achtsamkeit notwendigerweise zu einer besseren Arbeitskraft macht. Manchmal (vielleicht sogar oft) wird uns durch Achtsamkeit klar, wie sehr wir unter unseren jetzigen Arbeitsbedingungen leiden. In der Kürze kann es also dazu führen, dass es uns mit Achtsamkeit schlechter geht. Dieses Leiden jedoch bewusst zu erfahren, ermöglicht es uns oft erst, die Kraft für Veränderung zu finden.

**Was ist Dein Tipp für gestresste Arbeitnehmende, die sagen: »Ich habe keine Zeit für Achtsamkeit?«**

Die meisten Leute, mit denen ich arbeite (mich eingeschlossen), haben mehr Sachen, die sie tun könnten, als Zeit dafür. Es ist einfach eine Frage der Priorität. Wenn jemand keine Zeit für Achtsamkeit oder Meditation hat, ist es einfach so, dass die Person sagt: »Es ist mir nicht wichtig genug.« Das ist in Ordnung, natürlich. Nicht jedem ist Achtsamkeit wichtig. Und nicht immer ist es wichtig zum gleichen Zeitpunkt. Ich kenne viele Führungskräfte, die erst nach Jahren zu mir sagen: »Jetzt, denke ich, ist es Zeit, meditieren zu lernen.«

**Wie gehst Du mit Achtsamkeitsskeptikern um, die mit Achtsamkeit nichts am Hut haben wollen, weil es zu esoterisch erscheint oder sie sich nicht gestresst fühlen?**

Ich lasse sie skeptisch sein. Ich glaube nicht, dass es darum geht, jeden Menschen von der Achtsamkeit zu überzeugen. Menschen merken, wenn ihr Leben mehr Achtsamkeit und Meditation erfordert.

**Wie reagierst Du – insbesondere aus Deiner Sicht als Meditationslehrer – auf folgende Vorwürfe:**

- *Achtsamkeit ist eine Haltung, für die man nicht bezahlt werden sollte, da sie Allgemeingut ist.* Ist mir so noch nicht begegnet, aber ich habe zumindest den Eindruck, dass Meditation und Achtsamkeitsübung sehr zugänglich sind (vielleicht mehr als denn je). Wer wirklich üben will, findet, glaube ich, immer Unterstützung von Gleichgesinnten und Lehrern.
- *Das kapitalistische Wirtschaftssystem hat Achtsamkeit zu einer Ware gemacht, bei der nur die für Unternehmen passenden Bausteine wie Stressreduktion und Konzentrationsfähigkeit aus dem Gesamtkontext herausgelöst und kommerzialisiert wurden, während grundlegende Haltungen der Achtsamkeit, die mit dem System der Gewinnmaximierung nicht vereinbar sind, z. B. die Abkehr von Gier, fallengelassen werden. Dadurch wird Achtsamkeit banalisiert und in ihr Gegenteil verkehrt und Unternehmen werden noch effektiver in ihrem naturzerstörerischen Tun.*
  Ja, ich denke, an der Haltung ist etwas dran. Gott sei Dank merken aber Arbeitnehmer, dass Achtsamkeit eben auch Achtsamkeit für Ausbeutung bedeutet (inklusive Ausbeutung der eigenen Ressourcen). Wie oben beschrieben, kann Achtsamkeit dann Stress reduzieren oder aber dazu führen, dass die Person den Stress einfach bewusster wahrnimmt und dann die Situation verändern will. In dem Sinne lässt sich also Achtsamkeit und Meditation dann eben doch nicht korrumpieren. Aber ich denke, es ist wichtig, Personalern und denjenigen, die Achtsamkeitsprogramme kaufen, klarzumachen, dass Achtsamkeitskurse nicht unbedingt zu mehr Produktivität führen. Aber immer zu mehr Menschwerden.

# 2 Achtsamkeit und emotionale Intelligenz beim Individuum

**Abb. 2.1** Die BANI-Welt erfordert einen emotional intelligenten Umgang, sowohl beim Individuum (vorliegendes Kapitel) als auch beim Team (Kap. 3) und in der Organisationskultur (Kap. 4).

Kapitel 2 beschreibt die Perspektive des Individuums: Wie kann man die emotionale Intelligenz bei sich selbst stärken? Dabei geht es darum, eine bessere Verbindung zu sich selbst und zu anderen sowie eine höhere Klarheit zu sich und zu anderen zu erlangen. Dies hilft zum Beispiel dabei, trotz Komplexität gelassen durch den Alltag zu navigieren, oder, wie Jon Kabat-Zinn sagen würde, »full catastrophe living« (2013) – das vollständige Alltags-Chaos umarmen zu können, ohne sich dabei zu verzetteln. Oder auch dabei, angesichts all der Ablenkungsverführungen konzentriert und bei der Sache zu bleiben. Das Verständnis darüber, was Emotionen sind und wie man diese erkennt (siehe dazu Kap. 2.1), gilt als Fundament für emotionale Intelligenz. In der Praxis ist emotionale Intelligenz aber mehr als nur der Umgang mit Emotionen. Emotional intelligent agieren bedeutet auch, klar zu sein und den Fokus im Alltag nicht zu verlieren (mehr dazu in Kap. 2.2). Erst, wenn man Zugang zu seinen Emotionen hat und klar und präsent ist, kann man auch anderen gegenüber zugewandt sein und Verbindungen eingehen (Näheres dazu in Kap. 2.3). Der Umgang mit Stress (dazu Kap. 2.4) ist zudem ein weiterer Hebel, da Stress als Killer für Empathie gilt und die Erfahrung in den Organisationen zeigt, dass die meisten Menschen erst einmal etwas Raum schaffen müssen, um Verbundenheit und Klarheit zu stärken.

## 2.1 Emotionen wahrnehmen und verstehen

### 2.1.1 Was ist die Funktion von Emotionen?

Die Anzahl der existierenden wissenschaftlichen Definitionen zum Begriff »Emotion« ist mittlerweile so stark gestiegen, dass eine Zählung nahezu aussichtslos erscheint (Scherer, 2005). Auch die Unterscheidung der Begriffe Emotion, Gefühl, Stimmung, Affekt, Gemütsbewegung ist in der wissenschaftlichen Literatur nicht einheitlich und teils widersprüchlich. In der aktuellen Forschung der Neurowissenschaft (Barrett, 2017) werden bisherige Erkenntnisse neu diskutiert, was an dieser Stelle aufgegriffen wird.

Nach der gängigen Definition aus dem sog. Komponenten-Prozess-Modell (Brosch & Scherer, 2008) bezeichnet man eine Emotion als das Ergebnis eines Zusammenwirkens von unspezifischer physiologischer Aktivierung mit spezifischen, situationsbezogenen Gedanken. Ein Gefühl ist in dieser Definition nur eine Komponente einer Emotion: die, die das subjektive Erleben widerspiegelt (vgl. Scherer, 2005). Daneben gibt es weitere Komponenten von Emotionen: die physiologische und die kognitive; manche sprechen auch von der motivationalen und kommunikativen Komponente von Emotionen. Im Folgenden werden die Begriffe »Gefühle« und »Emotionen« zum vereinfachten Lesen synonym genutzt.

Hält man sich die Funktion von Emotionen vor Augen, wird deutlicher, was damit gemeint ist: Emotionen spielen eine zentrale Rolle dabei, das passende Verhalten in einer Situation zu finden. Insbesondere wenn die Situation von hoher Wichtigkeit für die eigenen Bedürfnisse und Ziele ist. Emotionen können so als eine vermittelnde Schnittstelle zwischen Umwelt und Verhalten betrachtet werden. »Die besondere Rolle der Emotionen scheint darin zu bestehen, dass sie eine intelligente Schnittstelle sind, die zwischen Input und Output auf der Basis dessen vermittelt, was zu einem gegebenen Zeitpunkt am wichtigsten für den Organismus ist. Information wird anhand einer situationsgewichteten Einschätzung der Relevanz eines Ereignisses für zentrale Ziele und Bedürfnisse evaluiert« (Brosch & Scherer, 2008, S. 195).

#### 2.1.1.1 Die Konstruktion von Emotionen

Zuerst nimmt man eine Veränderung wahr, die im Körper stattfindet, also eine physiologische Empfindung. Das kann mit Magengrummeln zusammenhängen oder einem höheren Puls. Normalerweise ist diese Empfindung sehr vage im Sinne einer 2x2-Matrix von »angenehm versus unangenehm« sowie »energiereich versus energiearm«. Diese Empfindung ist zu unklar, um Schlüsse ziehen zu können – z. B. was der höhere Puls bedeutet –, und wird »affect« oder Stimmung genannt. Es könnte sich dabei um ein Zeichen handeln, dass etwas nicht in Ordnung ist, aber die Aktivierung ist nicht detailliert genug, um zu verstehen, was jetzt zu tun ist. Daher interpretiert das Gehirn diese Empfindung im Lichte des spezifischen Kontextes und im Lichte der bisherigen Erfahrungen. Das Ergebnis dieser Interpretation ist ein Gefühl, was uns dazu bringen soll, etwas zu tun. Prof. Lisa Feldman Barrett, die u. a. an der Harvard Medical School lehrt, spricht hier weniger von »Interpretation«, sondern eher von Konstruktion und von »Vorhersage«.

Emotionen sind wie Vermutungen, ein Ergebnis von Milliarden von Neuronen, die zusammenarbeiten, um uns zu helfen, mit der Umwelt umzugehen: Sie sind Konstruktionen, die uns mitteilen sollen, was die unklaren Empfindungen in einem spezifischen Kontext meinen könnten und welches Verhalten nun möglichst wahrscheinlich passend ist. Emotionen sind Schnittstellen zwischen der Innen- und Außenwelt.

Zusammenfassend gesagt interpretiert das Gehirn physiologische Veränderungen im Körper und liefert Emotionen als intelligente Datenträger, die unser Verhalten leiten. Barrett erläutert die Details in ihrem bahnbrechenden Buch *»How emotions are made«* (2017). Dabei beschreibt sie Emotionen als erfahrungsbasierte mentale Kategorien, die man in der Interaktion mit der Umwelt nach und nach konstruiert und mit Bedeutung versieht. Die Zutaten, die in diese Konstruktion einfließen sind:

- die Wahrnehmung der äußeren Situation,
- die Wahrnehmung der Veränderung des inneren Zustandes, also der physiologischen Aktivierung, die sich als vage Stimmung (»affect«) wahrnehmen lässt und eine erste grobe Zuordnung in »angenehm versus unangenehm« sowie »wenig bis stark aktiviert« erlaubt sowie
- die Sprache, in die kulturelle Konzepte einfließen, die für die Bezeichnung der Emotion genutzt werden.

Es gehören keine festen, genetisch kodierten neuronalen Schaltkreise dazu, wie in früheren Theorien beschrieben, sondern ein Gehirn, das eine flexible Vernetzung erlaubt (Barrett, 2020).

Relevant ist der Aspekt, dass Emotionen durch einen Prozess der Gefühlskonstruktion erschaffen werden: Erst die Gedanken – die Kognitionen – über das, was in einer spezifischen Situation in einem bestimmten Moment erlebt wird, bestimmen das Gefühlsleben. Ein populäres Beispiel veranschaulicht dies (siehe folgende Abb. 2.2): Begegnet ein Mensch einer Schlange, kann dies eine körperliche Reaktion von Herzrasen und Schwitzen hervorrufen. Sieht man die Schlange unmittelbar vor sich auf einer Wiese, wird diese physiologische Empfindung wahrscheinlich als Angst vor einer Gefahr interpretiert. Bei einer Begegnung im Zoo hinter einer Glasscheibe hingegen kann die gleiche Aktivierung eher als Begeisterung interpretiert werden. Der Kontext ist ein entscheidender Faktor, wie die vage physiologische Aktivierung benannt wird, siehe hierzu auch die folgende Box.2.1. Und nicht nur der spezifische Kontext, auch die Kultur und unsere bisherigen Erfahrungen färben unsere Interpretation des Gefühls (siehe Box 2.2).

**Abb. 2.2:** Unsere Gedanken bestimmen unser Gefühlserleben

## Übung

Was fällt Ihnen spontan zum Wort Biene ein?
Welches Gefühl schwingt bei dem Gedanken mit?

Nachdem Sie Ihr Gefühl definiert haben:
Haben Sie eine konkrete Erinnerung an eine Begegnung mit einer Biene, die Ihr Gefühl gefärbt hat?

Wenn Sie diese Frage verschiedenen Personen stellen, können je nach Erfahrungshintergrund verschiedene Gefühle auftauchen, z. B.:

- Furcht, wenn man eine Allergie gegen die Stiche hat oder in einer Gegend mit hohem Bienenaufkommen wohnt und kleine Kinder hat;
- Interesse, wenn man Imker oder Biologin ist;
- Dankbarkeit, wenn man gerne Honig isst oder man seine Erkältung mit Propolis gelindert hat;
- Liebe, wenn man gärtnerische Tätigkeiten gerne ausführt oder einen bunten Garten hat;
- Zukunftsangst, wenn man die Nachrichten über das Artensterben verfolgt.

Die Antwort auf die Frage nach der Erinnerung kann Aufschluss darüber geben, warum ein bestimmtes Gefühl entstanden ist, und kann bei jedem Einzelnen anders lauten.

**BOX 2.1 Die Rolle der Umgebung beim Erleben von Emotionen**

Ein klassisches Experiment von Dutton und Aron (1974) veranschaulicht die Kontextabhängigkeit bei Emotionen. Die männlichen Versuchspersonen dieser Studie mussten entweder über eine wacklige Hängebrücke laufen oder eine stabile Brücke überqueren. Im Anschluss folgte ein Interview, das entweder von einer jungen Frau oder einem Mann durchgeführt wurde. Für eventuelle Rückfragen erhielten die Teilnehmer die Telefonnummer der Interviewleitung. Die Ergebnisse zeigten, dass sich die Männer in der Versuchsanordnung der wackligen Hängebrücke signifikant häufiger bei einer weiblichen Interviewleitung meldeten als die Teilnehmer, die von einem Mann interviewt wurden. Die Autoren beschrieben, dass die Überquerung der schwankenden Hängebrücke bei den Versuchspersonen eine starke physiologische Aktivierung hervorrief, die im Interviewkontext mit der Frau als Anziehung interpretiert wurde. Für die emotionale Empfindung war also entscheidend, in welchem Kontext das Interview durchgeführt wurde. Die physiologische Aktivierung wurde im Interview mit der Frau als plausible Anziehung interpretiert, während im Interview mit einem Mann die Interpretation als mulmiges Gefühl durch die Höhe und Instabilität sinnvoller schien. Nach der Theorie von Schachter und Singer (1962) kann eine physiologische Aktivierung sowohl als Verliebtheit als auch als Ängstlichkeit interpretiert werden. Entscheidend ist die kognitive Bewertung, in welchem Kontext die physiologische Aktivierung auftritt. Oder anders gesagt: Man kann sich manchmal fragen, ob es eine Magen-Darm-Verstimmung oder Liebe ist.

### 2.1.1.2 Emotionen als innerer Kompass

Emotionen sind wie ein innerer Kompass, eine Art GPS-System für die persönlichen Bedürfnisse, und helfen, ein Verständnis für die eigene Lage zu entwickeln, wenn die »Botschaften« aus dem Inneren verstanden werden. Emotionen liefern wertvolle Informationen, ob man sich einem gewünschten »Soll-Zustand« nähert oder sich davon entfernt. Sie sind Datenträger dafür, inwiefern man mit den eigenen Werten und Bedürfnissen im Einklang ist (siehe Beispiel zur Erläuterung des Eisbergs, Abb. 2.4). Das Erleben von unangenehmen Gefühlen dient als Information und gilt meist als ein Warnsignal dafür, dass etwas nicht im Gleichgewicht ist, z. B. die Nichterfüllung eines Bedürfnisses. In der Toolbox in Kapitel 2.2.1 findet sich eine Tabelle zur Interpretation der Sprache der Emotionen (Tabelle 2.2) und zu Übungen, um besser darin zu werden, die eigenen Emotionen zu verstehen.

Dabei spielt für die Einschätzung der Emotionen eine große Rolle, wie man die Situation – bewusst oder unbewusst – einschätzt. Stellen Sie sich beispielsweise vor, eine Kollegin unterbricht Sie in einem für Sie wichtigen Meeting und weist Sie in einem aus Ihrer Sicht recht schnippischen Ton auf einen Fehler hin. Wie reagieren Sie? In vielen Fällen kann man starken Ärger bei den betroffenen Kollegen beobachten, da aus Sicht des »Gemaßregelten« gerade die eigenen Rechte verletzt werden: das Bedürfnis nach Kontrolle (»ich entscheide, wann hier über bestimmte Fehler von mir diskutiert wird«) oder nach Selbstwertschutz (»die Person respektiert mich nicht, sonst würde sie nicht so mit mir reden«) wurden ignoriert. Es könnte auch ein anderes Grundbedürfnis sein, z. B. nach Bindung und Harmonie im Team, welches hier zu kurz kommt. An dieser Stelle setzt Achtsamkeit an: Denn wenn man sich genauer die Intention der Kollegin anschaut, sieht sie ggfs. ihre Aufgabe darin, Fehler in der Entstehung direkt anzusprechen, damit diese behoben werden; ihre Intention ist also nicht, dem anderen zu schaden. Ärger zeigt daher erst einmal nur an, ob man glaubt, dass ein Bedürfnis in Gefahr ist, nicht, ob es tatsächlich so ist.

Glaubenssätze auf ihren »Wahrheitsgehalt« hin zu beleuchten ist eine wirksame Art, den eigenen Umgang mit bestimmten Personen, die einen immer wieder ärgern, zu verändern. Dies ist nicht trivial und selten schafft man dies ohne ein Gegenüber, das einem hilft, zu spiegeln, was in einem vorgeht. Der Eisberg (siehe Abb. 2.3) ist ein vereinfachtes Modell für Mindsets als Beweggründe für menschliches Verhalten. Er verdeutlicht, was nicht sichtbar im »Innern«, unter der Wasseroberfläche, passiert: Die Bedürfnisse übersetzen sich in individuelle Glaubenssätze, Werte und Überzeugungen. Diese wiederum beeinflussen unsere Gedanken und Gefühle, welche in unserem sichtbaren Verhalten deutlich werden.

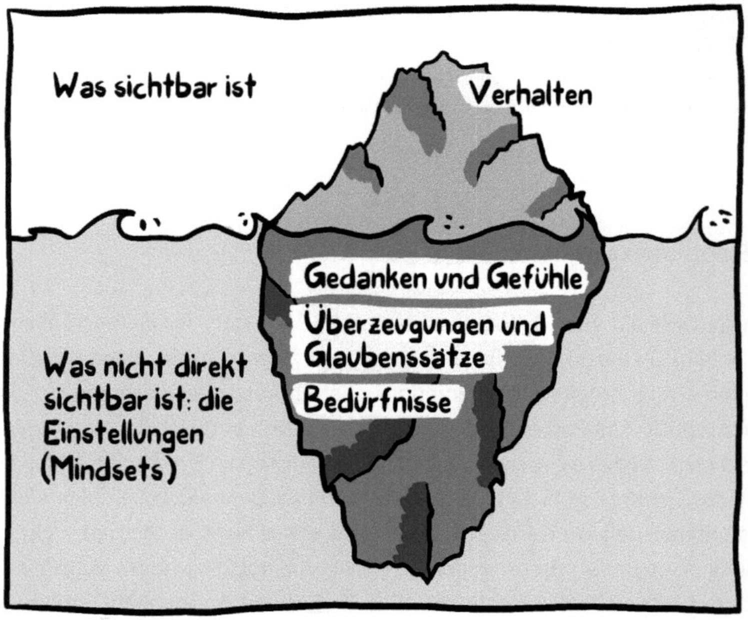


**Abb. 2.3:** Das Eisberg-Modell

Die Definition von Bedürfnissen (z. B. nach Grawe, 2004) sowie der Zusammenhang mit Emotionen wird in Kapitel 3 »Teams« noch ausführlich erläutert. An einem Beispiel für das Bedürfnis nach Kontrolle am Arbeitsplatz soll an dieser Stelle aber bereits exemplarisch der Eisberg für einen individuellen Mitarbeitenden durchdekliniert werden:

- Bedürfnis der »Kontrolle/Autonomie«:
  - Bestreben, die Welt des Unternehmens zu verstehen und zukünftige Entwicklungen vorhersehen und beeinflussen zu können.
- Möglicher Glaubenssatz:
  - Ich benötige die Übersicht über Informationen; ich möchte Struktur auf meinem Arbeitsplatz herstellen und Übersichtlichkeit hilft mir.
- Mögliche Gedanken bei Nichterfüllung:
  - »Ich bin nicht selbstbestimmt und habe es nicht in der Hand.«
- Mögliche Gefühle bei Nichterfüllung:
  - hilflos, unsicher, abhängig, gefangen.

Ignoriert oder unterdrückt man dauerhaft eigene Emotionen, verliert man langfristig wichtige Elemente von Lebendigkeit, da das Erleben aller – auch der gewünschten – Emotionen gedämpft wird, wenn man auch nur ein oder zwei Emotionen »auszusperren« versucht. Zudem reduziert man den Zugang zu den eigenen Bedürfnissen, was wiederum ein Gefühl von »Ich funktioniere nur noch und weiß nicht, was ich eigentlich will« mit sich bringen kann.

### 2.1.2 Was heißt emotionale Vielfalt?

Sprache spielt beim Erleben von Gefühlen eine große Rolle: Wer ein spezifisches Gefühl benennen kann, vermag dieses zu erleben (Barrett, 2017)[9]. Barrett beschreibt damit den Vorteil emotionaler Vielfalt, also der Fähigkeit der differenzierten Beschreibung von Gefühlen, und prägte dafür den Begriff der *emotionalen Granularität*[10]. Niedrige emotionale Granularität zeichnet sich aus durch ein gleichförmiges emotionales Erleben, dabei können die eigenen Emotionen nur durch wenige Worte beschrieben werden.

Ähnliche emotionale Empfindungen wie »Ich fühle mich entspannt« vs. »Ich fühle mich locker« werden dabei als äquivalent wahrgenommen. Hohe emotionale Granularität hingegen ist gekennzeichnet von einem vielfältigen emotionalen Erleben, in dem eine Vielzahl an Begrifflichkeiten für spezifische emotionale Zustände verwendet werden. Folglich werden ähnliche emotionale Zustände, wie »Ich fühle mich inspiriert« vs. »Ich fühle mich neugierig«, stärker differenziert (Barrett 2006; Barrett et al., 2001). Was kann man also tun, um seine emotionale

9 Schon Wittgenstein (1921) schrieb, »die Grenzen meiner Sprache sind die Grenzen meiner Welt«, Barrett kann es nun auch neurowissenschaftlich untermauern.

10 Maß an Spezifität, mit der emotionale Empfindungen beschrieben werden können.

Intelligenz zu verbessern? – Neue Worte lernen! (Was genau damit gemeint ist, ist in Box 2.2 beschrieben.)

Es ist für jedes Individuum möglich, die eigene emotionale Granularität zu erweitern. Achtsamkeit ist hier ein wichtiger Schlüssel, weil eine gute Selbstwahrnehmung unterstützend wirkt.

**BOX 2.2 Mit Fremdsprachen neue Gefühle kennenlernen**

Um zu verstehen, wie sehr der Kontext und die Kultur beim Verständnis von Emotionen eine Rolle spielen, lohnt ein Blick in verschiedene Sprachen. Durch den Einfluss von Kultur und sozialen Normen können sich sprachspezifische Bezeichnungen für bestimmte Gefühle entwickeln, für die in anderen Sprachen nur Umschreibungen existieren. Wissenschaftlerinnen der University of North Carolina haben das Emotionsvokabular von über 2.400 Sprachen untersucht und deutliche Unterschiede feststellen können, wie Gefühle in einzelnen Kulturen zum Ausdruck gebracht werden (Jackson et al., 2019).

Deutsche Wörter wie »Weltschmerz« oder »Zeitgeist« tauchen immer wieder in anderssprachigen Filmen oder Büchern ohne eine unmittelbare Übersetzung auf. In Greta Thunbergs Heimatland ist der Begriff »Flygsam« entstanden, dieser bezeichnet die Empfindung von persönlicher Scham hinsichtlich der Benutzung von Verkehrsflugzeugen und hat mit dem darauf basierenden Wort »Flugscham« auch schon die deutsche Sprache bereichert. Kulturell geprägte Beispiele für spezifische Begriffe, die so nur in der jeweiligen Sprache vorkommen, finden sich in der folgenden Abbildung.

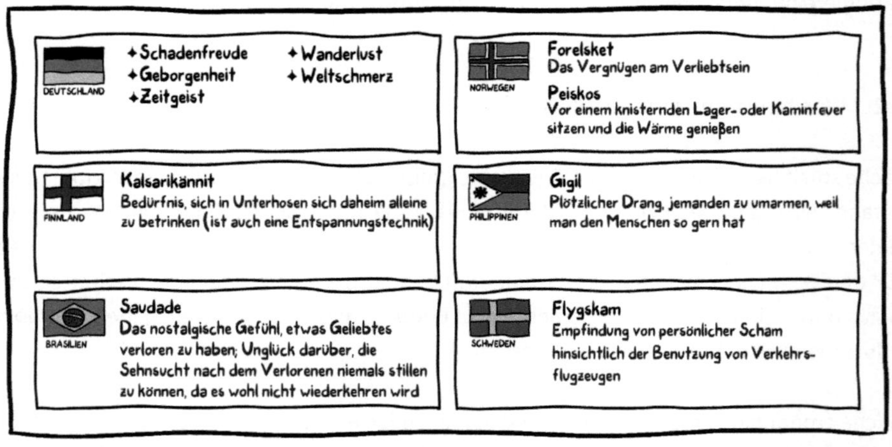


**Abb. 2.4:** Emotionale Granularität zeigt sich in den verschiedenen Sprachen

Verschiedene Studien weisen bereits auf die positiven Effekte einer hohen emotionalen Granularität, also der Fähigkeit, eigene Emotionen in verschiedenen Nuancen zu differenzieren, hin. In unterschiedlichen Lebensbereichen zeigen sich Vorteile: höhere Affektkontrolle, effektivere Bewältigungsstrategien bei Stress, stärkere Leistungsfähigkeit und erhöhte soziale Kompetenzen sowie ein stärkeres Immunsystem (Details dazu siehe Box 2.3). Einfach zusammengefasst: Wer genau beschreiben kann, wie er oder sie sich fühlt, hat mehr Erfolg, hält Stress besser aus, geht weniger zum Arzt und trinkt weniger Alkohol (Grolle, 2018).

**BOX 2.3 Einfluss von emotionaler Granularität**

Hohe emotionale Granularität wird in der Forschung mit höherer **Affektkontrolle** in Zusammenhang gesetzt (Niven et al., 2011). Demnach können Personen mit hoher emotionaler Granularität ihre Emotionen besser regulieren als Menschen, die weniger stark zwischen verschiedenen emotionalen Zuständen differenzieren. Auch im **Umgang mit Stress** zeigt sich das Erleben einer hohen emotionalen Vielfalt als Schutzfaktor. Studien konnten zeigen, dass Personen mit hoher emotionaler Granularität über effektivere Bewältigungsstrategien verfügen, seltener Alkohol konsumieren sowie kaum körperliche Aggressivität zeigen (Kashdan et al., 2010; Pond et al., 2012). Im Kinder- und Jugendbereich belegen Forschungsergebnisse den Zusammenhang zwischen hoher emotionaler Granularität mit **stärkerer Leistungsfähigkeit** und **erhöhten sozialen Kompetenzen** (De Rosnay et al., 2004; Harris et al., 2005). Die positiven Effekte hoher emotionaler Granularität sind nicht nur auf der Verhaltensebene zu beobachten. Physiologische Untersuchungen der Entzündungsmarker im Blut belegen ein **stärkeres Immunsystem** bei Menschen mit hoher emotionaler Vielfalt im Vergleich zu Menschen mit einer geringen emotionalen Granularität (Ong et al., 2017) – dies ist allerdings bezogen auf die tägliche Wahrnehmung positiver Gefühle, die Differenziertheit von negativen Gefühlen hatte keinen Effekt auf das Immunsystem.

Umso klarer wir unsere Emotionen einordnen können, desto einfacher wird es außerdem, die Emotionen anderer nachzuempfinden (Decety & Lamm, 2006).

## 2.2 Klarheit und Fokus

### 2.2.1 Klarheit über die eigenen Gefühle

Manchmal kann es schwerfallen, die eigenen Emotionen richtig zu erkennen. Zum Beispiel kennen viele Menschen das Gefühl, dass eine große dunkle Wolke über sie schweben würde, ohne auf Anhieb genau zu wissen, welche einzelnen Emotionen zu diesem Gesamtgefühl beitragen. Je mehr die eigenen Gefühle wahrgenommen und zugelassen werden, desto einfacher können die einzelnen Emotionen verstanden werden, um im nächsten Schritt den passenden Umgang mit ihnen zu finden. Wie erlangt man Klarheit?

- Zunächst nimmt man die Gefühle wahr (**A**) und stellt dann fest, ob man angenehme oder unangenehme Emotionen empfindet. Da dies nicht selbstverständlich ist, helfen Angewohnheiten und Rituale (**B**). Was man zudem benötigt, ist die Fähigkeit, mit den Emotionen »zu sein« und hinzuschauen, anstatt sie zu vermeiden oder völlig von ihnen vereinnahmt zu werden. Um diese Fähigkeit zu erlangen, hilft es, mit unangenehmen Gefühlen umgehen zu können (hilfreiche Tipps finden sich in Kap. 2.4 unter »Umgang mit Stress«).
- Anschließend kann man versuchen, die Emotionen zu benennen (**C**) und
- im nächsten Schritt diese zu dechiffrieren, um herauszufinden, was sie inhaltlich bedeuten (**D**).

Die folgende Toolbox enthält zu diesen Schritten praktische Übungen, um Klarheit über die eigenen Gefühle zu erlangen. An dieser Stelle sei angemerkt, dass es keine per se »ungesunden« Emotionen gibt, da alle ihre Daseinsberechtigung haben. Es geht darum, mit diesen gesund umzugehen.

**Abb. 2.5:** Klarheit erlangen durch das Wahrnehmen von Gefühlen (Quelle: Mansi Jikadara B, eigene Übersetzung)

#### 2.2.1.1 A – Gefühle bewusst und differenziert wahrnehmen

**Worte für Emotionen lernen bzw. erinnern**: Auf die Frage »Wie geht es Dir?« kann man versuchen, nicht mit »gut« oder »schlecht« zu antworten, sondern es sich anzugewöhnen, z. B. bei Freunden differenzierter zu antworten – denn »gut« und »schlecht« sind keine Emotionen. Man kann zum Training auf bestehende Listen (wie die nachfolgende Tabelle 2.1) zurückgreifen und sich diese immer mal wieder anschauen, um die Begriffe zu verinnerlichen, z. B. die Übersicht von angenehmen und unangenehmen, energiegeladenen und nicht energiegeladenen Empfindungen. In der Interaktion mit anderen ist ein wenig Übung vonnöten, das entsprechende Gefühl auf den Punkt zu bringen, ohne zu weit auszuschweifen. Zudem sollte hierbei der Kontext berücksichtigt werden, um andere nicht mit einer allzu differenzierten Antwort zu irritieren, vor allem dann, wenn diese gewohnheitsmäßig nicht erwartet wird.

| *Angenehm & energiearm* | *Unangenehm & energiearm* | **Angenehm & energiereich** | **Unangenehm & energiereich** |
|---|---|---|---|
| Heiter | Traurig | Neugierig | Aufgewühlt |
| Unbekümmert | Deprimiert | Aufgedreht | Mulmig |
| Zufrieden | Pessimistisch | Freundlich | Panisch |
| Gemütlich | Entmutigt | Glücklich | Zornig |
| Erfüllt | Allein | Aufgeregt | Unruhig |

| *Angenehm & energiearm* | *Unangenehm & energiearm* | **Angenehm & energiereich** | **Unangenehm & energiereich** |
|---|---|---|---|
| Locker | Erschöpft | Inspiriert | Ängstlich |
| Dankbar | Bekümmert | Fokussiert | Irritiert |
| Angenehm | Aufgelöst | Hoffnungsvoll | Wütend |
| Gelassen | Müde | Optimistisch | Nervös |
| Bedachtsam | Teilnahmslos | Energetisch | Besorgt |
| Ruhig | Ausgelaugt | Überrascht | Gestresst |
| Geruhsam | Verausgabt | Glückselig | Genervt |
| Ausgeglichen | Gelangweilt | Lebhaft | Angespannt |
| Befriedigt | Fertig | Enthusiastisch | Verärgert |
| Entspannt | Miserabel | Motiviert | Frustriert |
| Sanft | Entfremdet | Freudig | Verblüfft |

**Tab. 2.1**: Liste von Emotionen (Beispiele, kein Anspruch auf Vollständigkeit)

**Emotionen in der Meditation achtsam beobachten**: Besonders mithilfe von Achtsamkeitsmeditation kann die Fähigkeit zur emotionalen Klarheit trainiert werden. Achtsamkeitstechniken befähigen Menschen, ihre Aufmerksamkeit aktiv auf innere Zustände zu lenken und diese wahrzunehmen – damit also zu trainieren, Emotionen mehr zu spüren. In der Achtsamkeitsmeditation lautet die Instruktion im Prinzip: *Inne halten, tief durchatmen und dann wahrnehmen, was passiert. Einfach mit dem sein, was da ist. Die Aufmerksamkeit auf den Körper und nach innen richten. Die Empfindungen und Gefühle wahrnehmen, ohne sie zu beurteilen, und so, wie sie sind, annehmen. Emotionen kommen, bleiben und gehen.*

Wenn wir wiederholt die tiefe Erfahrung machen, dass wir im Prinzip mit allen Emotionen »sein« können, ändern wir unseren Umgang mit der Emotion an sich.[11] Wir erlangen die Fähigkeit, unsere Emotionen bewusst anschauen und »begrüßen« zu können, ohne bei unbeliebten Gefühlen in den Widerstand zu gehen. Dies klingt einfacher als es ist, es bedarf sehr viel Übung und Kontinuität. Im Extremfall berichten manche Menschen davon, dass sie »es nicht aushalten, einfach mit dem zu sein, was da ist«. In diesem Fall nimmt man am besten – sobald man das Gefühl hat, dass es der passende Zeitpunkt ist – externe Hilfe in Anspruch, um sich damit auseinandersetzen.

11 Dies gilt mit der Einschränkung – welche sich auch auf alle Übungen bezieht –, dass es sich hier nicht um Emotionen aufgrund von traumatischen Erlebnissen handelt.

Eine Instruktion zur Meditation findet sich in Kapitel 1 oder über den beigefügten QR-Code.

**Im Bodyscan die Emotionen im Körper lokalisieren**: Im geführten Bodyscan erhöht man die Selbstwahrnehmung, da man trainiert, körperliche und emotionale Zustände sehr differenziert wahrzunehmen.

> **Übung**
>
> Bei einem Body Scan nehmen Sie eine entspannte, aufrechte Haltung ein, gehen durch den Körper – wie bei einem langsamen Scan – und nehmen dabei einzelne Körperteile bewusst wahr. Dabei achtet man auf die Empfindungen oder auch das Fehlen von Empfindungen. Beginnen Sie beim Schädeldach und wandern Sie mit Ihrer Aufmerksamkeit langsam den Körper entlang bis zu den Füßen. An den jeweiligen Körperstellen, die Sie auf dem Weg von oben nach unten ansteuern, ohne eine feste Reihenfolge einhalten zu müssen, halten Sie für einen Moment inne, um den Stellen die volle Aufmerksamkeit zu widmen und um sich dann zu fragen: Nehme ich Empfindungen wahr und welcher Art sind diese? Wie fühlt es sich an, wenn ich keine Empfindungen wahrnehme?

Es geht weniger darum, was man genau empfindet, sondern eher um die Schulung der Qualität der Aufmerksamkeit. Mit der Zeit wird es immer einfacher, Emotionen im Körper zu verorten bzw. zu spüren.

#### 2.2.1.2 B – Rituale zur Unterstützung der Intention, Gefühle wahrzunehmen

Die Bewusstmachung der Intention, bestimmte Emotionen wahrzunehmen, unterstützt eben dieses Vorhaben. Bei dieser Intention geht es wie bei allen Vorhaben zu Verhaltensveränderungen darum, sich immer wieder an den Vorsatz zu erinnern – hierbei helfen Rituale, die möglichst an einen festen Zeitpunkt gebunden sind, wie die folgenden:

**Emotionen im Alltag bei einem Klingelton wahrnehmen**: Man kann sich selbst vornehmen, bei einem digitalen Ton sich der aktuellen Emotion bewusst zu werden, z. B. »Bei jedem Klingeln des Telefons oder bei dem Ton einer neuen Nachricht halte ich kurz inne und frage mich: Welche Emotion ist jetzt gerade präsent?«

**Liste von gewünschten Gefühlen beim Jahreszeitenwechsel anfertigen**: Welche Gefühle möchte man in der kommenden Jahreszeit gerne häufiger erleben? Diese Frage zu reflektieren und einige Tage explizit darauf zu achten, wann die gewünschten Gefühle spürbar sind und welche Bedingungen dafür fördernd waren, trainiert den Muskel der Selbstwahrnehmung.

**»Gefühl des Jahres« zum Jahresanfang festlegen**: Das Jahr unter ein bestimmtes Gefühl stellen, was daran erinnert, dass man die eigene Gefühlswelt in eine bestimmte Richtung lenken möchte, z. B. »das Jahr des Verzeihens« oder »das Jahr der Klarheit«. Dieses Ritual kann die Erinnerung unterstützen, Emotionen stärker wahrnehmen zu wollen – und übrigens auch, sich im Zweifel für dieses gewünschte Gefühl zu entscheiden und beispielsweise weniger streng mit sich und anderen zu sein.

**Sich am Morgen eine Intention für den Tag überlegen** Die morgendliche Intention kann verschiedene Richtungen haben und mit den folgenden Fragen schärft man die Selbstwahrnehmung:

- Wie möchte ich mich heute fühlen?
- Was brauche ich dafür?
- Was ist mir heute besonders wichtig?

#### 2.2.1.3 C – Klarheit über erlebte Gefühlsinhalte und -intensitäten

**Journaling für eine höhere Klarheit der Gefühlsinhalte**: Fühlt man sich unklar in seiner Gefühlswelt und weiß nicht genau, was die einzelnen Stimmungen auf sich haben, hilft Journaling anhand von Satzanfängen. Die Instruktion zum Journaling lautet:

**Übung**

Führen Sie drei Satzanfänge weiter, wie z. B.:

- Mich beschäftigt gerade…
- Ich finde es schwer auszuhalten, das Gefühl von…
- Ressourcen, die mir zur Verfügung stehen, sind…

Hier nimmt man sich pro Satzanfang zwei Minuten Zeit und stellt sich jeweils den Wecker. Nicht länger und nicht kürzer schreiben. Schreiben Sie, was Sie gerade beschäftigt, ohne zu überlegen, also ohne den Stift abzusetzen. Fällt Ihnen nichts mehr ein, schreiben Sie: »Mir fällt nichts mehr ein.« Zum Ende der Übung nimmt man sich nochmal zwei Minuten Zeit, um das Geschriebene zu lesen und relevante Punkte zu unterstreichen. Diese Form kann man an drei hintereinander folgenden Tagen wiederholen. Antworten auf solche Fragen zu geben, kann anfangs schwerfallen, aber nach ein, zwei Journaling-Übungen lichtet sich der Nebel im Kopf und man wird sich selbst klarer, worum es geht. Versuchen Sie nicht, Ihre Gedanken sauber zu strukturieren, lassen Sie sich stattdessen von sich selbst überraschen!

Es geht beim Journaling nicht darum, die Erlebnisse des Tages chronologisch festzuhalten oder etwas zu strukturieren, sondern darum, Impulsen nachzugehen und zu schreiben, ohne viel darüber nachzudenken.

**Übersetzen der in Sprache gefassten Emotionen in Themen**: Gefühle lassen sich dechiffrieren, um zu verstehen, was sie für uns bedeuten. Sie transportieren Informationen zu bestimmten Themen. Man kann sich fragen: Was will mir das Gefühl sagen? Oder: Was kann ich aus dieser Situation lernen? Klassische Themen entnimmt man der folgenden Liste nach Reivich und Shatte (2002) sowie Fredrickson und Cohn (2008). Wie beim Lernen einer Fremdsprache lassen sich diese Vokabeln auswendig lernen. Warum diese Übung? Weil sie dabei helfen kann, aufgekommene Emotionen besser zu verstehen.

| Unangenehmes Gefühl | Thema des Gefühls | Angenehmes Gefühl | Thema des Gefühls |
|---|---|---|---|
| **Angst** | Zukünftige Gefahr | **Glück** | Alles ist so, wie es sein soll |
| **Schuld** | Verletzung der Rechte anderer | **Freude** | Es passiert etwas Gutes |
| **Ärger** | Verletzung der eigenen Rechte | **Stolz** | Eine gute Leistung erbracht haben |
| **Traurigkeit** | Verlust | **Demut** | Realistisches Selbstbild/den Blick fürs Ganze haben |
| **Peinlichkeit** | Verlorenes Standing | **Liebe** | Mit einem anderen zusammen sein wollen/sich gegenseitig Kraft geben |
| **Scham** | Eine selbst verursachte Verletzung der eigenen Werte/Standards | **Zufriedenheit** | Alles haben, was man braucht |
| **Frustration** | Fehlende (eigene oder externe) Ressourcen zur Problemlösung | **Ansehen/Respekt** | Die eigene Person wird bei anderen Menschen positiv gesehen |
| **Enttäuschung** | Nicht erfüllte Erwartungen | **Zuversicht/Gelassenheit** | Es wird gut werden/man wird einen Weg finden |
| | | **Leidenschaft** | Das tun, wofür man brennt |
| | | **Positiver Selbstwert** | Man selbst ist okay mit seinen Stärken und Schwächen |

**Tab. 2.2**: Gefühle und ihre Themen

**Sechs Kreise für eine höhere Klarheit der Gefühls-Intensität**: Das »6-Kreise-Modell« (Mourlane, 2015, S. 75) kann im Coaching – auch im Eigencoaching ohne externe Unterstützung – genutzt werden. Hier gilt es nicht nur, die Inhalte oder Qualität der eigenen Emotionen zu erkennen, sondern auch die Angemessenheit in Bezug auf die Stärke der Emotion. Drei Möglichkeiten der emotionalen Reaktion im Verhältnis zur Situation stehen uns zur Verfügung: zwei sind inakkurat, eine ist akkurat (Mourlane, 2015).

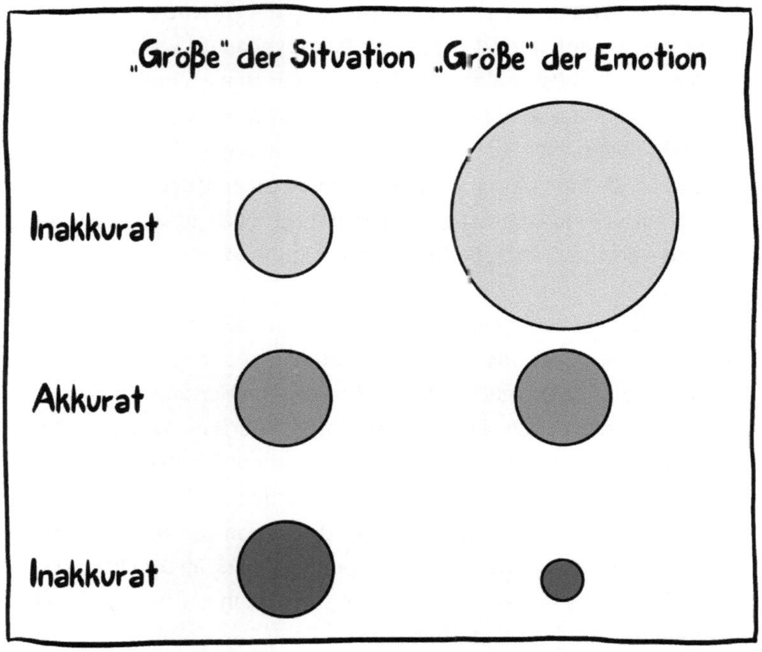


**Abb. 2.6:** Das 6-Kreise-Modell für höhere Klarheit über die Gefühlsintensität (in Anlehnung an Mourlane, 2015)

Diese Sichtweise hilft bei der Bewältigung einer emotionalen Situation. Wenn man sich beispielsweise sehr stark ärgert, kann man – wenn man es schafft – das 6-Kreise-Modell vor dem inneren Auge visualisieren und sich fragen: »Sind meine Rechte gerade wirklich so stark eingegrenzt worden, wie es sich für mich anfühlt, oder ist mein Ärger unangemessen hoch, wenn ich die Intention meines Gegenübers mit beachte?«

Situationen, in denen die Emotion im Vergleich zur Situation zu klein erscheint, gibt es ebenfalls: Man denke an Politiker, die kaum Scham empfinden, dass sie sich durch eigene Regeln (z. B. Corona-Maßnahmen) bereichert haben. Ihnen fallen sicherlich ebenfalls einige Beispiele ein. Das Modell gilt auch für positive Gefühle, z. B., wenn jemand sehr stolz auf etwas ist, was andere wiederum für übertrieben halten, oder wenn jemand bei Erfolg keinerlei Notiz davon nimmt (weitere Beispiele siehe Mourlane, 2015).

#### 2.2.1.4 D – Werte und Bedürfnisse erkennen und benennen, um die darauf aufbauenden Emotionen zu verstehen

Der in Kapitel 2.1.1.2 dargestellte Eisberg demonstriert, dass unter der Wasseroberfläche, also im »Innen«, viel los ist, was unser im Außen sichtbares Verhalten leitet – wobei uns dies selten bewusst ist. Je klarer wir aber die »Treiber« von Gefühlen und letztlich unserem Verhalten verstehen, desto höher ist unsere Selbstwahrnehmung. Die Vorteile einer hohen Selbstwahrnehmung wurden bereits in Kapitel 1 dargelegt. Das sogenannte »gelungene Leben« – nach dem aus Sicht der aktuellen Psychologie im Grunde jeder Mensch mehr oder weniger ausgeprägt strebt – hängt stark davon ab, ob man die eigenen Werte und die damit verbundenen Bedürfnisse versteht und damit – im manchmal weitesten Sinne – im Einklang handelt. Diese Art von Einklang meint die Integration von dem, was man tut, und dem, was man sich innerlich wünscht und auch mittel- und langfristig braucht, um zufrieden zu sein. Zunächst hilft hierzu eine Klarheit über die eigenen Werte, Bedürfnisse und Emotionen.

Unser Wertesystem bildet – wie der Eisberg andeutet – den Maßstab zur Beurteilung von Situationen und gehört zur Grundlage unseres täglichen Handelns und Fühlens (Abb. 2.8 sowie Box 2.4 bieten eine Übersicht über mögliche Werte). Zu der Definition von Werten an dieser Stelle nur ein kurzer Exkurs: Werte haben einen – häufig unreflektierten – gesellschaftlichen Aspekt, weil man sozial akzeptierte und kulturell geprägte Werte, die im Laufe der eigenen Entwicklung durch die für uns relevanten Mitmenschen vorgelebt werden, individuell verinnerlicht und in eigene Motivation »übersetzt«. Die zum Teil »wirre Diskussion von Wertephilosophie, Wertetheorie und weiterer Werteforschung« (vgl. z. B. Erpenbeck 2023, im Druck) lässt eine eindeutige Definition und Abgrenzung zu Bedürfnissen vermissen. Übungen, um sich die eigenen Werte besser vor Augen zu führen, sind z. B. die folgenden:

**Reflexionsübung »Blick zurück aus der Zukunft«**: Innere Werte dienen als Art motivierender Kompass, um Situationen zu beurteilen und daraus Handlungen abzuleiten. In dieser Übung können Sie Ihr Handeln reflektieren und dies ggfs. anpassen, indem Sie sich Ihrer eigenen Werte bewusster werden.

### Übung

Stellen Sie sich dazu eine Feier zu Ihren Ehren vor, z. B. zu Ihrem Geburtstag in 10 Jahren. Was für Glückwünsche mit Lob für Ihre Aktivitäten würden Sie sich über Sie wünschen? Worüber würden Sie sich freuen, dass andere es über Sie sagen? Wählen Sie vier Personen aus; mindestens eine sollte aus dem privaten und eine aus dem beruflichen Kontext sein. Stellen Sie sich vor, was diese über Sie sagen – was Sie hören möchten, nicht, was Sie aktuell von diesen Personen erwarten zu hören – und notieren Sie die wichtigsten Punkte auf einem Papier.

Diese Glückwünsche aus der Zukunft können Ihnen dabei helfen, besser zu verstehen, wie Sie Ihr Leben gestalten möchten, was Ihnen wichtig ist und wofür Sie (offen sichtbar) einstehen wollen (von Hehn et al., 2022).

**Werte-Übung anhand von Rollenvorbildern:** Erfahrungsgemäß fällt es Menschen oft leichter, bei anderen Personen zu benennen, was man an ihnen als erstrebenswert und gut erachtet, als dies für sich selbst zu tun. In dieser Übung können Sie sich diesen Umstand zunutze machen, indem Sie über die Werte anderer Personen mehr Klarheit über Ihre eigenen Werte gewinnen.

## Übung

Bitte denken Sie dafür im ersten Schritt an drei Menschen aus Ihrem beruflichen oder privaten Umfeld, die Sie in herausfordernden oder moralisch schwierigen Situationen um Rat fragen würden. Im zweiten Schritt vergegenwärtigen Sie sich, für welche Werte diese Personen stehen, d. h., was konkret Sie an dem Verhalten dieser Personen schätzen. Schreiben Sie nun für jede Person drei Werte auf (siehe Abb. 2.7). Zur Unterstützung können Sie die darauffolgende Darstellung möglicher Werte (siehe Abb. 2.8) nutzen. Die daraus entstandene Werte-Liste kann Ihnen bei der Reflexion über Ihre eigenen Werte sowie deren Priorisierung helfen (von Hehn et al., 2022).

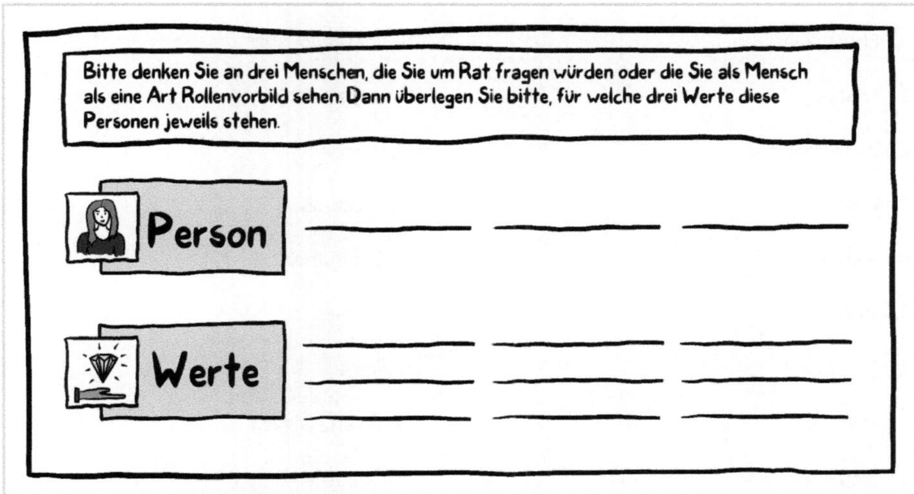


**Abb. 2.7:** Formblatt zum Befüllen der »Werteübung«

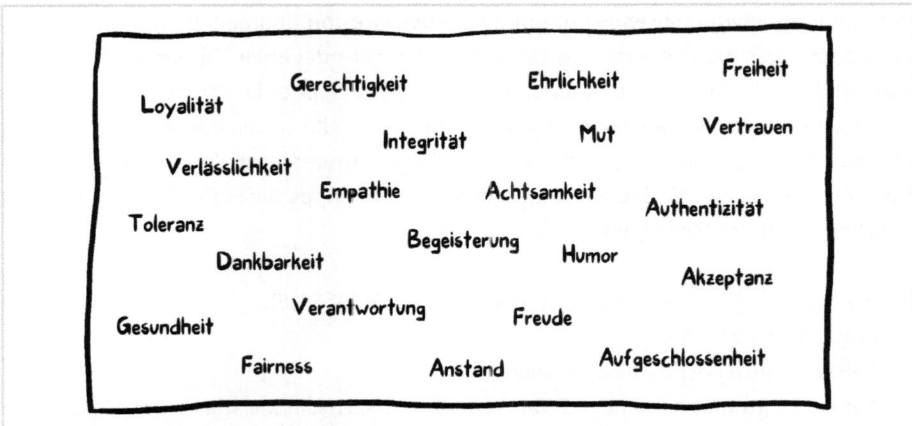


**Abb. 2.8:** Liste mit Werten (in Anlehnung an Sauer, 2022)

**Box 2.4 Werte, die aktuell von Interesse sind**

Die folgende Liste (Stand Januar 2023) aktuell interessanter Werte sind das Resultat des laufend aktualisierten Rankings (https://werteland.com/enzyklopaedie/ranking-der-werte) zu der Frage: »Welche Werte sind im (weltweiten) deutschsprachigen Raum von besonderem Interesse und scheinbar wichtig?« Das Ranking berücksichtigt Umfrageergebnisse, Suchanfragen an das Online-Werte-Lexikon, Google-Suchanfragen und Zugriffe auf die Enzyklopädie der Wertvorstellungen (Sauer, 2022):

1. Respekt
2. Loyalität
3. Gerechtigkeit
4. Ehrlichkeit
5. Freiheit
6. Verlässlichkeit
7. Integrität
8. Wertschätzung
9. Mut
10. Vertrauen
11. Toleranz
12. Empathie
13. Achtsamkeit
14. Authentizität
15. Dankbarkeit
16. Verantwortung
17. Menschlichkeit
18. Humor
19. Akzeptanz
20. Gesundheit
21. Fairness
22. Liebe
23. Zuverlässigkeit
24. Freude

**Journaling als wiederkehrende Routine zur Selbstreflexion**: Journaling wurde als Technik bereits beschrieben. Dafür nehmen Sie sich z. B. am Morgen oder Abend für wenige Minuten einen Moment der Ruhe, um Ihre spontanen Gedanken, Gefühle oder Erfahrungen aufzuschreiben, die Sie gerade beschäftigen, ohne lange zu überlegen. Es gibt verschiedene Arten von Morgen- und Abendroutinen, Sie können sich selbst Ihre Fragen zusammenstellen. Für eine regelmäßige Praxis eignen sich z. B. ein Sechs-Minuten-Tagebuch oder Apps wie *Reflectly* oder *stoic*, die zum täglichen Ritual werden können.

Einige Fragen als Anregung für den Morgen (Janssen, 2021, S. 28):

- Wofür bin ich dankbar?
- Welche Chance werde ich heute nutzen?
- Was ist der gute Geist für heute? (Das kann ein Leitsatz sein wie »Das Leben ist jetzt«)

Und als Anregung für den Abend:
- Was ist mir heute gut gelungen?
- Was hätte ich heute besser machen können?
- Was hatten andere davon, dass es mich gibt?

### 2.2.2 Fokus und Klarheit inmitten von Komplexität und Informationsüberflutung

Klarheit bezieht sich nicht nur auf die Inhalte unserer Erfahrungen. Auch die Art und Weise, wie wir die eigenen Erfahrungen erleben – also konzentriert oder abgelenkt –, hat einen großen Einfluss auf unsere Selbst- und Fremdwahrnehmung und damit auf die emotionale Intelligenz. Wenn wir beispielsweise keine Pausen machen oder gestresst sind, reduziert sich die Gehirnleistung und wir müssen unsere Wahrnehmung auf die essenziellen Dinge fokussieren, was die Selbst- und Fremdwahrnehmung einschränkt.

Eine Quelle von vielen Problemen ist, dass unser Gehirn fortwährend darauf angewiesen ist, Energie zu sparen. Während wir arbeiten, gleicht unser Gehirn einer Schneekugel, die wir kontinuierlich schütteln, sodass sich der Schnee nicht legen kann und wir nicht klar durchschauen können. Denn zu unseren Kernaufgaben gehört die Informationsverarbeitung aus multiplen Kanälen in kurzer Zeit. Nicht selten werden in zeitlich eng getakteten Situationen, die durch Informationsüberflutung geprägt sind, schnelle Entscheidungen abverlangt. Die Funktionsweise des Gehirns bleibt davon nicht unberührt: Die aktuellen Neurowissenschaften geben Einblick darin, wie wir limitierte kognitive Ressourcen verbrauchen, nur weil wir nicht wissen, wie wir unser Gehirn optimal einsetzen können. Je besser wir uns selbst wahrnehmen und kennen, desto besser können wir uns durch einen komplexen Alltag navigieren.

Die meisten Personen mit viel Verantwortung oder Führungsaufgaben haben das Gefühl, so viele Aufgaben zu tun zu haben und so viele Informationskanäle nutzen zu müssen, dass Multitasking die unvermeidbare Herangehensweise ist. Das ständige Hin- und Herspringen zwischen Aufgaben ist für unser Gehirn allerdings nicht nur anstrengend, sondern auch ineffizient. In diesem Zusammenhang gehen aktuelle Forschungsarbeiten davon aus, dass wir unsere wahrgenommene Fähigkeit zum Multitasking oft überschätzen (Uncapher et al., 2017, Madore et al., 2020). Durch den Wechsel zwischen den Aufgaben brauchen wir insgesamt mehr Zeit und die Qualität sinkt mit steigender Fehlerhäufigkeit (Uncapher et al., 2017). Die negativen Effekte zeigen sich besonders beim simultanen Gebrauch von verschiedenen Medien (siehe Box 2.5). Laut einer Stanford-Studie dauert der Wechsel zwischen Aufgaben bei Menschen, die häufig multitasken, sogar länger als bei Menschen, die dies nur gelegentlich machen (Ophir et al., 2009). In einer weiteren Stanford-Studie (Madore et al., 2020) verringerte sich bei Teilnehmenden durch Multitasking mit verschiedenen Medien substanziell die Fähigkeit, Informationen zu verarbeiten und richtig zu erinnern.

Denn Multitasking versetzt das Gehirn in eine Art »Überlebensmodus« und löst unnötigerweise Cortisol-Ausschüttungen aus, was uns am Ende des Tages erschöpft sein lässt. Studien zufolge brauchen Menschen, die mehrere Aufgaben gleichzeitig machen, länger und sind ca. 20-40 % weniger produktiv, da der Wechsel zwischen den Aufgaben immer wieder zusätzliche Energie kostet (May & Elder, 2018; Meyer & Kieras, 1997). Denn unser Gehirn muss bei jedem Wechsel die kognitiven Regeln der alten Aufgabe beenden und mit den Regeln für die neue Aufgabe beginnen (Ophir et al., 2009). Entgegen der weitverbreiteten Annahme kann unser Gehirn ergo nicht erfolgreich zwei Aufgaben gleichzeitig bearbeiten, wenn dabei Konzentration benötigt wird (Dux et al., 2006).

Eine Art Multi-Doing hingegen ist dann möglich, wenn wir einfache, automatisierte Aufgaben parallel erledigen, z. B. Autofahren und einem Gespräch folgen. Allerdings nur, solange wir keine kognitiven Kapazitäten brauchen. Sobald die Route unbekannt wird, hört man sich sagen: »Schatz, mach mal die Musik leiser, ich muss mich konzentrieren!« – Das ist der Moment, an dem Multitasking beginnt.

**BOX 2.5 Medien-Multitasking**

Medien-Multitasking ist die Bezeichnung für das gleichzeitige Jonglieren von oder dem Wechsel zwischen mehreren Medienströmen (Uncapher et al., 2017). Bedienen wir mehrere Medien parallel – z. B. indem wir in einer Videokonferenz wiederholt das Handy checken oder E-Mails beantworten –, müssen die Kontroll- und Aufmerksamkeitsnetzwerke unseres Gehirns die Aufgaben ständig neu anordnen und priorisieren. Bei häufigem Wechsel zwischen Medien erhöht das die Anforderungen an beide neurokognitive Systeme enorm. Der Preis ist ein Leistungsdefizit (Madore & Wagner, 2019). Dieses schlägt sich in vier Bereichen nieder, wie die Forschung der letzten Jahre zeigt (Ophir et al., 2009; Uncapher, et al., 2017):

- **Kognition**: Medien-Multitasking hat einen negativen Einfluss auf das Arbeitsgedächtnis und das Interferenzmanagement. Mit anderen Worten: Ablenkungen oder irrelevante Informationen können weniger gut gefiltert werden.
- **Effizienz**: Beim ständigen Wechsel zwischen Medien und Aufgaben entstehen »Zeitlöcher«, in denen sich das Gehirn neu orientiert und an das Medium anpasst, was wertvolle Energie kostet. Aufgaben brauchen dadurch insgesamt mehr Zeit, als wenn sie nacheinander erledigt werden.
- **Emotion und Gesundheit**: Vermehrtes Medien-Multitasking kann zu mehr Impulsivität, Sensationssucht bis hin zu sozialer Angst und Depressionen führen.
- **Neuronale Strukturen**: Erhöhtes Medien-Multitasking reduziert langfristig das Volumen im anterioren cingulären Cortex (ACC), verringert die Aufmerksamkeitsspanne und führt zu erhöhten Aufmerksamkeitsanstrengungen unter Ablenkungsbedingungen.

Schützt man sich vor Unterbrechungen und reduziert Multitasking, ist man dagegen präsenter und kann herausfordernde Aufgaben effizienter bearbeiten. Durch Achtsamkeit und regelmäßige Pausen können wir uns zudem schneller von Multitasking erholen (Kudesia et al., 2022). In der Folge handeln wir während der Arbeit weniger aus Impulsen heraus. Die Dinge mit vollem Herzen tun heißt, in Präsenz das zu tun, was man gerade macht, also achtsam zu handeln. Um diese Präsenz im Arbeitsalltag zu kultivieren, enthält der nachfolgende Abschnitt praktische Tipps.

#### 2.2.2.1 Klarheit durch Präsenz

Präsenz ist die Grundlage für Klarheit im komplexen Alltag – und sie kann geübt werden.

**Handlungen nicht mit Blick in die Zukunft »um zu« ausüben:** Anstatt Dinge zu tun, um schnellstmöglich zur nächsten Sache zu kommen, lässt sich die Aufmerksamkeit bewusst auf die Gegenwart richten und man kann so die Dinge »mit vollem Herzen« angehen. Anstatt zu denken: »Ich arbeite das noch ab, um danach das Meeting mit x zu machen und dann an y zu arbeiten«, sagen Sie sich: »Ich arbeite jetzt an z, um mich voll mit z zu beschäftigen.« Diese Art von Haltung erfordert für die meisten Menschen etwas Übung, z. B. mit Hilfe von Achtsamkeitstrainings.

**Sinnliche Rituale schaffen, um Präsenz zu üben:** Sie können Ihre fünf Sinne nutzen, um sogenannte sinnliche Rituale zu schaffen: z. B. eine Sinneswahrnehmung, wie den Geruch von frischem Kaffee oder Tee, zu nutzen, um sich zu erinnern, jetzt in diesem Moment präsent zu sein. Oder beispielsweise damit zu beginnen, beim Trinken und Essen auf Ablenkungen wie digitale Medien zu verzichten und stattdessen das Essen mit allen Sinnen wahrzunehmen. Diese Übung kann leicht auf alltägliche Dinge wie das Zähneputzen übertragen werden. Die Aktivierung eines Sinnes kann so als Erinnerungsmoment genutzt werden, kurz innezuhalten und präsent zu sein. Dabei nimmt man einfach wahr, was gerade ist, anstatt in Gedanken bereits die To-do-Liste durchzugehen. Dies bedeutet: raus aus dem Kopf, rein in die Erfahrung – was ein wesentliches Merkmal von Achtsamkeit ist. Man kann diese Übung auch in jedem Moment machen, ohne einen Erinnerungsanker, indem man inne hält und sich fragt: Was siehst Du gerade? Was hörst Du? Was riechst Du? Was schmeckst Du? Was fühlst Du, z. B. auf Deiner Haut?

**Abb. 2.9:** Einen Moment innehalten und wahrnehmen, was gerade ist

#### 2.2.2.2 Klarheit durch weniger Unterbrechungen und weniger Multitasking

Die nachfolgende Liste an Tools gibt Impulse, wie Sie durch den Umgang mit Unterbrechungen und das Vermeiden von Multitasking im Alltag mehr Klarheit erlangen können.

**Push-Benachrichtigungen deaktivieren:** Das Ausschalten aller Push-Benachrichtigungen von E-Mails, Kalender und sozialen Netzwerken auf PC und Smartphone unterstützt dabei, unnötige Ablenkungen zu vermeiden. Wenn es als hilfreich empfunden wird, kann auch die Erinnerungsfunktion deaktiviert werden.

**Digitales Detox:** Bestimmte Zeiträume am Tag für digitales Detox nutzen, in denen bewusst auf das Smartphone oder andere digitale Medien verzichtet wird.

**E-Mails im Block bearbeiten:** Legt man sich bestimmte Uhrzeiten fest, um E-Mails »im Block« (z. B. dreimal täglich um 9 Uhr, 13 Uhr und 16 Uhr) zu bearbeiten statt ständig zwischendurch, trägt dies wesentlich zu einer Reduktion von ungeplanten Unterbrechungen bei.

**Entwickeln eigener Best Practices:** Sich selbst ehrlich im Alltag beobachten, um herauszufinden, was zu internen oder externen Unterbrechungen und Ablenkungen führt, denn jede Art der Ablenkung ist auch eine Form des Multitaskings. Werden diese z. B. durch das Telefon, was auf dem Schreibtisch liegt, oder die vielen offenen Nachrichtenkanäle veranlasst oder führen zu wenige bewusst genommene Pausen dazu, sich selbst von kleinsten Störungen wie Geräusche, Bewegung von anderen Personen u. a. ablenken zu lassen?

Man hört zu einigen dieser Tipps häufig von vielbeschäftigten Menschen so etwas wie: »Das kann ich nicht machen, ich muss immer erreichbar sein. Was, wenn ...« In den meisten Jobs ist es dennoch möglich, zumindest für 30 Minuten oder länger nicht erreichbar zu sein – es ist daher meist auch eine Frage der inneren Haltung (Details dazu siehe Kap. 2.4).

Weitere Praktiken zur Reduzierung von Multitasking und achtsame Kommunikationsrituale im Team finden sich in Kapitel 3.4.3.1.

#### 2.2.2.3 Klarheit und Fokus durch gehirnfreundlichen Umgang mit Prioritäten

Die nachfolgenden Priorisierungsübungen tragen zu mehr Klarheit im Arbeitsalltag bei.

**Das E-Mail-Postfach:** Viele Menschen beginnen den Arbeitstag gerne damit, E-Mails zu beantworten oder schnelle To-dos abzuarbeiten. Warum aber machen das die meisten Menschen? – Das eigene Gehirn priorisiert nicht für seinen »Besitzer«, sondern spart gerne Energie und liebt kurzfristige Erfolge. Die Aufgaben, die zu einem dementsprechenden Erfolgserlebnis führen, sind aber häufig nicht die wichtigsten und machen nicht unbedingt erfolgreich (Rock, 2011).

Deshalb E-Mails möglichst erst später checken oder nur kurz scannen, ob etwas Dringendes ansteht.

**Die »goldene« Stunde**: Die erste »goldene« Stunde des Tages kann gut für die wichtigste Aufgabe, für strategische Aktivitäten oder entscheidende Gespräche genutzt werden, da dies meist die Zeit mit den wenigsten Unterbrechungen und einer guten Konzentration ist (zu schade für E-Mails). Wenn sie am Morgen direkt die erste und wichtigste Aufgabe erledigen, haben die meisten Menschen das Gefühl, dass sie die eigene Energie effizient managen.

**Ivy-Lee-Methode**: Um Aufgaben gezielt zu priorisieren und entsprechende Zeitslots einzuplanen, hilft es, am Vorabend oder am Morgen eine Liste mit den wichtigsten Aufgaben anzulegen. Die Ivy-Lee-Methode dient hierbei als tägliche Übung. Ein Moment am Ende des Tages reicht, um alle unerledigten Aufgaben auf eine neue Liste zu übertragen, die Top 6 zu priorisieren und Aktivitäten entsprechend für den nächsten Tag zu planen. Während des Tages kann die erledigte Aufgabe auf der Prioritätenliste abgehakt und mit der nächstwichtigen begonnen werden. Oft ist für uns die größte Hürde, mit einer Aufgabe anzufangen. Die Ivy-Lee-Methode minimiert die Schwierigkeit des Beginnens und hilft zu priorisieren.

**Eisenhower-Matrix**: Die Aufgaben werden nach Wichtigkeit und Dringlichkeit in vier Quadranten sortiert. Diese Matrix wird häufig für Zeitmanagement genutzt, viele Menschen denken allerdings,

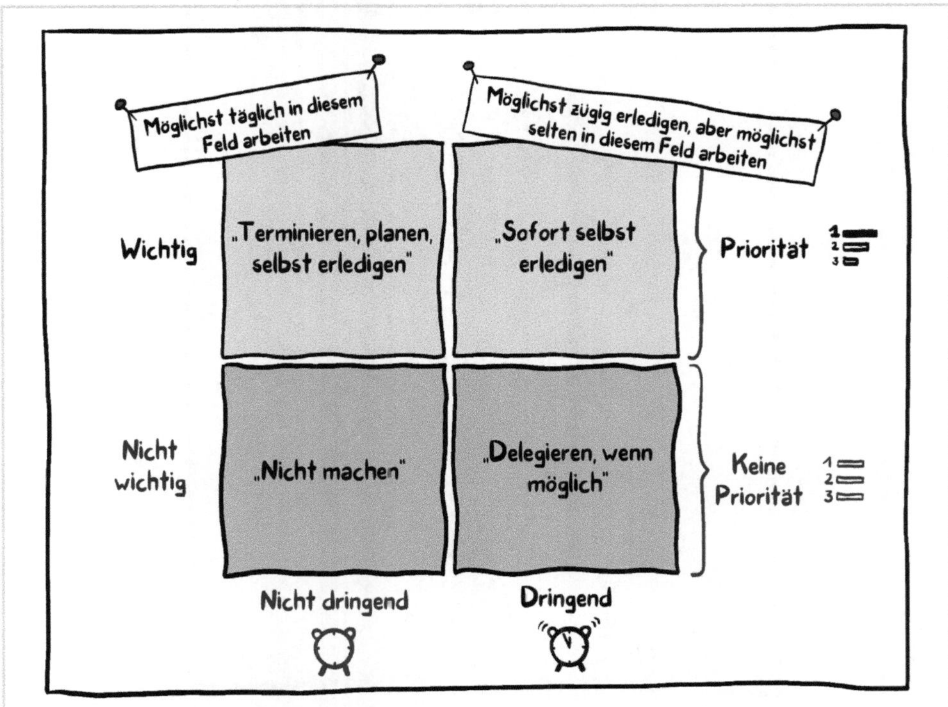


**Abb. 2.10:** Die Eisenhower-Matrix

dass möglichst viel Zeit den Aufgaben in dem Fenster »dringend/wichtig« gewidmet werden sollte. Doch Eisenhower selbst betonte bereits: »Was dringend ist, ist selten wichtig.« Der Fokus sollte daher möglichst auf den wichtigen, aber (noch) nicht dringenden Aufgaben liegen. Mit langfristiger Planung und klaren Zielen können viele dringende Aufgaben klein gehalten werden.

### 2.2.2.4 Klarheit durch Pausen

*Kennen Sie diese Geschichte? Zwei Holzfäller gehen in den Wald, um sich zu messen, wer am meisten Bäume fällen kann. Sie können sich nicht sehen, aber hören. Der eine der beiden Holzfäller ist sehr motiviert zu gewinnen und arbeitet ununterbrochen. Zwischendurch bemerkt er, dass es bei dem anderen Holzfäller leise geworden ist, und freut sich darüber, dass dieser wohl eine Pause zu benötigen scheint. Er ist sich seines Sieges sehr sicher, da er ja schließlich derjenige der beiden ist, der ohne Pause den ganzen Tag arbeitet. Als es langsam dunkel wird, treffen sich die beiden*

**Abb. 2.11:** Pausen, um die Axt zu schärfen

*Holzfäller. Zur großen Überraschung des Holzfällers, der durchgängig gearbeitet hat, hat der andere es geschafft, mehr Bäume zu fällen als er. In Verwunderung fragt er den anderen, wie er das denn geschafft habe, wo dieser doch im Gegensatz zu ihm Pausen eingelegt habe. Der andere Holzfäller antwortet ihm, die Pausen habe er genutzt, um seine Axt zu schärfen, damit er danach wieder möglichst effizient weiter Bäume fällen kann. Diese Aussage führt zu Bestürzung bei seinem Gegenüber, der sich eingestehen muss: ›Die Axt schärfen? Dazu hatte ich keine Zeit, ich war zu sehr damit beschäftigt, Bäume zu fällen.‹ (angelehnt an Bucay, 2011).*

Regelmäßige Pausen halten unsere Axt – unseren Fokus – geschärft und führen zu Erholung. Machen wir zu wenige Pausen oder werden in diesen oft unterbrochen, führt dies nicht nur zu Ermüdung und Stress, sondern vermindert auch unsere Lernfähigkeit, Konzentration und unser Wohlbefinden (Bundesanstalt für Arbeitsschutz und Arbeitsmedizin, 2023). Einfach gesagt: Die Effektivität unserer Arbeit steigt mit Pausen – nicht umgekehrt. Je erholsamer wir die Pause gestalten, desto positiver ihre Effekte. Ideen für erholsame Pausenaktivitäten sind in Box 2.6 dargestellt.

**Box 2.6 »Gehirnfreundliche« Pausenkultur etablieren**

Studien zeigen, dass man am produktivsten arbeitet, wenn ca. alle 90 Minuten eine Pause eingelegt wird (Schwartz, 2013). Die nachfolgende Liste gibt Impulse für gehirnfreundliche Pausenaktivitäten, sortiert nach Aktivitätsgrad.

| »Kleine« Aktivität | »Mittlere« Aktivität | »Hohe« Aktivität |
|---|---|---|
| • Drei tiefe Atemzüge | • Aufstehen und Fenster öffnen, aus dem Fenster schauen, tief atmen, Fenster wieder schließen | • Für einen Moment nach draußen gehen, am besten in die Natur |
| • Körper einmal durchschütteln | • Bewusst alltägliche Dinge tun, z. B. etwas wegräumen | • Bewusst Musik hören |
| • Kurze Meditation: auf Atem, Körper, Geräusche etc. achten | • Etwas trinken, z. B. ein Glas/eine Tasse ganz austrinken | • Dehnen, etwas Yoga oder ein kurzes Workout |
| • Positive Affirmation: Was habe ich heute Gutes getan? | • Nichts anderes tun beim Essen, auch nicht lesen | • Kurzer Smalltalk über etwas anderes |

**Tab. 2.3:** Gehirnfreundliche Pausenaktivitäten

Nachfolgend finden Sie einige Übungen, um sich Klarheit durch Pausen zu verschaffen:

**Timeboxing, z. B. über die »Pomodoro«-Technik:** Timeboxing, d. h. das Festlegen von festen Zeitrahmen für Arbeit und Pausenzeiten, unterstützt dabei, den eigenen optimalen Rhythmus für Fokuszeiten und Pausen zu finden. Ein bekanntes Beispiel für Timeboxing ist die Pomodoro-Technik, mit deren Hilfe produktive Zeitfenster von 25 Minuten für Fokusarbeit gesetzt werden mit Pausen von je fünf Minuten zwischen jeder Fokusphase. Nach der vierten Runde gibt man sich eine längere Pause von 15 Minuten. Man kann diese Zeitfenster auch bewusst variieren, um für sich selbst den am besten geeigneten Rhythmus zu finden.

**Stille Minute zum Ankommen oder zwischendurch**: Um bewusst in den Tag zu starten oder um sich zwischendrin kurz zu sammeln, kann man sich eine Minute zum Tief-Durchatmen nehmen oder sich eine Intention für die kommende Stunde setzen.

**Achtsame Self-Check-ins**: Gerade während herausfordernder Tage, vor längeren Meetings oder beim Wechsel zwischen Aufgaben können kurze Self-Check-ins sinnvoll sein, um wahrzunehmen, was gerade ist (s. Abb. 2.9).

### 2.2.2.5 Klarheit durch bewusste Übergänge

Nachfolgende Übungen geben Impulse, wie Sie durch die Gestaltung bewusster Übergänge im Alltag mehr Klarheit erlangen.

**Innehalten bei Übergängen**: Übergänge zwischen unterschiedlichen Arbeits- bzw. Lebens-Einheiten gibt es viele: z. B. zwischen zwei Meetings, zwischen Arbeit und Freizeit; der Wechsel von Arbeit und Familiensetting. Wir schaffen Klarheit, wenn wir einen Moment innehalten, drei tiefe Atemzüge nehmen und uns fragen: »Was ist jetzt gerade wichtig?«

**Im Homeoffice den »Weg zur Arbeit« simulieren**: Das Simulieren des morgendlichen Arbeitsweges durch einen kurzen Spaziergang schafft auch im Homeoffice klare Grenzen zwischen Beruf und Freizeit und hilft uns bei der mentalen Vorbereitung bzw. beim Abschließen eines Vorgangs. Für viele Menschen war es während der Pandemie überraschend, wie sehr sie ihren morgendlichen Arbeitsweg vermissen – und damit die Gelegenheit, nachzudenken und sich mental auf die Arbeit einzustimmen (Levitz, 2021; Ascher & Tonies, 2021).

**Die Arbeit mit einem Tagessabschlussritual beenden**: Das Implementieren eines Tagesabschlussrituals, wie die Tür zum Büro bewusst hinter sich zu schließen oder die Geräte im Homeoffice wegzuräumen, hilft dabei, den Arbeitstag zu beenden und einen klaren Cut zwischen Arbeit und Freizeit zu ziehen. Manchen hilft es, dazu die eigene Lieblingsmusik aufzudrehen oder einen kleinen Spaziergang nach der Arbeit einzulegen. Oder vielleicht sich zum Arbeitsabschluss zu sagen: »Ich habe mein Bestes gegeben, alles andere kann bis morgen warten.«

### 2.2.2.6 Klarheit statt Grübeln

Unser Gehirn priorisiert nicht für uns – was für die goldene Stunde (oben) gilt, hat noch eine weitere Facette: Wenn eine Sache immer und immer wieder in unseren Gedanken aufkommt, ist dies noch lange kein Zeichen für eine hohe Wichtigkeit. Es ist lediglich ein Zeichen, dass wir uns irgendwann diese Aufgabe vorgenommen haben. Durch diese Intention ist eine sogenannte innerliche Spannung erzeugt und das System erinnert uns daran, dass wir diese noch nicht erledigt haben (Gollwitzer, 1999). Dies zeigt sich als sogenanntes *loses Ende* (mehr Details sind in Box 2.7 dargestellt).

Einem losen Ende steht ein rundes Ende gegenüber. Ein rundes Ende entspricht einem erfolgreichen Abschluss einer Aufgabe mit einem Gefühl von Geschlossenheit und dem Empfinden, dass man das getan hat, was man wollte, um die Aufgabe bestmöglich abzuschließen (Schwörer et al., 2020). Man kann diese runden Enden erreichen, indem man die Dinge tatsächlich abschließt; aber auch verschiedene Strategien zu Aufgabenplanung und -parken können nützlich sein.

**BOX 2.7 Die Intention hilft bei der Erreichung von Zielen, bringt aber auch ins Grübeln**

*Kennen Sie das?*

*Sie wachen nachts auf und fallen direkt in eine Gedankenspirale, die vom Schlaf abhält? Bestimmte Aufgaben scheinen Sie zu verfolgen und sich wie von selbst auch in harmlosen Situationen zu melden?*

Erstmals wurde der Effekt von losen Enden durch eine Psychologiestudentin von Lewin in den 20er Jahren beobachtet. Diese Begebenheit wird anekdotisch erzählt, nicht als wissenschaftliche Evidenz: Bluma Zeigarnik saß in einem Café in Wien und beobachtete, dass ein Kellner bei der Aufnahme der Bestellung ohne Schwierigkeiten die einzelnen Bestellungen der Gäste beeindruckend präsent hatte, ohne sie sich aufschreiben zu müssen. Aber schon ein paar Minuten, nachdem die Kunden bezahlt hatten und gegangen waren und der Kellner geboten wurde, die Rechnung erneut auszustellen, konnte sich dieser nicht mehr an die Details der Bestellung erinnern (Zeigarnik, 1927). Die Begleichung der Rechnung war ein abgeschlossenes und rundes Ende, sodass der Kellner die unwichtig gewordenen Informationen einfach »loslassen« konnte und seinen Arbeitsspeicher damit nicht mehr belastete.

In dem Moment, indem man sich sowohl im beruflichen als auch im privaten Leben eine Handlung vornimmt – eine Aufgabe in einem Projekt, eine lange E-Mail, Filme zu Ende zu schauen, Bücher zu Ende zu lesen, einen Jobwechsel –, entsteht der Wunsch bzw. eine Intention. In der Kognitionspsychologie wird die Intention für eine Handlung – also das Schließen eines losen Endes – als ein Spannungssystem verstanden (Lewin, 1951). Ihr System – vereinfacht gesagt – richtet Sie danach aus, diese Intention zu erfüllen, was eine extrem hilfreiche Eigenschaft ist, um Ziele zu erreichen. Es hat den Nachteil, dass unabgeschlossene Handlungen mentale Ressourcen binden und dazu führen, immer wieder über die unerledigte Aufgabe nachzudenken. Ein loses Ende beschreibt einen unfertigen Zustand und kann zu Stress führen und als Belastung wahrgenommen werden (Zuckerman, 1979, 2007). Im extremen Fall kann es Menschen in eine vergleichbar zwanghafte Haltung führen, eine Handlung unbedingt abschließen zu wollen, z. B. alle Aufgaben der langen To-do-Liste abzuhaken, Gespräche zu Ende zu führen, eine Aufgabe vollständig zu beenden, sodass sich die daraus entstehende Spannung nicht selten in Grübeln, Stress oder Schlaflosigkeit entlädt (Syrek et al., 2017; Lewin, 1926). Das berühmte mentale Gedankenkarussell dreht sich.

Die Studienlage belegt diverse positive Effekte vom Erleben eines runden Endes im Leben (Schwörer et al., 2020). Wenn Menschen ein Gefühl von Vollständigkeit erleben, ist dies mit einer höheren Entspannung, mehr Zufriedenheit und Lebendigkeit verbunden. Ein rundes Ende verringert zudem die Wahrscheinlichkeit von großer Unruhe und Ängstlichkeit. Durch das Gefühl, alles getan zu haben, was möglich war, trägt ein rundes Ende dazu bei, dass wir nicht im Grübelmodus feststecken, sondern durch die gelöste Spannung wieder Energie und Motivation für neue Aufgaben verspüren (Schwörer et al., 2020).

Man kann aktiv an der Gestaltung eines Endes mitwirken, sodass offene Aufgaben und Anliegen abgeschlossen werden, oder aber man es besser aushalten kann, dass sie noch nicht erledigt sind, indem man sie gedanklich als gut aufgehoben einordnet. Die folgenden Techniken helfen dabei:

**Konkrete Pläne zum Parken oder Erledigen offener Aufgaben**: Wenn unerledigte Aufgaben immer wieder »im Kopf herumschwirren«, ist eine bewährte Technik, diese zu parken – d. h., die Gedanken irgendwo niederzuschreiben und im nächsten Schritt erst einmal bewusst zu planen: Zuerst gilt es, den richtigen Zeitpunkt sowie konkretes Verhalten zu wählen, wann die Aufgabe wie realistisch bearbeitet werden kann (Details siehe Allen, 2015).

- Eine Liste der »Einfach machen«-Dinge, die wenig Zeit und Aufwand erfordern, hilft zu verstehen, was man möglichst bald erledigen kann, wenn man sich in den nächsten Tagen dafür einen Terminblocker einstellt.
- Eine Liste von komplexeren Aufgaben erfordert, das konkrete Tun zu beschreiben, nicht nur die Sache selbst, also z. B. nicht »Einkommensteuer«, sondern die einzelnen Aufgaben, wie z. B. »Übersicht der Quittungen zusammensuchen« etc.
- Eine Liste mit Dingen, die man nicht mehr in diesem Jahr angehen wird oder von denen man sich erstmal verabschieden will, hilft, sich von Intentionen zu lösen.

Anschließend folgt die Verbindlichkeit, sich die Aufgabe zur spezifischen Zeit in den Kalender einzutragen. Der nächste Schritt beschreibt das Loslassen: Erlauben Sie sich, bis zu dem vereinbarten Tag, nicht mehr in Gedankenspiralen zur Aufgabe hängenzubleiben und vertrauen Sie darauf, dass Sie die Aufgabe am vereinbarten Datum erledigen werden. Damit »parken« Sie die Aufgabe. Beispiel: Wenn Sie ungerne Rechnungen überweisen oder SAP-Listen mit Informationen ausfüllen, nehmen Sie sich einen festen Tag jeden Monat vor, an dem Sie dies tun (sofern einmal im Monat eine realistische Einschätzung ist). Verlassen Sie sich selbst darauf, sodass die unliebsame Aufgabe nicht täglich kognitive Energie von Ihnen zieht.

**Park-Technik Schlaflosigkeit**: Die Technik, Themen zu parken, kann in unterschiedlicher Form durchgeführt werden. Einen Zettel und Stift auf dem Nachttisch liegen zu haben, kann helfen, aufdringliche Gedanken zu unerledigten Aufgaben kurzfristig aus dem Kopf zu bekommen, indem man diese auf das Papier überträgt, und somit dem nächtlichen Grübelmodus zu entkommen.

**Austausch zu »Dauerthemen«**: Auch ein Gespräch mit anderen Menschen kann helfen, mehr Klarheit über das angespannte Gefühl von losen Enden zu gewinnen, insbesondere bei »Dauerthemen«, die immer wieder auftauchen. Sprechen Sie zum Beispiel über folgende Fragen: »Was sind unerledigte Dinge, die ich endlich loswerden möchte?«; »Was noch?«; »Was macht diese Dinge ›widerspenstig‹?«; »Wie kann ich mir das Leben im Umgang mit unfertigen Aufgaben erleichtern?«

**Gedanken »entlarven«**: Sich bewusst zu machen, dass das reine Auftauchen der Themen kein Spiegel der Wichtigkeit ist, sondern lediglich ein Zeichen, dass man sich irgendwann diese Aufgabe vorgenommen hat, kann helfen, ein wenig Abstand zur Sache zu gewinnen.

**Intention »auflösen«**: Man kann sich auch fragen, ob man eine sehr groß erscheinende Aufgabe gerade wirklich erledigen will oder ob sich diese nicht in kleinere, schnell zu erledigende Abschnitte verwandeln lässt. Ein Beispiel aus dem Privatbereich: Wenn man wirklich alle digitalen Fotos der letzten zwölf Jahre sortieren und in ein wunderschönes Album verwandeln will, könnte es auch reichen, einfach die »Best of«-Fotos der letzten Jahre auszuwählen.

**Bewegung**: Mangelnde Bewegung kann ein Grund für übermäßiges Grübeln sein, während Bewegung – vor allem in der Natur – dem entgegenwirkt (Bratman et al., 2015). Deshalb ist es dienlich, das eigene Maß an Bewegung zu erhöhen und mind. 7.500 Schritte am Tag zu machen (Calechman, 2019; McGonigal, 2019).

#### Was hilft bei den Übungen zu Klarheit?

Mit ein wenig Übung ist es anhand der beschriebenen Tools möglich, Klarheit über die eigenen »inneren« Vorgänge zu erlangen, um so die Selbstwahrnehmung und damit die eigene emotionale Intelligenz zu erhöhen. Die Übungen variieren je nach individuellem Startpunkt im Schwierigkeitsgrad. Was kann hierbei helfen?

- Einfach loslegen und einige wenige Übungen ausprobieren, die man gerade ansprechend findet.
- Sich mit einem Freund oder einer Freundin zusammentun und gemeinsam üben und reflektieren.
- Verschiedene Seminare zu dem Thema besuchen (z. B. *Search Inside Yourself*).
- Für Ambitionierte: selbst eine Coachingausbildung angehen.

## 2.3 Verbundenheit mit anderen

Der Aufbau einer positiven Beziehung und Nähe zu anderen setzt voraus, dass wir in der Lage sind, die Emotionen anderer wahrzunehmen, einzuordnen und auf diese angemessen zu reagieren. Dafür ist Achtsamkeit essenziell: Wer sowohl achtsam mit sich selbst als auch mit anderen umgeht, ist in der Lage, Menschen offen, empathisch und klar zu begegnen (Decety & Lamm, 2006). In diesem Kapitel wird Ihnen eine Reihe von Tools an die Hand gegeben, die helfen können, Ihr soziales Bewusstsein zu fördern und mit Mitgefühl zu interagieren.

### 2.3.1 Verbundenheit durch Mitgefühl

Nachfolgend wird eine Reihe von Übungen skizziert, die langfristig die Verbundenheit zu Ihren Mitmenschen stärken.

**Mitgefühls-Meditation**: Die sogenannte Metta-Meditation kultiviert Mitgefühl. Sie ist auch bekannt als »Herzens-Meditation«, »Loving kindness« oder »Liebende Güte«-Meditation. Es handelt sich um eine Meditationstechnik zur inneren Haltung mit der Intention, anderen Lebewesen mit wohlwollender Anteilnahme, Güte und Freundlichkeit zu begegnen. Dies stärkt das Mitgefühl mit sich selbst und anderen. Bereits wenige Minuten Metta-Meditation am Tag erhöhen nachweislich das Gefühl sozialer Verbundenheit (Hutcherson et al., 2008). Diese Übung wird bereits seit über 2.500 Jahren trainiert – allein der Umstand, dass es diese Übung so lange gibt, spricht schon für sich. Diese Übung kann man im Alltag auch einfach in der Bahn oder in einer Warteschlange an einer Kasse praktizieren und Menschen im aktuellen Umfeld im Stillen etwas Gutes wünschen, und wahrnehmen, welchen Effekt das für sich selbst hat.

Im Folgenden wird eine Kurzform der Metta-Meditation skizziert.

### Übung

Finde eine aufrechte Haltung, in der Du gleichzeitig entspannt und wach sein kannst. Atme ein paar Male tief ein und aus, in Deinem eigenen Rhythmus. Augen schließen oder vor Dir auf den Boden schauen.

Es geht in dieser Meditation um die Kultivierung von Mitgefühl. Lade ein Gefühl von Zuneigung oder so etwas wie wohlwollender Anteilnahme – was immer das für Dich ist – ein. Um dies zu tun, kann es hilfreich sein, sich eine Person vorzustellen, mit der Du eine gute Verbindung hast, die Du sehr magst, jemanden, bei dem es für Dich einfach ist, zugewandte Gefühle zu erzeugen. Das kann ein Kind sein, Partner, Partnerin, eine gute Freundin oder auch ein geliebtes Tier.

Richte Deine Aufmerksamkeit auf Gefühle von Zuneigung, Freude oder Verbundenheit, die in Deinem Körper entstehen können, wenn Du Dir vor Deinem inneren Auge die Person vorstellst. Wenn die Gefühle nicht direkt entstehen, bleibe einfach mit ein wenig Geduld bei dieser Übung und nehme einfach wahr, was jetzt gerade zu spüren ist. Es kann hilfreich sein, sich vorzustellen, dass Dich die Person anschaut und anlächelt.

Es kann auch helfen, diese zugewandten Gefühle entstehen zu lassen, wenn Du im Stillen gute Wünsche formulierst. Beispielsweise:

- Ich hoffe, dass es Dir gut geht,
- dass Du keine Sorgen hast
- und gesund bist.

Spüre, wie sich Gefühle von Verbindung in Deinem Körper ausbreiten, wo auch immer Du es spüren kannst. Manche Menschen spüren es in der Region um das Herz herum, in der Brust, manche im Bauch. Wenn gerade wenig da ist, was Du wahrnehmen kannst, probiere es mit Geduld und Freundlichkeit noch einmal.

Nun versuche das Gefühl von Freundlichkeit und Verbindung für einige Minuten auf jemanden zu beziehen, dem Du neutral gegenüber stehst, den Du weder besonders magst noch nicht magst. Dies kann z. B. ein Verkäufer sein oder auch eine Nachbarin. Vielleicht schaust Du einfach, wem Du in den letzten Tagen begegnet bist. Ohne lange darüber nachzudenken, einfach eine Person auswählen, der Du relativ neutral gegenüberstehst.

Wenn Du jemanden ausgewählt hast, versuche auch hier wieder, Dir diese Person vor Deinem inneren Auge vorzustellen. Möglicherweise kann sie Dich direkt anschauen und anlächeln. Versuche, die Gefühle von Zugewandtheit und Freundlichkeit weiter zu spüren oder auch erneut zu kultivieren und sie der Person entgegenzubringen. Vielleicht helfen Dir die guten Wünsche dabei:

- Ich hoffe, dass es Dir gut geht,
- dass Du keine Sorgen hast
- und gesund bist.

Man wiederholt dies für

- sich selbst und
- eine Person, mit der man schwierige Interaktionen hat.

**Abb. 2.12:** Die eigene Wahlfreiheit

**Neugierde und Offenheit kultivieren:** In einer Interaktion ist es förderlich, sich des eigenen beurteilenden Geistes bewusst zu sein und sich an die eigene Wahlfreiheit hinsichtlich des Umgangs mit dem Gegenüber zu erinnern (siehe Abb. 2.12): Lassen Sie Ihren Geist nicht unbeaufsichtigt, er macht sonst, was er will, denn im Autopiloten sind wir im bewertenden Modus, ohne dass es uns bewusst ist. Eine offene und neugierige Haltung kann dadurch verstärkt werden, wenn man sich angewöhnt, Fragen zu stellen. Es geht dabei weniger darum, nicht kritisch oder skeptisch sein zu dürfen. Vielmehr geht es um die klare Reflexion der eigenen Haltung, ist man also z. B. neugierig oder bewertend?

**Achtsames Zuhören in Interaktionen:** In Interaktionen laufen beim Zuhören unbewusst die folgenden mentalen Vorgänge automatisch mit: »mit sich vergleichen, beurteilen, Ratschläge geben, bemitleiden, assoziieren, Probleme lösen u. a.« Präsenz in einem Gespräch erhöht die Qualität der Interaktion und man kann dies durch achtsames Zuhören erreichen: Beim Zuhören fokussiert man die Aufmerksamkeit auf das Gegenüber und versucht, seinen kommentierenden Geist dabei zu ertappen, wie er bereits anfängt zu assoziieren, anstatt mit der Konzentration bei dem Gesagten des Gegenübers zu sein. Wenn man am Tag zumindest bei einem Gespräch versucht, achtsam zuzuhören, verändert es nicht nur die Art der Begegnung, es ist auch eine gute Übung, um den gewohnheitsmäßigen Autopiloten durch Präsenz zu ersetzen – selbst wenn es nur wenige Minuten andauert.

**Sich die eigene (gute) Intention bewusst machen:** Gerade vor schwierigen Gesprächen oder vor einem langen Meeting kann es hilfreich sein, sich einen Moment Zeit zu nehmen und sich zunächst die eigene Intention für die kommende Interaktion bewusst zu machen. Man kann sich auch ehrlich fragen, wie offen der eigene Geist gerade ist. Mit dieser Klarheit fällt es meist leichter, eine zielführende Interaktion einzugehen.

**Vor einem Gespräch Gemeinsamkeiten erinnern:** Sich z. B. überlegen, welche drei Dinge man mit dem Gegenüber gemeinsam hat oder verbindend sind. Gibt es z. B. gemeinsame Ziele, gemeinsame Interessen oder auch ähnliche Bedürfnisse?

**Von der guten Intention des anderen ausgehen:** Bei Konflikten oder Unklarheiten ist es hilfreich, bewusst von einer positiven Absicht des anderen auszugehen und diese neugierig zu erfragen anstatt voreilige Schlüsse zu ziehen. Gehen wir grundsätzlich davon aus, dass unser Gegenüber uns nichts Böses will, fällt es zudem leichter, sich in dessen Perspektive hineinzuversetzen.

### 2.3.2 Verbundenheit durch Fragetechniken

An dieser Stelle werden drei einfache Techniken aufgezeigt (Abb. 2.13), die – mit ein wenig Übung – dazu führen, eine Verbundenheit herzustellen und eine gute Kommunikation aufzubauen. Diese drei folgenden Techniken sind leicht im beruflichen Alltag anwendbar:

**Skala-Fragen** eignen sich zum Verständnis der Intensität oder Schwere, in der Ihr Gegenüber ein Thema erlebt und wahrnimmt. Zusätzlich kann eine Skala-Frage dazu dienen, die ersten Schritte bei einem Problem zu identifizieren. Eine mögliche Abfolge der Skala-Fragen beginnt mit der Frage nach »Wo siehst Du das Problem auf einer Skala von 1 (ungelöst) bis 10 (gelöst)?«. Danach gilt es, die Antwort näher zu untersuchen: »Warum nicht eine 1? Warum nicht eine 10? Was würdest Du tun, um von dieser Zahl einen Schritt weiterzugehen?«

Um einen Lösungsmodus weiter voranzutreiben, eignen sich **WAS NOCH**-Fragen. Wie der Name bereits verrät, geht es darum, ein tieferes Verständnis zu entwickeln und den Lösungsraum zu erweitern, in dem mehrfach der Frage: »Was noch? Was könntest Du noch machen?«, nachgegangen wird.

Die dritte Basistechnik für Interaktionen im Job ist das sogenannte **Antworten surfen**. Über diese Technik lassen sich Schlüsselwörter klarer aus einer Aussage identifizieren, womit dann

**Abb. 2.13:** Drei Basisfragetechniken für Interaktionen im Job

neue Fragen gefunden werden können, die eine Verbundenheit ermöglichen. Spricht Ihr Gegenüber zum Beispiel über eine »unsinnige Idee«, können Sie diese Bezeichnung aufnehmen und nachfragen: »Was bedeutet unsinnig für Dich? Was noch?«

Es gibt unzählige weitere hilfreiche Techniken der Gesprächsführung, um in Verbindung zu gehen, wie z. B. die Gewaltfreie Kommunikation nach Rosenberg (2016) oder die Lösungsorientierte Kurzzeittherapie nach Steve De Shazer (1997).

### 2.3.3 Verbundenheit durch empathische Reaktionen

Empathisch zu reagieren, ist nicht immer einfach. Auch wenn die Intention gut gemeint ist, kann die Reaktion auf die Sorgen anderer nicht unmittelbar der gewünschten Wirkung des Gegenübers entsprechen. Oder kurz gesagt: Intention ist nicht immer gleich Impact. Es gibt kein Rezept für eine passende empathische Reaktion, weil sie kontext- und akteursabhängig ist. Im Training zu emotionaler Kompetenz kann man verschiedene mögliche Alltagssituationen durchspielen und sich vor Augen halten, wie man agieren würde, um daraus für zukünftige Begegnungen zu lernen.

Im Folgenden sind vier Beispielsituationen mit einer Person A und B dargestellt, die sich im Büro begegnen. Zudem wird das Drei-Phasen-Modell eines mitfühlenden Gesprächs im beruflichen Alltag dargestellt. Dieses Modell kann als Rahmen dienen, den man sich bei der nächsten Gelegenheit in Erinnerung ruft und ausprobiert.

#### Alltagssituationen: Ist Person B empathisch oder nicht?

- **Beispiel 1**
  - *Person A*: »Ich bin seit Wochen völlig überarbeitet.«
  - *Person B*: »Oje. Na, das geht ja vielen so. Das wird bestimmt wieder besser.«

  Wie fühlen Sie sich als Person A? Empfinden Sie Trost und Verständnis? – Eher nein. Was vielleicht als Zuspruch und Aufmunterung durch eine Normalisierung oder Hoffnungsgebung des Kollegen gemeint ist, kann so aussehen, als würden die eigenen Sorgen entwertet. Die Antwort der Person B erscheint für Person A also alles andere als eine empathische Reaktion.
- **Beispiel 2**:
  - *Person A*: »Ich habe ganz schlecht geschlafen.«
  - *Person B*: »Oje, das ist mir letztens auch passiert. Also blablablablabla ...«

  Auch wenn die Intention von Person B ist, damit Mitgefühl auszudrücken: Es kommt nicht empathisch an, wenn man auf die Sorgen des Gegenübers mit Erzählungen über eigene Erlebnisse antwortet und dann nur über sich selbst spricht.
- **Beispiel 3**:
  - *Person A*: »Mein Chef war übergriffig.«
  - *Person B*: »Was genau ist passiert? Wann war das? Macht er das öfter?«

Person B fragt hier rein sachorientierte Inhalte ab und geht direkt in eine sicherlich gutgemeinte Handlungsorientierung. Sie könnte besser stattdessen zunächst auf die Gefühle eingehen, mit einer einfachen Frage im Sinne von: »Oh, das war sicherlich furchtbar. Erzähle mir mehr, wenn Du magst.« Und darüber dann die Intention der Person A verstehen: Möchte diese sich austauschen und emotional gesehen werden oder möchte sie Hilfe, um nächste Schritte zu gehen? Wenn man dazu neigt, sachorientiert zu fragen oder wie der sogenannte Mr. Fix-it sofort Lösungen zu gestalten, sollte man im Gespräch reflektieren: Gelten meine Fragen der eigenen Neugierde oder helfe ich der anderen Person? Gehe ich in den Handlungsmodus, weil es mir unangenehm ist, bei den schwierigen Gefühlen des Gegenübers zu bleiben?

- **Beispiel 4**:
  - ***Person A***: »Meine Kollegin lässt mich in dem CEO-Projekt immer hängen.«
  - ***Person B***: »O weh, aber immerhin bist Du in dem coolen Projekt...«

  Empathische Reaktionen beginnen nicht mit »Aber immerhin...«, weil man damit zeigt, dass man sich nicht in die Lage der anderen hineinversetzt. Man könnte stattdessen zum Beispiel das Gespräch weiterführen durch die vorgestellte Fragetechnik des Antworten surfens, indem man z. B. fragt: »Hängen lassen, was meinst Du damit? Erzähle mehr.«

Ist Ihnen beim Lesen und Reflektieren dieser vier Beispiele etwas aufgefallen? Wir sind immer mal Person A oder Person B. Wir sind nicht perfekt. Besonders wenn wir unter Stress stehen, kann es uns schwerer fallen, anderen gegenüber Verständnis zu zeigen und ins Mitgefühl zu gehen. Person B kann unter anderen Umständen vielleicht sehr empathisch sein. Waren Sie empathisch Person B gegenüber oder haben Sie diese beim Lesen belächelt oder sogar als unempathisch degradiert? Diese Übung soll zeigen, dass man immer wieder die eigene Wirkung auf das Gegenüber reflektieren sollte. Denn besonders wenn wir gestresst sind, vermag die eigene Intention nicht immer der gewünschten Wirkung auf den anderen zu entsprechen. Zudem sind die Emotionen von anderen zu Recht mit Respekt zu behandeln. Einfache Tipps helfen vielleicht, weniger Scheu vor dem Umgang mit Emotionen in Gesprächen zu haben und auszuhalten, auch in schwierigen Momenten für einen Moment in Verbindung zu gehen, d. h., die Emotionen anzuerkennen statt sie herunterzuspielen oder vom Thema abzulenken. Das folgende Drei-Phasen-Modell zeigt, wie dies möglich ist.

### Drei-Phasen-Modell für empathische Gespräche, um Verbindung und Vertrauen aufzubauen

Was könnte man in den oben genannten vier Situationen machen? Wichtig ist, zunächst die Gefühle der Person zu verstehen und dies auch zu zeigen. Die in Abb. 2.16 dargestellten Phasen sollten in Abhängigkeit der Gegebenheit und der Gesprächssituation angepasst und variiert werden. Allen Szenarien voraus ist die notwendige Basis von authentischem Interesse erforderlich. Auch die bereits benannte Haltung von Neugierde und Freundlichkeit unterstützt die Wirkung. Die Phasen sind zu verstehen als Reaktion auf Person A. Sie sagt ähnlich zu den bereits genannten Beispielen z. B. »Ich habe ganz schlecht geschlafen.«

- In der ersten Phase gilt es, Interesse zu zeigen, eine angenehme Atmosphäre herzustellen und dem Gegenüber das Gespräch zu erleichtern und dazu einzuladen, weiterzusprechen. Mögliche Reaktionen sind: »Oh, das klingt anstrengend, erzähle mehr.« Offene Fragen können dabei ebenfalls helfen, z. B.: »Wie geht es Dir damit, wie wirkt es sich für Dich aus?«
- Um aktiv auf das Gesagte einzugehen, wird in der zweiten Phase durch Paraphrasieren und Spiegeln des Gehörten dem Gegenüber signalisiert, dass man offen ist, das Gespräch weiterzuführen. »Was noch?«-Fragen können einfache Anker sein, um echtes Interesse am Verständnis zu signalisieren. Es können Emotionen weiter zugelassen und ergründet werden.
- Anschließend ist je nach Situation über die nächste Phase zu entscheiden. Hier gibt es drei Möglichkeiten:
  - Sollte das Gespräch beendet, also abgebunden werden, da es aktuell nicht der richtige Zeitpunkt ist? Hier wären Antworten sinnvoll wie: »Danke für Deine Offenheit. Wir können uns gerne mehr dazu austauschen, wenn Du willst. Jetzt gerade ist ja ein schlechter Moment dafür, was denkst Du?« (ggfs. Termin ausmachen).
  - Benötigt das Gegenüber Trost? Dann könnte man ausdrücken, dass er oder sie nicht alleine ist und dass andere da sind, um ggfs. zu unterstützen; dass das Gegenüber also verstanden/gesehen wird.
  - Wäre eine Handlungsorientierung sinnvoll und ist man dafür der richtige Ansprechpartner? Dann könnte man zunächst sicherstellen, dass das Gegenüber beim Thema bleiben will. Und dann Coaching-Fragen stellen wie: »Auf einer Skala von 1-10, wie gravierend ist das Problem aus Deiner Sicht?« – »Was muss passieren, um von 4 auf 5 zu kommen?«

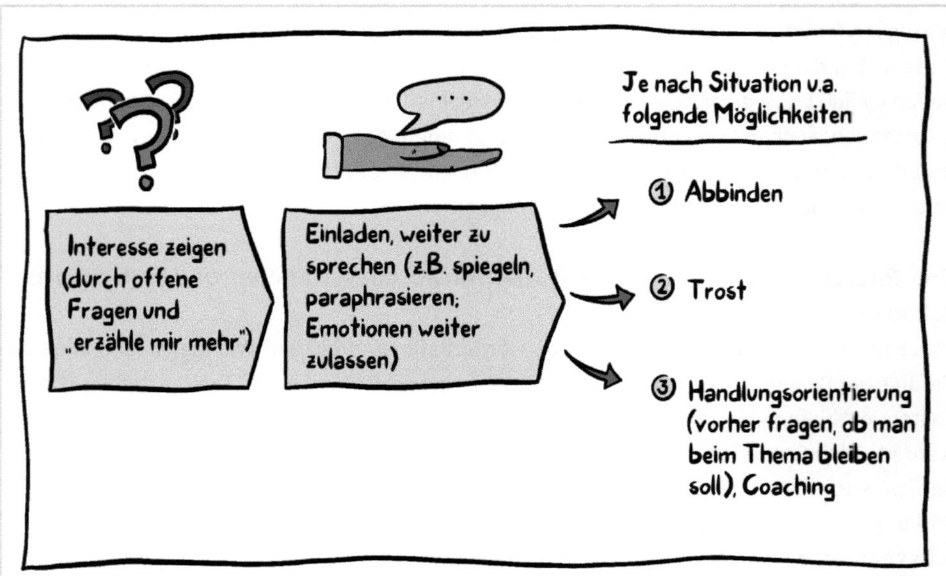


**Abb. 2.14:** Drei-Phasen-Modell

## 2.3.4 Verbundenheit durch Deep Talk

**Abb. 2.15:** Small Talk vs. Deep Talk

Schnelle Small-Talk-Fragen können die unangenehme Stille auf einer Party während einer Konversation lösen. Doch wer wirklich eine Bindung aufbauen möchte und Interesse hat, das Gegenüber kennenzulernen, sollte es mit Deep-Talk-Fragen versuchen. Anstatt nach dem Wetter beim letzten Urlaub zu fragen, können tiefergehende Fragen wie »Konntet Du neue Dinge lernen?« oder »Was war ein überraschender Moment im Urlaub?« einen neuen Raum öffnen. Weitere Fragen, um Vertrauen und Rapport aufzubauen, sind beispielsweise:

- Wie definierst Du Erfolg für Dich?
- Was ist sinnvolle Arbeit für Dich?
- Was bewegt Dich gerade und hält Dich nachts wach?
- Welche Fähigkeiten hast Du, die Du in Deinem Job nicht anwenden kannst?
- Wer war Deine Heldin als Kind?
- Worauf bist Du stolz in diesem Projekt?
- Wie redest Du über Deinen Job beim Abendessen mit Deinem Partner/Deiner Partnerin?
- Was war der beste Ratschlag, den Du jemals bekommen hast (beruflich oder privat)? Von wem?
- Welchen Job würdest Du machen, wenn es nicht dieser wäre?
- Worüber hast Du das letzte Mal laut gelacht?
- Was würdest Du gerne lernen, wenn Du die Zeit dafür hättest?
- Was war das letzte Neue, was Du gelernt hast?

## 2.4 Umgang mit Stress

Der Umgang mit Stress ist neben den beiden bereits beschriebenen Hebeln Klarheit und Verbundenheit ein weiterer Hebel, da Stress Empathie reduziert und dazu führt, dass die Menschen in den Organisationen erst einmal etwas Raum schaffen müssen, um Verbundenheit und Klarheit zu stärken.

### 2.4.1 Interview mit Dr. Britta Hölzel, Diplom-Psychologin, Neurowissenschaftlerin und Achtsamkeitslehrerin

#### Über Grübeln, Stress und die Rolle der Meditation

**Zur Person**:
Dr. Britta Hölzel ist Diplom-Psychologin, Neurowissenschaftlerin und Achtsamkeitslehrerin. Mit den alten indischen Weisheitslehren kam sie vor 25 Jahren in Klöstern in Asien in Kontakt. Begeistert von der transformativen Kraft der Meditation untersuchte sie mittels magnetresonanztomographischer Aufnahmen Veränderungen im Gehirn. Ihre Forschung führte sie u. a. an der Harvard Medical School in Boston, USA, und an der TU München durch. Brittas Forschungsarbeiten sind in renommierten wissenschaftlichen Zeitschriften publiziert und ihre Arbeit erfährt viel Aufmerksamkeit in den nationalen und internationalen Medien. Heute ist die Mutter zweier Kinder selbstständig als Achtsamkeitstrainerin bei dem von ihr gegründeten Institut *I AM – Institut für Achtsamkeit und Meditation* (https://www.brittahoelzel.de/). Sie ist als Speakerin in München tätig, ist Referentin an verschiedenen Ausbildungsinstituten für Achtsamkeitslehrer und Autorin verschiedener Bücher und Übungs-DVDs/CDs zum Thema.

Fotograf: Joseph Ruben Heicks

### Was genau ist das Problem mit dem Autopiloten?

Vielleicht erstmal zur positiven Seite: Es ist ja eine tolle Fähigkeit, dass wir Tätigkeiten, die wir gut eingeübt haben, ohne große Aufmerksamkeit nebenher erledigen können. Deswegen können wir eine Unterhaltung führen, während wir im Autopiloten das Geschirr abwaschen. Aber in der Tat bringt es ein Problem mit sich, dass wir im Alltag typischerweise viel im Autopiloten-Modus unterwegs sind und dabei entweder multitasken oder der Geist auf Wanderschaft geht. Denn dann sind wir nicht bewusst mit dem, was wir tun. Bewusst mit dem zu sein, was wir tun, bewirkt aber zum einen, dass wir glücklicher sind, und zum anderen können wir mit dem bewussten Tun einer Tätigkeit auch effizienter sein und sie besser mit unseren Werten in Einklang bringen.

Dass Präsenz in unseren momentanen Tätigkeiten uns glücklicher macht, belegt z. B. eindrücklich eine Studie von Killingsworth und Gilbert (2010)[12]. Tatsächlich waren die 2.000 in der Studie befragten Menschen im Schnitt glücklicher, wenn sie mit der Aufmerksamkeit bei dem waren, was sie gerade taten. Und das war unabhängig davon der Fall, ob sie gerade etwas taten, das man als angenehm oder als unangenehm einordnen würde. Es ist somit festzuhalten: Wenn es uns gelingt, den Autopiloten zu verlassen und die Aufmerksamkeit auf die momentane Aufgabe zu bündeln, können wir glücklicher sein.

### Was passiert eigentlich während der Meditation in unserem Gehirn?

Welche Hirnregionen während der Meditation aktiviert werden, hängt zum großen Teil davon ab, welche Form der Meditation praktiziert wird. Wenn z. B. eine Liebende-Güte-Meditation geübt wird, sehen wir andere Hirnaktivierungen als bei einer Atem-Achtsamkeit. Darüber hinaus gibt es aber auch Aktivierungen, die bei verschiedenen Meditationsübungen ähnlich sind. Gemein ist ja den verschiedenen Praktiken, dass es in irgendeiner Form um ein gezieltes Richten der Aufmerksamkeit geht. Dementsprechend sieht man auch häufig in den Studien, dass Hirnregionen aktiviert sind, die dabei helfen, den Aufmerksamkeitsfokus zu halten. So ist z. B. der anteriore Cinguläre Cortex (ACC) häufig bei der Meditation aktiv (Fox et al., 2016). Dieser unterstützt uns unter anderem dabei, zu erkennen, wenn der eigentlich gesetzte Fokus – also z. B. die Atemempfindung – von anderen Erfahrungen gestört wird (z. B. Gedankenwandern). Unter anderem ist er zusammen mit der Insula Teil des Salience networks. Dieses Netzwerk aus Nervenzellen regelt, dass wir zwischen aufgabengerichteter Aufmerksamkeit und dem Gedankenwandern umschalten können. Das heißt: Wer konzentriert eine Aufgabe bearbeiten will, dem hilft ein gut funktionierender ACC. Diese und andere aufmerksamkeitsrelevante Regionen scheinen auch nach längerer Praxis strukturell gestärkt zu werden (Valk et al., 2017). Ein weiterer gemeinsamer Befund für verschiedene Meditationsarten ist, dass das Default-Mode-Netzwerk, welches mit dem Gedankenwandern im Zusammenhang steht, bei erfahrenen

12 Details zur Studie finden sich in Kapitel 1.

Meditierenden weniger aktiv ist als bei Anfängern (Brewer et al., 2011). Offensichtlich passiert bei ihnen als Folge der Übungspraxis auch aus neurowissenschaftlicher Sicht weniger Gedankenwandern.

**Wie lange muss man i. d. R. meditieren, um gelassener zu werden oder eine andere Wirkung zu erzielen?**

Das kommt wirklich ganz darauf an, welche Zielvariable man dabei erfasst. Wenn es z. B. darum geht, die Stimmung zu verbessern oder die Herzrate zu senken, dann können sogar Anfänger häufig schon nach wenigen Sitzungen eine positive Wirkung feststellen(Zeidan et al., 2010). Eine andere Studie zeigte z. B. einen positiven Effekt einer einzigen Übung auf eine Reduktion störender Gedanken während einer Leistungssituation (Geisler et al., 2018). Wenn es aber darum geht, im Alltag gelassener mit stark herausfordernden Situationen umzugehen, dann kann das erheblich länger dauern, denn da müssen wir z. T. gewohnheitsmäßige Reaktionen »umprogrammieren«. Insofern ist diese Frage nicht allgemein zu beantworten. Was wir aber inzwischen durch eine große Anzahl an Forschungsstudien dokumentiert bekommen haben, ist, dass achtwöchige Achtsamkeitstrainings, wie z. B. das Mindfulness-Based-Stress-Reduction(MBSR)-Programm oder die Mindfulness-Based Cognitive Therapy (MBCT), den subjektiv erlebten Stress zuverlässig reduzieren und die psychische Gesundheit verbessern (Janssen et al., 2018; Khoury et al., 2015). Darüber hinaus zeigen sich auch Verbesserungen in einer Reihe von Variablen der körperlichen Gesundheit, wie z. B. bei Bluthochdruck(Conversano et al., 2021), und – allerdings viel weniger eindeutig – einigen Maßen der Kognition (Lao et al., 2016). In MBSR- und MBCT-Kursen üben die Teilnehmer typischerweise im Schnitt eine knappe halbe Stunde täglich verschiedene Achtsamkeitsübungen und treffen sich einmal in der Woche mit einer Gruppe unter Anleitung eines Lehrers bzw. einer Lehrerin.

**Stress beeinflusst spürbar und nachgewiesenermaßen die kognitive Leistung. Wie lässt sich das eigentlich neurowissenschaftlich erklären?**

Bereits bei minimalen, unkontrollierbaren Stressbelastungen wirken Stresshormone unter anderem im präfrontalen Cortex (PFC) und können schon einen deutlichen Einfluss auf die kognitiven Fähigkeiten nehmen, wohingegen anhaltende Belastung durch Stress sogar strukturelle Veränderungen in den Dendriten auslösen kann (vgl. Arnsten, 2009).

Man hat diesen Zusammenhang im Zweiten Weltkrieg beobachtet, bei denen sonst sehr sichere und erfahrene Piloten bei hohem Stress im Einsatz schwere Unfälle verursachten. Außerdem gibt es z. B. auch Studien, die herausfanden, dass Teilnehmer, die z. B. durch soziale Vergleiche unter Stress gesetzt wurden, schlechter in IQ-Tests abschnitten als Teilnehmer in entspannten Bedingungen (Arnsten, 2009). Wenn Menschen zu hohem Stress ausgesetzt sind, leidet darunter vor allem die Leistung in komplexen kognitiven Aufgaben; automatisierte Routinen können sie aber zum Teil sogar besser abrufen.

Eine mögliche Erklärung hierfür ist, dass kognitive Leistungen zwar vom PFC unterstützt werden, automatisierte Handlungen jedoch zumindest in Teilen auf Wirkmechanismen der Basalganglien beruhen. Diese funktionieren aber bei Stress gut, was auch erklärt, warum wir in sehr stressigen Situationen in automatisierte Handlungsweisen verfallen, anstatt das am besten durchdachte Verhalten zu wählen. Deshalb geben wir also z. B. auf eine Anschuldigung durch den Kollegen eine patzige Antwort, anstatt die Situation klar und ruhig anzugehen. Die Strategie, komplexes Denken herunterzufahren und gut eingeübte Handlungen auszuführen, ergibt aus evolutionärer Sicht auch Sinn, da die Stressreaktion uns schließlich dabei helfen soll, in lebensbedrohlichen Situationen fliehen oder kämpfen zu können, um unser Überleben sicherzustellen.

Was genau passiert im PFC, wenn der Stress zu hoch ist? Funktionelle Bildgebungsstudien bei Menschen zeigen beispielsweise eine geringere Aktivierung des dorsolateralen PFC beim Lösen von Arbeitsgedächtnis-Aufgaben unter Stress (Dolcos & McCarthy, 2006). Eine Funktion des Arbeitsgedächtnisses (working memory) ist es, mit Unterstützung des dorsolateralen PFCs Informationen für die weitere Bearbeitung aktiv zu halten. Bei Primaten ist gut untersucht, über welche neurochemischen Pfade in dieser Gehirnregion Stress die kognitive Leistung verringert (Goldman-Rakic, 1995). Bei akutem Stress werden – aufgrund der Aktivierung des Sympathikus – verstärkt die Katecholamine Noradrenalin und Dopamin direkt in den PFC ausgeschüttet. Diese wirken auf unterschiedliche Rezeptoren im PFC, können aber beide bei zu hohen Spiegeln die kognitive Leistungsfähigkeit reduzieren. Jedoch sind nicht nur sehr hohe Noradrenalin- und Dopaminwerte mit geringerer Leistungsfähigkeit assoziiert, sondern auch sehr niedrige Werte, da der Zusammenhang einer umgekehrten U-Funktion entspricht.

Zudem hat das in der Nebennierenrinde produzierte Stresshormon Kortisol in zu hohen Maßen einen Einfluss auf die Einschränkung der PFC-Funktion. Möglicherweise wirkt es indirekt, indem es Einfluss auf die Wirkung von Noradrenalin und Dopamin im PFC nimmt. Auch die Amygdala spielt in diesem ganzen Prozess eine bedeutsame Rolle, weil sie ja an erster Stelle erstmal darüber bestimmt, wie viel von den Neurotransmittern überhaupt im Körper freigesetzt werden. Interessanterweise hat sich in Tierstudien gezeigt, dass Stress nur dann die Funktion des PFCs hemmt, wenn er als unkontrollierbar eingeschätzt wird. Wird er dagegen als kontrollierbar wahrgenommen, kann der PFC Einfluss auf die Neurotransmitter-Ausschüttung ausüben, so dass die hemmenden Einflüsse auf seine Funktion nicht zum Tragen kommen.

**Und wie kann Achtsamkeit einen positiven Beitrag leisten?**

Einerseits ist gut belegt, dass übermäßiger Stress die kognitive Leistungsfähigkeit negativ beeinflusst. Andererseits ist ebenfalls gut belegt, dass die Achtsamkeitspraxis erfolgreich Stress reduzieren kann. Die Schlussfolgerung daraus, dass sich Achtsamkeitstraining positiv auf die kognitive Leistungsfähigkeit auswirken kann, wird tatsächlich durch einige Studien bestätigt (Lao et al., 2016; Zeidan et al., 2010).

Es gibt aber neben dem indirekten positiven Effekt der Achtsamkeitspraxis auf die kognitive Leistung, die durch die Stressreduktion vermittelt ist, auch den oben bereits angedeuteten direkten Effekt durch ein Training der zugrundeliegenden Hirnregionen. So zeigen einige Studien ja z. B. eine veränderte Funktion von für die Aufmerksamkeit relevanten Regionen auf(Bauer et al., 2020; Hölzel et al., 2007). In einer weiteren Studie untersuchten wir auch die fluide Intelligenz, also logisches Denken und Problemlösen bei älteren Menschen, die typischerweise mit dem Alter abnimmt (Gard et al., 2014). Bei Achtsamkeitsmeditierenden und Yogapraktizierenden war diese Abnahme jedoch weniger stark ausgeprägt, wobei wir für weitere mögliche Einflussfaktoren auf fluide Intelligenz, wie z. B. Ernährung, Bildung und Hobbies, kontrollierten. In unserer Studie zeigte uns ein Blick mit Hilfe des Kernspintomographen ins Gehirn der älteren Menschen im Ruhezustand eine verhältnismäßig weniger starke altersbezogene Abnahme der Integrität der Netzwerke. Die Integrität der Netzwerke dient als Maß für die Effizienz der Zusammenarbeit verschiedener, auch entfernt gelegener Hirnregionen. Sie nimmt ebenso typischerweise mit dem Alter ab und steht mit der Intelligenz in Zusammenhang. Da unsere Studie nicht randomisiert und prospektiv ist, sind die Ergebnisse zwar nur vorläufig, legen aber vielversprechende Effekte von Achtsamkeitspraxis für Denkprozesse auch im höheren Alter nahe.

**Was hilft Dir selbst bei Deiner Praxis, »am Ball« zu bleiben?**

Seitdem ich kleine Kinder habe, habe ich mich viel mit dieser Frage beschäftigen müssen, denn da fühlt es sich manchmal so an, als sei »keine Zeit« oder »keine Kraft« da, nun »auch noch zu meditieren«. Was da für mich notwendig ist, ist, die eigene Intention immer wieder ganz klar vor Augen zu haben: Wie will ich wirklich mein Leben leben? Und dafür hilft es mir z. B. Texte von inspirierenden LehrerInnen zu lesen oder Vorträge zu hören. Wenn es möglich ist, hilft mir eine intensivere Praxis – wie sie z. B. in einem Retreat möglich ist oder an einem Achtsamkeitstag –, die positiven Effekte der Praxis nochmal deutlicher zu spüren und dadurch neue Kraft fürs Dranbleiben zu schöpfen.

Interessant finde ich in diesem Zusammenhang aber auch die Willpower-Forschung. Denn manchmal ist es ja das, was es braucht, um sich nach einem langen Tag noch zur Meditation zu setzen: eine große Portion Willpower. Willpower ist aber eine begrenzte Ressource. Wenn wir an einem Tag schon viele willensstarke Entscheidungen treffen mussten, z. B. das lange Meeting durchzusitzen, mühsame E-Mails zu schreiben oder auch den Salat anstatt des Schokokuchens beim Mittagessen zu wählen, dann ist am Ende des Tages weniger Willpower übrig. Das versuche ich zu berücksichtigen, indem ich meine Tage weniger erschöpfend plane und gut dafür sorge, dass ich mich auch durch genug Schlaf und gutes Essen gut regeneriere.

Und schließlich helfen noch die ganz praktischen Aspekte: Eine feste Zeit und ein fester Ort für die Übung führen dazu, dass wir nicht täglich die Frage mit uns selbst verhandeln müssen, ob wir uns wirklich hinsetzen, sondern es kann zur Routine werden. Am besten wird es so fest im Tagesablauf integriert wie das Zähneputzen.

### 2.4.2 Stress und seine ungesunden Folgen

Kaum jemand erlebt die Arbeit ohne Stress – zu alltäglichen Widrigkeiten kommen für viele Menschen zusätzliche Stressoren dazu wie Lieferanten- und Beschaffungsstress, Zeitdruck, Arbeitsplatzunsicherheit, hohe Verantwortung, geringer Entscheidungsspielraum, unübersichtliche Situationen oder unvorhergesehene Probleme. On top kommen auf der anderen Seite noch private Belastungen und Sorgen – hier ließe sich ebenfalls eine lange Liste skizzieren. In vielen Fällen bringt zudem Remote-Arbeit, bei der sich der private und der berufliche Bereich nicht immer sauber trennen lassen, Rahmenbedingungen mit sich, die stressverstärkend wirken und sich damit langfristig auf unsere Gesundheit niederschlagen können.

Die meisten Menschen kennen sowohl kurzfristigen Ärger, bei dem spontan der Puls hochgeht und wir uns akut gestresst fühlen, als auch anhaltende Phasen von Stressempfinden. In der Praxis hat es sich als sinnvoll erwiesen, diese beiden Formen getrennt zu betrachten, um unterschiedliches Handwerkszeug dafür bereitzuhalten, daher wird auf diese beiden Phasen nachfolgend getrennt in zwei Unterkapiteln eingegangen (Kap. 2.4.2.1 und Kap. 2.4.2.2).

Stress und Ärger zu erleben, ist menschlich und hängt stark von äußeren Faktoren ab, denen wir uns meist nicht entziehen können und die in der Folge zur Belastung werden. Es geht in diesem Kapitel deshalb nicht darum, wie man stets stress*frei* leben kann. Aber es veranschaulicht, wie Achtsamkeit und emotionale Intelligenz als Ressourcen genutzt werden können, um mit den alltäglichen Stressbelastungen umzugehen.

Was hat Stress und dessen Bewältigung mit emotionaler Intelligenz zu tun?

- **Die Nutzung der vorhandenen Ressourcen rund um emotionale Intelligenz wird durch Stress gehemmt**: Stress führt zu sogenannter sozialer Erschöpfung und schränkt bereits vorhandenes soziales Bewusstsein und Empathie sowie Beziehungsmanagement teilweise extrem ein. Selbst jemandem, der im Normalzustand über ein hohes Maß an emotionaler Intelligenz verfügt, fällt es schwer, unter Druck Interesse für das Gegenüber aufzubringen. Agieren wir gestresst im Autopiloten, fehlt uns zum einen die Flexibilität, sich in die andere Person hineinzuversetzen und Verständnis für diese aufzubringen, und zum anderen die Gelassenheit, dem anderen aufmerksam zuzuhören. Im Extremfall kommt es zu einer Depersonalisierung des Gegenübers, d. h., andere Menschen wie Kundinnen oder Teamkollegen werden entpersönlicht und lediglich als Fall behandelt (z. B. Kaluza, 2011). Dies führt im Arbeitsalltag zu Missverständnissen, Konflikten und noch mehr Stress. Zudem ist die eigene Selbstwahrnehmung eingeschränkt; es wird schwerer, Emotionen zu differenzieren und das Selbstmanagement ist beeinträchtigt.
- **Mangelnde Weiterentwicklung im Bereich der emotionalen Intelligenz**: Wer zu viel Stress hat, wird die in Kapitel 2.2 und 2.3 beschriebenen stärkenden Techniken zu Verbundenheit und Klarheit nicht anwenden oder langfristig umsetzen können, da durch den anhaltenden Stress keine freien Kapazitäten für eine Verhaltensänderung oder neue Übungen vorhanden sind.

Was passiert genau bei der Stressreaktion? Der Mensch strebt nach einem Gleichgewichtszustand (»Homöostase«[13]) und reagiert auf die Ereignisse und Anforderungen des täglichen Lebens aktiv mit physiologischen und psychologischen Veränderungen, um Stabilität aufrechtzuerhalten (»Allostase«[14]). Diesen Phasen folgen Erschöpfungsphasen, in denen Erholung für den Organismus wichtig ist (McEwan, 2006).

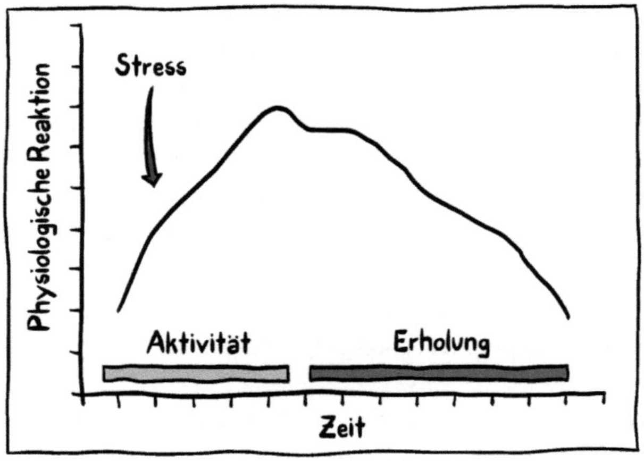


**Abb. 2.16:** Bei Stress passt sich der Körper durch physiologische Aktivierung an (McEwan, 2006)

Wann Menschen herausfordernde Situationen als Stress erleben und wie sie damit umgehen, ist individuell verschieden und hängt von vielen Bedingungen ab: Umgebung, Lebenserfahrungen, genetische Bedingungen, individueller Lifestyle mit Gewohnheiten rund um Ernährung, Bewegung sowie Umgang mit Substanzen wie Alkohol, Medikamenten etc. (McEwan, 2006).

In verschiedenen Situationen kann ein gewisses Maß an Herausforderung energetisieren, d. h., das Aktivationsniveau heben, in einen Flow-Zustand völliger Konzentration bringen und die Leistung kurzfristig steigern (Cavanaugh et al., 2000)[15]. Manche Menschen empfinden gewisse Anforderungen und das damit zusammenhängende Aktivationsniveau als belebend, wo andere bereits in Stress kommen. Ob die Anforderungen als energetisierend erlebt werden, hängt – nach dem Challenges-Hindrance-Modell (ebenda) – davon ab, ob man für die Herausforderung genügend Ressourcen zur Verfügung hat. Entsprechend werden Herausforderungen unterschiedlich erlebt: als *Challenge*, die man bewältigen kann, oder als *Hindernis* (engl. hindrance), welches nicht überwindbar scheint und zu Stress führt. Es kommt ergo stets auf das richtige Maß an Anforderungen und die notwendigen Ressourcen für deren Bewältigung an. Für beide

13 Homöostase meint einen Prozess der Selbstregulation, d. h. das Streben des Körpers nach physiologischem Gleichgewicht, wie z. B. beim Blutzuckerspiegel (Cannon, 1932).

14 Allostase bedeutet die Anpassungsreaktion an äußere Anforderungen, also »Stabilität durch Veränderung« (McEwan, 2006).

15 Diese Art von Stress wird immer wieder als Eustress bezeichnet, allerdings wird aktuell diskutiert, ob das Konzept von Eustress und Distress haltbar ist (Bienertova-Vasku et al., 2020).

gilt: Wenn wir gestresst sind, kommt der Punkt, an dem Ermüdung eintritt und Menschen eine Erholungszeit benötigen. Wenn diese wiederholt nicht stattfindet, beginnt ungesunder Stress.

## Was ist Stress?

Stress spiegelt ein subjektives Erleben wider, welches sich in einer psychischen und/oder physischen Reaktion auf äußere Anforderungen, die als belastend erlebt werden (= Stressoren), bemerkbar macht. Dabei kommt es darauf an, wie die Anforderung, also der Stressor, wahrgenommen wird: Ob man also glaubt, diese bewältigen zu können, und ob man die Fähigkeiten und Ressourcen dazu mitbringt. Oder einfach gesagt: Wenn man am Morgen auf eine scheinbar endlos lange To-do-Liste blickt und daraufhin der Gedanke kommt, »so viel zu tun und so wenig Zeit«, führt das häufig zu Verhalten, das auf Erholung und Pausen verzichtet und so in einen Teufelskreis führt: Fehlende Erholungs- und Kompensationsmöglichkeiten bewirken auf die Dauer eine Abnahme der Widerstandskraft gegenüber Belastungen. Stress ist also das Ergebnis einer »Mind-Body«-Interaktion.

Als Stressverstärker gelten neben äußeren Rahmenbedingungen oder fehlenden Ressourcen auch persönliche Motive, Bewertungen und Einstellungen, die den »eigenen Anteil« des Betroffenen am Stressgeschehen bilden. In diesem Kapitel geht es um diesen individuellen Anteil. Die Verantwortung für das Stresserleben liegt aber nicht gänzlich beim Individuum, da man die externen Stressoren meist nicht selbst in der Hand hat. Eine stark getaktete Hochleistungskultur oder der soziale Druck in Teams sind beispielsweise häufige Gründe, warum von dem Einzelnen keine Pausen eingehalten werden (können). In diesen Organisationen begegnen wir Menschen, die zum Thema Stress sagen: »Viel Arbeit ist viel Arbeit, da muss man durch«, oder: »Ich würde auch gerne Sport machen oder zwischendurch in Ruhe essen, aber das geht nicht, das ist ja das Problem.« Hier ist zu empfehlen, mit den Ebenen Team und Organisation (siehe Kap. 3 und 4) zu beginnen und nicht bei der Befähigung des Einzelnen.

Für all diese Ebenen gilt: Achtsamkeit dient nicht der Stressoptimierung und es sollte vermieden werden, diese als Mittel für bessere Performance oder Stresstoleranz zu instrumentalisieren, wie in der folgenden Box ausgeführt wird.

**BOX 2.1 Exkurs: Ein Trend in der Kritik – Achtsamkeit als Optimierungstool?**

Kritische Stimmen (z. B. *McMindfulness* von Purser, 2019) warnen, die Funktion von Achtsamkeit werde beim Einsatz in Unternehmen aus den Augen verloren oder gänzlich zweckentfremdet. Der Soziologe Hartmut Rosa mahnt diesbezüglich: »Das Problem ist, dass Achtsamkeit jetzt selbst als Steigerungstechnik eingesetzt wird. Das heißt, Menschen versuchen, 20 Minuten zu praktizieren, damit sie danach umso erfolgreicher, umso schneller (…) sind.«[16]

Achtsamkeit werde als »Durchhalteinstrument« instrumentalisiert, um gegen hohe Arbeitsanforderungen resistenter zu machen und die Mitarbeitenden zu befähigen, sich an Problemlagen in Unter-

16 Interview im Deutschlandfunk, 2016.

nehmen anzupassen. Somit würden Erschöpfungszustände lediglich hinausgezögert und Missstände legitimiert.

Angesichts dieses Instrumentalisierungsrisikos ist es von zentraler Bedeutung, Einzelne zwar durch Achtsamkeitstechniken zu unterstützen, belastende Arbeitsbedingungen in der Organisation insgesamt aber nicht zu ignorieren. Sonst wären Achtsamkeitstechniken lediglich ein Pflaster für ein Symptom. Vielmehr braucht es stattdessen einen systemischen Blick auf die Organisation, d. h., dass zwar der Einzelne Achtsamkeitstechniken praktizieren kann, die Organisation gleichzeitig aber dafür Sorge trägt, dass bei den Arbeitsbedingungen die körperlichen und psychischen Belastungsgrenzen der Mitarbeitenden nicht ignoriert werden und je nach Bedarf parallel dazu z. B. die Führungsstile, die Art der Zusammenarbeit in den Teams und die Organisationskultur verändert werden.

Auch durch den Trend hin zur Individualisierung systemischer Krisen kommt es vor, dass Stress als ein persönliches Problem pathologisiert wird. In der Folge gerät das Anpassungsvermögen des Einzelnen in die Kritik (»Wenn du meditieren würdest und für dich sorgst, dann würde es dir nicht so schlecht gehen«).

Eine solche Tendenz missversteht das Thema Achtsamkeit allerdings grundlegend und es gilt ihr bewusst entgegenzutreten: Stress im Beruf ist ein breites gesellschaftliches Problem und wurde von der Weltgesundheitsorganisation (WHO) zu einer der größten Gefahren des 21. Jahrhunderts erklärt (Ruess & Mai, 2007). Die Verantwortung darf deshalb keineswegs nur auf das Anpassungsvermögen von Einzelpersonen ausgelagert und mit einem Performancegedanken und zusätzlichem Druck verbunden werden. Zwar kann Achtsamkeit den Einzelnen unterstützen, Stress bewusster zu erkennen und die empfundene Stresswahrnehmung zu reduzieren. Jedoch sind die Ursachen von Stress stets multivariat und ebenso abhängig von externen Faktoren. Insofern ist die Betrachtung von Stress nicht allein auf individueller Ebene förderlich, sondern wie in dem vorliegenden Buch beschrieben ebenso auf systemischer Ebene – d. h. das Team und die Organisation berücksichtigend – sinnvoll.

#### 2.4.2.1 Kurzfristiger Ärger und akuter Stress

*Kennen Sie das?*

- *Der Hinweis der Projektleiterin, die Deadline sei nur noch zwei Tage entfernt, wird von Ihnen nicht als Sachinformation, sondern als Unter-Druck-Setzen verstanden und führt zu Trotzreaktionen.*
- *Der gut gemeinte Vorschlag eines Kollegen bringt Sie in Rage und Sie fragen sich innerlich: »Glaubt er, ich brauche Unterstützung, weil ich es nicht selbst kann?«*
- *In Meetings findet man sich plötzlich in hitzigen Diskussionen wieder, bei denen es um Schuldzuweisungen geht, die inhaltlich nicht weiterführen.*
- *Diese Liste an Situationen kann man auch in privaten Momenten weiterführen, etwa beim Abendessen, wenn durch eine scheinbar einfache Frage die Stimmung in eine völlig andere Richtung umschlägt.*

All das sind Beispiele für Situationen, bei denen eine der beteiligten Personen typischerweise »aus der Haut fährt« oder »Wut im Bauch« spürt. Man glaubt als Betroffener dann, dass es einen Auslöser gibt – manche sprechen sogar davon, dass bestimmte »rote Knöpfe gedrückt werden« – und lediglich darauf reagiert wird. Manchmal hat man auch das Gefühl, die starken Emotionen kommen »über einen« oder »nehmen einen ein«. Dies zeigt, dass wir in solchen Momenten von akutem Stress oder Ärger mehr im Autopiloten agieren, als dass wir bewusst darüber nachdenken, worum es eigentlich geht (Details dazu finden sich im Interview mit Britta Hölzel in Kap. 2.4.1). In diesem Zustand eines Autopiloten schauen wir typischerweise wie durch einen Tunnel und sind kognitiv kaum in der Lage, die Perspektive des anderen zu berücksichtigen. Anhaltender Stress ohne Erholungsphasen führt u. a. dazu, dass man sich bereits über Kleinigkeiten ärgert, die z. B. im Urlaub nicht weiter gestört hätten.

Um sich zu regulieren und die Situation nicht aus dem Ruder laufen zu lassen, ist der Mensch aber in der Lage, den Pausenknopf zu finden, wie in Kapitel 1 bereits beschrieben. Damit ist das folgende Verhalten gemeint:

- tief durchatmen,
- innehalten und
- sich fragen, ob die Situation tatsächlich dem entspricht, wie wir sie gerade interpretieren (»Wollte mich unsere Projektleiterin wirklich kleinmachen oder mich einfach nur informieren?«).

Wir können zwischen dem Auslöser[17] und der Reaktion eine Pause setzen.

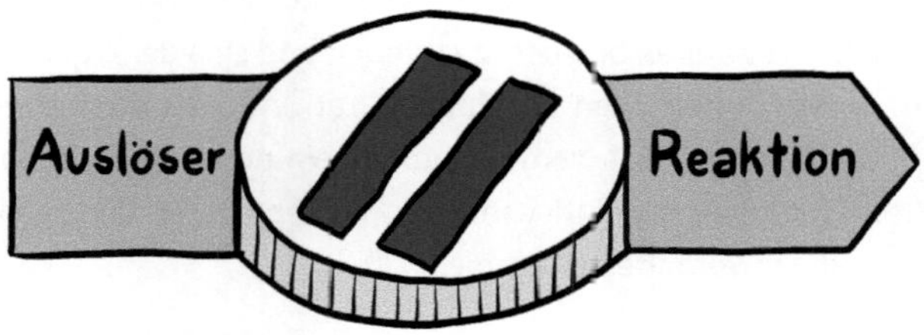


**Abb. 2.17:** In Situationen, in denen wir uns durch etwas »gereizt« fühlen, können wir eine Pausentaste setzen, bevor wir weiter etwas tun

Allerdings ist dies nicht ganz einfach. Warum es aus neuropsychologischer Sicht schwierig ist (Kap. 2.4.2.2) und welche Techniken dabei helfen (Kap. 2.4.2.3 ff.), darum geht es im Folgenden.

### 2.4.2.2 Psychologische und neuropsychologische Sicht auf Ärger

Je mehr wir darüber wissen, wie Ärger oder akuter Stress entstehen und was in uns – im von außen nicht sichtbaren Teil des Eisbergs (vgl. Abb. 2.4) – vorgeht, desto mehr kann es dabei helfen, gelassener mit schwierigen Situationen umzugehen. Damit dies gelingt, braucht es viel Übung und

17 Wenn wir gereizt werden, spricht man auch oft von »getriggert« sein. Trigger beziehen sich in der psychologischen Fachsprache allerdings auf jene Auslöser, die einen Erinnerungseffekt in Bezug auf vorherige Traumata auslösen. Aus Respekt vor Menschen mit Traumata wird in diesem Buch der Begriff nicht verwendet (siehe zur Diskussion auch Vorsamer, 2022).

das Bilden von neuen Gewohnheiten. Wenden wir uns zunächst dem zu, was innen passiert, also unter der Wasseroberfläche des Eisbergs.

Die Psychologie bietet ein gängiges ABC-Modell, welches der US-amerikanische Psychologe Albert Ellis bereits 1962 entwickelt hat: Menschen setzen bestimmte aktivierende Ereignisse (A = activating event) gedanklich in den direkten Zusammenhang mit einer Konsequenz (C = consequence). Dabei fühlt es sich so an, dass ein externes Ereignis, z. B. das Verhalten einer anderen Person, oder ein internes Ereignis, z. B. ein Gedanke oder eine Erinnerung, unmittelbar zu einer bestimmten Reaktion führen. Tatsächlich entsteht diese aber immer nur in Zusammenhang mit einer inneren Überzeugung (B = belief). Nicht das konkrete Ereignis selbst, sondern erst dessen Bewertung führt zu einer Konsequenz. Ein Beispiel: Wenn eine Person sich verspätet, reagieren manche Menschen wütend. Gäbe es einen direkten Zusammenhang zwischen Ereignis und Konsequenz, würden alle Menschen in dieser Situation wütend reagieren. In der Realität bewerten Menschen Situationen aber sehr unterschiedlich und reagieren folglich verschieden. Das Entstehen der Wut setzt eine negative Bewertung von Zuspätkommen voraus, wie etwa »Wer unpünktlich ist, respektiert mich nicht«. Wer diese Bewertung des Zuspätkommens nicht teilt, wird aller Voraussicht nach nicht wütend reagieren.

Für eine Reaktion auf ein Ereignis sind also unsere inneren Vorgänge, wie z. B. unsere Überzeugungen, welche auch Glaubenssätze und Bewertungsmuster sind, verantwortlich. Achtsamkeit hilft, die Bewertung von Situationen bewusst zu erleben und sich der eigenen Erklärungsmuster klar zu werden. Diese können dann auf Rationalität und Zielorientierung überprüft und ggfs. durch neue Erklärungen ersetzt werden, woraus ein neues Verhalten resultieren kann. Das ABC-Modell gilt bis heute als ein einflussreiches Konzept zur Erklärung von Verhalten und als Grundlage der kognitiven Verhaltenstherapie.

**Abb. 2.18:** Das ABC-Modell (angelehnt an Ellis, 1962)

Und was passiert dabei im Gehirn? Die sogenannte **Amygdala** spielt eine relevante Rolle und ist so etwas wie ein Rockstar der populären Gehirnforschung. Sie wird immer wieder als Teil des Gehirns dargestellt, der mit starken Emotionen wie Angst oder Ärger in Verbindung steht. Aufgrund ihrer mandelartigen Form wird sie Mandelkern genannt (griechisch »Amygdala«), wobei das Gehirn zwei Kerne hat. Die Amygdala wird stark aktiviert, wenn eine Situation als mehrdeutig eingeschätzt wird (oft die Grundlage von Angst oder Unsicherheit, aber auch Überraschung oder Spannung). Neuere Perspektiven gehen nicht mehr von der noch weit verbreiteten Differenzierung zwischen dem »emotionalen« oder »limbischen System« und einem »denkenden« Teil des Gehirns aus (Barrett, 2017), an dieser Stelle wird weiter geforscht. Nachfolgend wird eingehender die Rolle von Emotionen betrachtet.

Eine der wichtigsten Aufgaben von Emotionen – wie Angst oder Ärger – ist es, uns in Bewegung zu bringen. Emotionen teilen uns mit, was unsere unklaren physiologischen Empfindungen in einem spezifischen Kontext meinen könnten. Die »Umwandlung« der physiologischen Vorgänge zu mentalen Vorgängen bleibt bisher eines der vielen Rätsel des Bewusstseins (Barrett, 2018, 10:18), die Forschung steht hier noch am Anfang.

**BOX 2.2 Architekt der eigenen Erfahrung sein – durch Bewusstsein**

Emotionen können nicht lediglich als Reaktionen auf die Welt um uns herum gesehen werden. Würde das Gehirn ausschließlich reagieren, wäre es ineffizient, was eine Gefahr für unser Überleben wäre. Laut Prof. Lisa Feldman Barrett konstruiert es auf Basis bisher gemachter Erfahrungen kontinuierlich Prognosen für die unmittelbare Zukunft. Was passiert wahrscheinlich und welche Handlung erscheint im nächsten Moment sinnvoll? Es greift dabei auf bereits gespeicherte Konzepte zurück, um möglichst energiesparend vorzugehen. Diese Konzepte werden durch Lernerfahrungen erweitert und verändert. Dafür braucht es bewusstes Erleben und Offenheit. Im Autopiloten ist diese Form von Lernen nicht möglich.

In den Prozess der Gefühlskonstruktion »können wir eingreifen, sogar viel stärker, als es der gängigen Theorie nach möglich ist. Sie sind der Architekt Ihrer Erfahrungen. Der Fluss Ihrer Empfindungen mag sich anfühlen, als würde er über Sie hinweg fließen, tatsächlich sind Sie die Quelle des Flusses« schreibt Barrett (Barrett in Grolle, 2018, S. 7).

Wenn wir uns stark verärgert fühlen, können wir das Wissen über die Vorgänge im Gehirn nutzen und uns – im Nachhinein – klarmachen, dass die eigenen Emotionen konstruiert sind. Was hier leicht geschrieben ist, ist in der Praxis komplex. Manchmal ist Unterstützung in Form von Coachings oder einer Therapie sinnvoll, um aktiv wieder Architekt des eigenen Lebens in allen Bereichen zu werden. Wie aber kann man sich konkret erst einmal selbst helfen? In einer Situation, in der man unverhältnismäßig stark mit Wut reagiert, kann man sich z. B. fragen: »Vielleicht glaube ich, dass es angebracht ist, an dieser Stelle über meine Kollegin wütend zu werden, weil ich das in der Vergangenheit auch so gemacht habe, wenn ich mich in die Ecke gedrängt fühlte. Aber vielleicht ist das nicht angebracht?« Die Emotion kann aber auch so stark sein, dass man nicht glaubt, dass sie konstruiert ist. In diesem Fall kann man versuchen, die Perspektive zu wechseln: Hier gibt es vielleicht andere Blickwinkel, die wir anwenden können, z. B. Neugierde, sodass unser Gehirn lernt, in ähnlichen Situationen zunächst offen zu agieren. Laut Barrett stellen die Erfahrungen von heute die Vorhersagen für morgen dar (Barrett, 2020), weil das Gehirn eben aus den Vorerfahrungen schöpft. Daher bereichern alle neuen Erfahrungen zukünftige Vorhersagen.

Da die hier beschriebenen Techniken der Selbstregulation aber alles andere als einfach sind, bieten wir im Folgenden einen Handwerkskoffer mit ein paar Ideen, um beim nächsten Mal den Pausenknopf zu finden. Die meisten dieser Techniken sind achtsamkeitsbasierte Techniken, die unter die erste (Selbstwahrnehmung) und zweite (Selbstmanagement) Dimension fallen.

### 2.4.2.3 Stressreduktion durch Selbstregulation bei akutem Stress oder Ärger

Wie findet man den oben beschriebenen Pausenknopf, um bewusst zu wählen, wie man handelt, anstatt lediglich zu reagieren?

Unser Stresserleben lässt sich auf drei Ebenen unterscheiden: Gedanken, Emotionen und Körper. Wie wir diese Ebenen erleben, ist individuell unterschiedlich. Das Stresserleben auf diesen drei Ebenen bedingt sich dabei zirkulär.

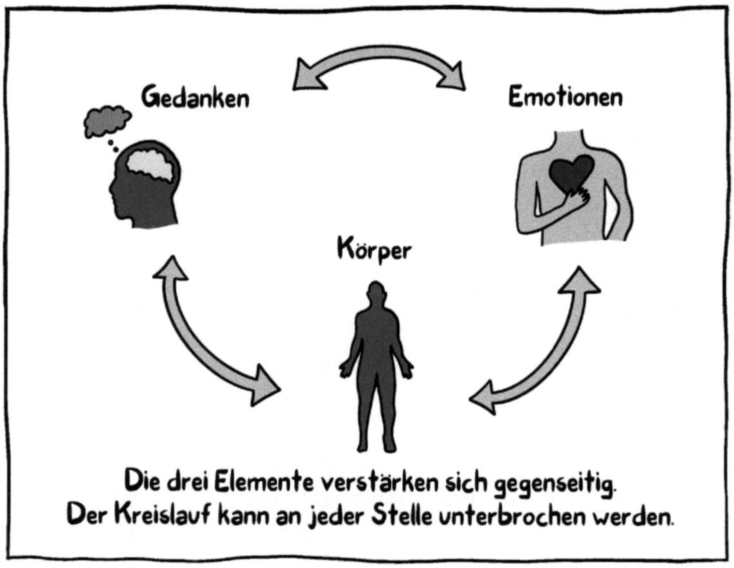


**Abb. 2.19:** Zusammenhang von Gedanken, Emotionen und Körper

Die zahlreichen praktischen Tipps in den Toolboxen können dabei unterstützen, Stress und Ärger auf allen Ebenen zu reduzieren und diesen aktiv vorzubeugen. Um diese Boxen bestmöglich für sich nutzen zu können, ist die Beachtung nachfolgender Punkte empfehlenswert:

- Eigene Haltung – es geht weniger um die Frage »Kenne ich das schon?« als um das »Habe ich das in der letzten Zeit schonmal angewendet?«.
- Ausprobieren im Normal- und nicht im Extremfall – probieren Sie die Techniken in weniger heiklen Situationen aus und nicht erst, wenn Sie sich stark von mit für Sie schwierigen Gesprächspartnern »mitgerissen« fühlen. Üben Sie erst einmal in einfachen Situationen.

- Kombinieren mit zusätzlicher Unterstützung – die hier vorgestellten Techniken klingen einfach, die Umsetzung ist es nicht immer. Unzählige Umstände im Leben machen es leichter oder schwerer, sodass man ggfs. für schwierige Veränderungen auf Hilfestellungen zurückgreifen sollte, die über ein Buch hinausgehen. Nicht umsonst boomt der Coachingmarkt und Wartelisten für einen Therapieplatz sind lang. Wenn jemand auf einer Skala von 1-10 auf die Frage »Wie eingeschränkt fühle ich mich durch meinen Stress im Alltag?« mit 10/sehr hoch antwortet und dies bereits seit geraumer Zeit, können die Techniken in Kombination mit externer Hilfe am besten Wirkung erzielen.
- Auswählen – zu manchen Techniken findet sich vielleicht kein Zugang. Markieren Sie für sich einfach ein, zwei Techniken und versuchen Sie, diese umzusetzen.

Mentale Strategien zur Stressreduktion stärken die Resilienz, also die innere Gelassenheit. Die folgenden Tipps aus dem Werkzeugkoffer helfen dabei, eine zuversichtliche und positive Grundhaltung zu entwickeln. Dies geschieht vor allem auf zwei Ebenen: Aufbau von Akzeptanz und Fokus auf das Positive. Mit der Ruhe, die aus dieser Haltung hervorgeht, bringen wir uns in die Lage, auch in turbulenten Situationen bewusst eine geeignete Reaktion zu wählen.

## 2.4.2.3.1 Stress und Ärger reduzieren: Gedanken

**10er-Regel**: In einer schwierigen Situation kann man sich fragen: »Wie sehr belastet mich das noch in 10 Stunden? 10 Tagen? 10 Monaten?« Durch diesen zeitlichen Perspektivwechsel relativiert sich häufig schon der Ärger.

**Das Positive stärken**: Das meint, sich bewusst auf die positiven Aspekte zu fokussieren und in schwierigen Situationen die Methode des Reframings (Umformulieren) zu nutzen, indem der Situation ein neuer Rahmen gegeben wird:

- Negative Gedanken umformen und sich z. B. fragen, was man aus einem Fehler lernen kann, anstatt sich zu ärgern.
- Komplexität und Veränderungen nicht als Bedrohung sehen, sondern als Teil der Lebendigkeit.
- Bei Fehlern kann der Blick auf das Positive gerichtet werden, indem man die Situation als Lerngeschenk betrachtet und sich fragt: »Was kann ich aus der Situation lernen?«

**Perspektivwechsel – vom Denken zum Wahrnehmen**: Man kann sich beispielsweise fragen: »Was würde die Fliege an der Wand sagen?« Durch diesen etwas grotesken Perspektivwechsel gewinnt man Abstand vom Stressor und reduziert den Ärger oder Stress. Natürlich ist auch eine etwas einfachere andere Perspektive möglich: »Wie würde eine nicht beteiligte Person die Situation beschreiben?«

**Wutball**: Wenn uns zum Beispiel eine Kundin oder ein Kollege mit Wut oder Ärger begegnet, dann haben wir eine Wahlfreiheit in unserer Reaktion. Wir können uns bewusst dafür entscheiden, diesen Wutball des anderen nicht aufzufangen und zurückzuspielen.

**Imaginationsübung »sicherer Ort«**: In akuten Stressmomenten kann es hilfreich sein, gedanklich für ein paar Momente einen sicheren Ort aufzusuchen, an dem man sich ruhig und sicher fühlt. Wie sieht dieser Ort aus? Was hören, riechen Sie etc.? Für manche Menschen ist es einfacher, hierbei einen sogenannten Ankereffekt zu nutzen, z. B. über Musik, mit der man positive Erinnerungen verbindet.

**Blick vom Bahnsteig**: Um aus Gedankenschleifen auszusteigen, kann man die Metapher eines einfahrenden Zuges nutzen, die bereits in Kapitel 1 vorgestellt wurde: Der Zug kommt, bleibt, lädt uns ein einzusteigen und kann den Bahnsteig wieder verlassen – wie unsere Emotionen auch. Man muss nicht einsteigen, man kann den Gedanken auch beobachten und ziehen lassen. Wenn man erfährt, dass das Wesen der Emotionen – wie bei Gedanken und körperlichen Zuständen – ein Kommen und Gehen ist, dann kann man sie sein lassen und muss keine Strategien nutzen, um sie zu vermeiden.

**Abb. 2.20:** Gedanken wie Züge an einem Bahnsteig betrachten

#### 2.4.2.3.2 Stress und Ärger reduzieren: Emotionen

**Name it to tame it**: Unspezifische starke Emotionen zu benennen bringt mehr Gelassenheit, als sie nicht zu benennen. Eine Emotion oder ein Verhaltensmuster kann oft schon mit einem Namen etwas »gezähmt« werden. Wenn man beispielsweise eifersüchtig auf etwas ist und dies wahrnimmt, kann man mental zu sich sagen: »Da ist sie wieder, die Eifersucht.« Interessanterweise eröffnet dieser einfache Trick neue Handlungsmöglichkeiten im Sinne des Pausenknopfs.

**Wundern statt ärgern**: Wenn Ärger in einem selbst aufkommt, kann man versuchen, neugierig zu sein und sich z. B. sagen: »Interessant, dass mich das so beschäftigt am Wochenende…« Bei schwierigen Situationen am besten direkt mit einer Haltung von Neugierde in diese hineingehen, sich also diesen Blickwinkel bereits vornehmen: »Ich weiß, dass es gleich schwierig wird, ich versuche tief durchzuatmen und offen und freundlich zu bleiben.« Also zunächst die Perspektive des Gegenübers interessant finden und nicht direkt bewerten.

**Wer schreit, leidet**: Wenn man sich bewusst macht, dass jemand, der uns unfair kritisiert oder in einer anderen Form »um sich schlägt«, zumeist selbst unter Stress steht oder leidet, kann es helfen, den Angriff nicht zu persönlich zu nehmen und vielleicht sogar Wut in Mitgefühl zu transformieren.

**»Die Wut im Körper spüren« statt zu sagen »ich bin wütend«**: Sich anzugewöhnen, die Emotion im Körper zu lokalisieren und zu beschreiben, verändert die Perspektive. Anstatt (sich selbst) zu sagen: »Ich bin total wütend« – und damit also auszudrücken, dass hier keinerlei Raum für etwas anderes ist –, kann man versuchen zu sagen: »Da ist Wut in meinem Körper. Sie ist da, macht mich aber nicht völlig aus.« Somit findet man ein wenig Distanz zu starken Emotionen und damit den Pausenknopf, um genauer anzuschauen, worum es geht und was eine angemessene Reaktion wäre.

**Abb. 2.21:** Emotionen lokalisieren

**ALI: Atmen, Lächeln, Innehalten**: Gerade in stressigen Situationen ist es eine Exit-Strategie, einmal tief durchzuatmen (A), dann innerlich oder sogar nach außen zu lächeln (L) und dann einen Moment innezuhalten (I) und zu spüren, was jetzt gerade wichtig ist. Daraus ergibt sich ALI als kurzfristig wirksame Strategie, die zu mehr Klarheit führt.

**Abb. 2.22:** ALI – ein Freund für schwierige Situationen

Bei diesen Tipps geht es darum, dass das, was da ist, in dem Moment auch sein darf. Das heißt aber nicht zwingend, dass wir etwas hinnehmen oder immer zustimmen, sondern dass wir es für den Moment einfach stehenlassen anstatt in den Widerstand zu gehen.

Am besten gelingen diese Techniken zur Emotionsregulation, wenn wir zunächst den inneren Zustand wahrnehmen (»oh, ich empfinde sowas wie Wut aufkommen«), um dann tief durchzuatmen, uns vielleicht sogar kurz ablenken und dann mit Neugierde auf die Situation schauen. Da es aber selten möglich ist, neugierig zu sein, wenn wir schon wütend sind, ist es wichtig, sich bereits vorher in Neugierde zu üben, zum Beispiel durch Achtsamkeit: Die in diesem Buch beschriebenen Achtsamkeitstechniken wie Body-Scan oder Atemmeditation führen dazu, dass wir weniger vom Autopiloten »mitgerissen« werden und auch in schwierigen Situationen bewusst agieren können.

**Dankbarkeit kultivieren**: In dafür passenden Situationen kann man anfangen, explizit Dankbarkeit anderen gegenüber zu verbalisieren oder sich selbst vor Augen zu führen, dass man für etwas dankbar ist. Diese Dankbarkeit kann eine Art Schild gegen den Ärger sein. Die positive Sicht fördert zudem Zuversicht und positive Emotionen.

**Übung »3 gute Dinge«:** Bei dieser Routineübung nimmt man sich am Abend ein paar Minuten Zeit, um sich zu überlegen, wofür man heute dankbar war oder was einen glücklich gemacht hat. Diese Dinge schreibt man auf. Dies schult neben Dankbarkeit auch Offenheit und Neugierde. Die Zeit, die man braucht, um die positiven Dinge zu erinnern, kann ein Hinweis darauf sein, ob man im Alltag auf die schönen Dinge schaut oder sie eher übersieht.

**Sich zum regelmäßigen Check-in verabreden**: Hierzu sucht man sich eine Person, die man mag – im Arbeitskontext oder privat – und mit der man sich ein- oder mehrmals die Woche zu einem festen Termin für ein Check-in trifft, um sich über die aktuelle Gefühlslage auszutauschen oder eine der hier beschriebenen Übungen zusammen zu machen. Ein solcher dyadischer Austausch,

d. h. das Gespräch zu zweit, ist ein wesentlicher Faktor zur Verbesserung der Selbstwahrnehmung, zum Aufbau von Mitgefühl und zur Reduktion von Stress. Dies legen Studienergebnisse des *ReSource*[18]-Projekts unter der Leitung der renommierten Neurowissenschaftlerin Prof. Tania Singer nahe (Singer & Engert, 2019; Puhlmann et al., 2021; Engert et al., 2023).

**BOX 2.3 Zoom Fatigue – Ermüdung im Homeoffice**

*Kennen Sie das Gefühl, sich nach einem virtuellen Meeting-Marathon völlig ausgelaugt zu fühlen? Die Augen brennen, der Kopf brummt und Sie wollen einfach nur noch aufs Sofa?*

Gefühle der Erschöpfung, Kopfschmerzen, vermehrtes Tagträumen oder die Hoffnung, nicht die Kamera einschalten zu müssen, kennen spätestens seit der Corona-Pandemie einige Arbeitnehmende, die viel im Homeoffice arbeiten. Im Zuge der Pandemie gab es weltweit einen rapiden Anstieg von Videokonferenzen. Allein *Zoom*, ein Anbieter von Videokonferenzen, berichtete eine Zunahme an jährlichen Meeting-Minuten um mehr als 3.300 % und von ca. 3,3 Billionen Meeting-Minuten im Jahr 2021. Diese Umstellung führte dazu, dass Arbeitnehmende auch heute noch teilweise viele Stunden täglich in Onlinemeetings verbringen.

Für manche Menschen geht die verbrachte Zeit vor der Kamera mit Erschöpfungszuständen einher, welche dank der Forschungsarbeiten aus Standford (Fauville et al., 2021) auch einen eigenen Namen bekamen: *Zoom Fatigue* oder *virtuelle Fatigue* meint einen Zustand von Erschöpfung und Müdigkeit, der auf die Teilnahme an Videokonferenzen zurückzuführen ist. Auch der CEO von Zoom Video Communications Eric Yuan benennt in einem Interview mit der Süddeutschen Zeitung (2021) dieses Problem.

**Abb. 2.23:** Virtuelle Fatigue – Erschöpfung durch Videokonferenzen

18 Weltweit einzigartige Studie, in der verschiedene Formen des mentalen Trainings und dessen Auswirkungen, u. a. auf Körper und Psyche, über einen Zeitraum von elf Monaten untersucht wurden.

Videokonferenzen erschöpfen uns sogar stärker als Meetings, die in Präsenz stattfinden (Spataro, 2020). In der genannten Stanford-Studie (Fauville et al., 2021) wurden die Auswirkungen von Videokonferenzen während der Corona-Pandemie bei >10.000 Personen untersucht. Das Ergebnis: Je mehr Zeit Arbeitnehmende in Online-Videokonferenzen verbrachten, desto erschöpfter waren sie am Ende des Tages. Doch woher kommt diese Erschöpfung? Das Forschungsteam sieht die virtuelle Fatigue bedingt durch folgende Mechanismen (ebenda):

- Performance-Druck und selbstfokussierte Aufmerksamkeit durch die Spiegelung des Selbstbildes in der Kamera (»mirror anxiety«);
- das Gefühl, vor der Kamera physisch »gefangen« zu sein;
- der Eindruck, permanent »angestarrt« zu werden, ohne eine Möglichkeit, den Blicken der anderen auf natürliche Weise ausweichen zu können, was vor allem durch die sogenannte Galerieansicht (in der alle Teilnehmenden zu sehen sind) aktiviert wird, sowie
- kognitive Erschöpfung durch den permanenten Druck, nonverbale Signale senden und interpretieren zu müssen.

Frauen berichten zudem von stärkerer Fatigue als Männer. Ein Grund dafür könnte sein, dass Frauen tendenziell an längeren Videokonferenzen teilnehmen, aber kürzere Pausen zwischen Meetings einlegen. Darüber hinaus ist die sog. *mirror anxiety* bei Frauen häufig stärker ausgeprägt, weshalb es für sie besonders wichtig ist, die Selbstansicht auszublenden.

Folgende Techniken können Zoom-Fatigue im Alltag vorbeugen (orientiert an Bennet et al., 2021):

- **Selbstaufmerksamkeit reduzieren**
  - Selbstansicht deaktivieren
  - Bei zwei Bildschirmen: einen Bildschirm zur Seite drehen, um nicht direkt in das eigene Spiegelbild zu schauen
  - Sich die Möglichkeit zur Stummschaltung des Mikrofons geben lassen
- **Körper und Geist entlasten**
  - Sprecher- anstatt Galerieansicht verwenden
  - Multitasking vermeiden
  - Reize auf dem Bildschirm reduzieren, z. B. Anzahl der Anwendungen minimieren, Browserfenster schließen, Push-ups deaktivieren
  - Notebook bzw. Kamera auf Augenhöhe platzieren, um nicht »nach unten zu starren«
  - Sich für eine Meetingkultur einsetzen, die persönlichen Freiraum gibt (z. B. bei Bedarf aus dem Fenster schauen, sich strecken, Kamera auch mal kurz ausschalten)
- **Auszeiten nehmen** (Details dazu in Kap. 3)
  - Meetingfreie Stunden oder Tage einplanen
  - Abklären, ob und wo man im Meeting dabei sein muss
  - Regelmäßige Pausen im Kalender blocken
  - Übergangszeiten zwischen den Videomeetings erhöhen, z. B. Meeting zu Minute 25 und 55 beenden
  - Wenn möglich, Video-Call durch Telefon ersetzen

#### 2.4.2.3.3 Stress und Ärger reduzieren: Körper

**Für ausreichend Bewegung im Arbeitsalltag sorgen**: Aus der Erfahrung und der Forschung wissen wir, dass regelmäßige körperliche Aktivität zum Stressabbau beiträgt (Forcier et al., 2006). Oft fehlt nach der Arbeit die Zeit oder schlicht die Energie, regelmäßig Sport zu treiben.

Möglichkeiten, wie körperliche Aktivitäten in den Arbeitsalltag integriert werden können, sind z. B.:

- Meetings als Telefon-Spaziergänge vereinbaren – 7.500 Schritte pro Tag sind nicht nur gesund, sondern machen auch gute Laune (Details siehe Kap. 3.4).
- Zuhause oder im Büro einen Timer aufstellen und alle 90 Minuten kurze Stretch- oder Yogaübungen machen. Auf den Tag gerechnet kommen so schnell 20-30 Minuten zusammen. Das fördert nicht nur die Entspannung am Arbeitsplatz, sondern bietet auch Abwechslung für Körper und Geist.
- Bei längeren Meetings: bewusst 1-2 Minuten Bewegung einbauen; dies funktioniert auch als Energizer im Team.

**Achtsamkeitsmeditation**: Die Anleitung zur Achtsamkeitsmeditation findet sich in Kapitel 1. Diese hilft sehr gut dabei, Stress zu reduzieren. Dies sollte jedoch nicht die Hauptmotivation sein, um mit Achtsamkeit anzufangen. Wenn Sie Stress haben, dann probieren Sie einige der genannten Tools – machen Sie Pausen, halten Sie inne und seien Sie achtsam (z. B. über Rituale). Wichtig für ein gesundes Stressmanagement sind auch weitere gesunde Verhaltensweisen (s. o.). Meditation aus der Motivation heraus zu lernen, Stress zu reduzieren, wäre, als wenn Sie Klavierspielen anfangen würden, weil es Ihren Stress reduziert. Zudem sei an dieser Stelle angemerkt, dass Meditation nicht zwingend direkt zu mehr Gelassenheit bzw. Stressreduktion führt. Gerade zu Beginn einer regelmäßigeren Meditationspraxis kann uns das Meditieren das Chaos in unserem Kopf überhaupt erst bewusst machen.

**Body-Scan-Meditation**: Achtsamkeitstechnik, bei der es darum geht, die Aufmerksamkeit durch den Körper wandern zu lassen und nachzuspüren, wo man angespannt ist, und sich der Stressempfindungen zunächst bewusst zu werden: Wo zeigen sich diese genau und in welcher Qualität? Die Intention ist, den Empfindungen in der Meditation wohlwollend zu begegnen, den Körper zu entspannen und ins Erleben zu kommen. Diese Form der Meditation hilft auch dabei, die körpereigenen (Warn-)Signale besser wahrzunehmen, die sich dann zeigen, wenn es einmal zu viel wird. Eine Kurzanleitung findet sich in Kapitel 1. Vielfältige Angebote für Body-Scan-Meditationen finden sich im Internet oder hinter dem QR-Code.

Wenn man akut gestresst ist, zunächst **einfache »Exitstrategien«** nutzen:

- langsam ein Glas Wasser trinken,
- ein Fenster öffnen und die frische Luft tief einatmen,
- offene Körperhaltung einnehmen.
- Eine kurze Meditation mit Fokus auf den Atem, um bei sich anzukommen: dem Atem folgen, dann Ablenkung, dann Refokussierung als Moment der Achtsamkeit – mit Offenheit und Neugierde. Die Affirmation kann hier sein: »Es gibt nichts zu tun und nichts zu erreichen« (Details dazu finden sich in Kap. 1).
- Wenn man alleine im Raum ist, positive Mimik nutzen wie Lächeln, Lachen oder eine Grimasse schneiden.
- Fokus auf den Körper verschieben, z. B. sich bequem hinsetzen und die Füße auf dem Boden spüren.

### 2.4.3 Anhaltende Phasen von Stress

*Kennen Sie das:*
- *Ihre To Do-Liste wird über die Wochen immer länger und Sie haben das Gefühl, niemals mit allem fertig zu werden?*
- *Sie schieben Momente der Entspannung immer wieder auf, weil zu viele Projekte parallel laufen?*
- *Die Arbeit kommt Ihnen manchmal vor wie ein Hamsterrad, das man nur schwer bremsen kann?*

Jeder Mensch kennt diesen Moment, an dem Erholung notwendig wird. Auch Menschen, die scheinbar mühelos mit hohen Anforderungen umgehen können, erreichen irgendwann einen Erschöpfungszustand – nur eben in anderen Situationen. Zu häufig aber erholen wir uns nicht, was Konsequenzen hat: »Wenn wir uns nach einem stressigen Erlebnis nicht ausreichend erholen, absorbieren wir den Stress unbewusst weiter, was zu chronischem Stress führen kann« (Ascher & Tonies, 2021, S. 4). Verhält man sich wie ein »Sprinter in einem Marathon«, stapeln sich die Anforderungen, die Erholungszeit wird verpasst und die Anspannung wird dauerhaft (Abb. 2.24).

Das Ergebnis: Das anhaltende Erleben von Stress kann zu Stimmungsveränderung, reduzierter Empathie und Impulskontrolle führen; es ist ungesund und erhöht langfristig das Risiko für Herz-Kreislauf-Erkrankungen oder Schlaganfall (z. B. Kaluza, 2011). Chronischer Stress kann weiterhin zu Burnout führen, was die WHO im Jahr 2019 als berufliche Erkrankung mit drei Dimensionen klassifiziert hat (ebenda):
- Gefühle von Energiemangel und Erschöpfung,
- größere mentale Distanz zur Arbeit oder Gefühle von Negativität oder Zynismus in Bezug auf den eigenen Arbeitsplatz,
- eingeschränkte berufliche Leistungsfähigkeit.

Dies wird dadurch verstärkt, dass viele Menschen mehrere verschiedene Projekte parallel und fragmentiert bearbeiten, wodurch hier kein natürlicher Erholungspunkt zu sehen ist – diesen gilt es daher, selbst zu setzen.

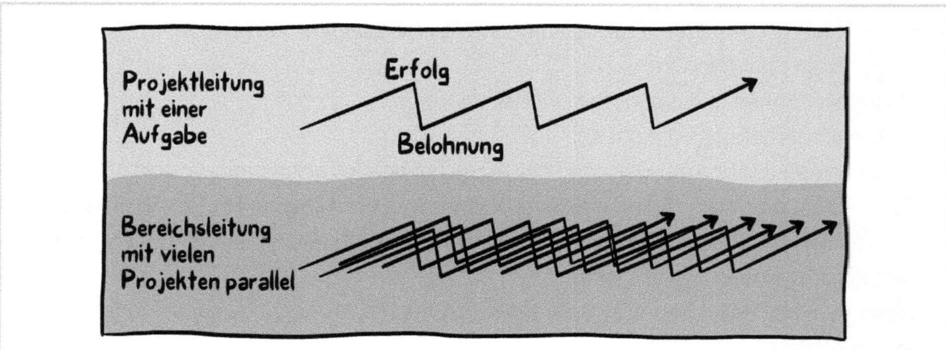


**Abb. 2.24:** Wenn viele Projekte parallel laufen, fallen »natürliche« Erholungsphasen aus. Angelehnt an Lederer (Details siehe Interview mit Max Lederer in Kap. 3.3.4)

### 2.4.3.1 Interview mit Martin Schilling, CEO von Techstars Berlin, Gründer

**Stress von Start-ups: Burnout bei Gründern ist verbreiteter, als viele annehmen**

**Erzähle uns etwas zu Deiner Arbeit in den verschiedenen Bereichen**

In den letzten 15 Jahren habe ich fünf Unternehmen mit aufgebaut oder hochskaliert, darunter Orphoz, eine Tochtergesellschaft von McKinsey & Company, ein öffentliches Unternehmen in Saudi-Arabien, die Stiftung MARA in Argentinien und das FinTech N26. Als Business Angel Investor – also als Unternehmer, der Start-ups mit Kapital unterstützt – glaube ich fest daran, dass wir in den nächsten zehn Jahren in Europa 750 weitere Einhorn-Unternehmen aufbauen müssen. Diese Unternehmen werden in Zukunft Millionen von Arbeitsplätzen schaffen, Europa im Bereich der Technologie unabhängiger machen und vielen die Möglichkeit geben, ihr Potenzial voll zu entfalten.

Um Gründerteams auf ihrem Weg zum Aufbau branchenführender Technologieunternehmen zu unterstützen, habe ich das Buch »*The Builder's Guide to the Tech Galaxy – 99 Practices to Scale Startups into Unicorns Companies*« (Haufe, Wiley) veröffentlicht.[19] Denn meine Leidenschaft ist es, Unternehmen zu fördern, die den Planeten zu einem besseren Ort für die Menschheit machen, indem sie Wachstum und Sinnhaftigkeit miteinander verbinden.

19 Mehr Details unter: www.buildersguide.org.

**Wann hast Du selbst gemerkt, dass Du etwas gegen Stress tun musst?**

Es war ein sonniger Donnerstagnachmittag im Jahr 2014 in Dubai, als es mir passierte. Nach einer stressigen Woche bei McKinsey wollte ich meinen Posteingang aufräumen, konnte aber einfach nicht mehr tippen. Mit Schmerzen am ganzen Körper fuhr ich direkt ins Krankenhaus, nur um dort zu erfahren, dass ich zu 100 % gesund bin. Die Monate davor waren ein kleiner Alptraum: ein Projekt bei McKinsey, das alles hatte, was man nie erleben möchte, meine Familie war bereits zurück in Deutschland und ich alleine in einem fremden Land rund um die Uhr am arbeiten. Und ich habe es schon in den Wochen davor gemerkt: schlechter Schlaf, Unruhe, keine mentalen Pausen, wenig Geduld und das Gefühl, permanent überfordert und gestresst zu sein. Burnout ist ein etwas überstrapazierter Begriff. Ich habe mich zwar relativ schnell erholt, aber ich habe es bei zu vielen Unternehmern in meiner Umgebung gesehen.

**Was würdest Du anderen raten, was sind Deine besten Tipps?**

Hier sind die fünf Dinge, die für mich als Gründer und Investor einen Unterschied gemacht haben, wenn es um psychische Gesundheit geht:

- »Sprinten, ausruhen, wiederholen«. Wöchentlich Zeitfenster für Regeneration im Kalender einzuplanen und diese konsequent zu schützen ist essenziell (z. B. regelmäßiger Sport mit Freunden, Wochenendausflüge, Meditation). Dazu gehören oft auch 6-8 Stunden Schlaf pro Tag, 2-3 x Sport pro Woche, kein Fast Food und Alkohol nur am Wochenende.
- Lebe unter Deinen Möglichkeiten. Bist Du in der Lage, mindestens 4-5 Monate ohne Einkommen zu leben? Wenn nicht, spare mehr. Eine Möglichkeit, dies als Gründer zu erreichen, ist, die Fixkosten so niedrig wie möglich zu halten, z. B. keine schicke Wohnung, kein schickes Auto, kein (zu) schicker Lebensstil.
- Verbinde Dich mit Deiner unternehmerischen Zielsetzung. Du arbeitest an Themen, die Dich nicht begeistern? Dann solltest Du Dich vielleicht auf die Suche nach einem übergeordneten Ziel (Purpose) machen. Ich stelle mir regelmäßig die folgende Frage: »Auf einer Skala von 1-10 – wobei 10 der beste Job der Welt ist und 1 bedeutet, dass ich morgen kündigen möchte – wo stehe ich?« Wenn ich zu lange mit 5 oder weniger antworte, könnte das ein Hinweis darauf sein, dass es Zeit für eine Veränderung ist.
- Unterbreche Deine Ängste-Ketten mit einem attraktiven Plan B. Die Ängste-Kette geht in etwa so: Wenn ich diese Woche nicht die Fundraising-E-Mails verschicke, werde ich nicht genügend Gespräche mit Investoren führen, dann werde ich keine Finanzierung für das Unternehmen bekommen, danach werden wir pleitegehen und schließlich wird mein Partner mich nicht mehr lieben. Einiges davon könnte wirklich eintreten, aber am Ende dieser Kette musst Du einen positiv formulierten Plan B haben: Dann werde ich endlich ein sechsmonatiges Sabbatical in Argentinien mit meinem Partner/meiner Partnerin machen.
- Laufe Dein eigenes Rennen. Sind Deine Freunde von der Universität besser bezahlt und haben mehr erreicht? Du wirst immer jemanden finden, der erfolgreicher ist. Oft ist es besser, nicht gegen eine Peergroup anzutreten, sondern gegen sich selbst. Anstatt andere besiegen zu müssen, könntest Du einfach eine bessere Version von Dir selbst werden.

**Inwieweit hilft hier emotionale Intelligenz?**

Emotionale Intelligenz ist ein wesentlicher Teil, nicht in einen Burnout zu rutschen. Und zwar nicht nur in der Interaktion mit anderen – sondern auch mit sich selbst. Die eigenen Grenzen kennen und zu respektieren, gehört da beispielsweise dazu. Ich habe im Start-up-Bereich Gründer gesehen, die nach einem Burnout ein halbes Jahr nicht mehr arbeiten konnten. Das sollten wir auf jeden Fall versuchen, gemeinsam zu vermeiden.

### 2.4.3.2 Stressreduktion bei andauernden Phasen

Mit Blick auf den Einzelnen gibt es neben den organisationalen Bedingungen (die in Kap. 4 behandelt werden) noch zusätzlich individuelle Faktoren, warum keine Erholungsphasen eingelegt werden. Deshalb geht es an dieser Stelle um die beiden Themen, die in diesem Zusammenhang häufig zu finden und die individuell beeinflussbar sind:

1. mangelnde Selbstwahrnehmung und
2. zu wenig Selbstfürsorge.

#### 2.4.3.2.1 Selbstwahrnehmung

Das Stressmanagement beginnt mit einer differenzierten Selbstwahrnehmung, um zu erkennen, wann wir Pausen benötigen oder wann einfach die Aufgaben, die wir uns vornehmen, zu viel werden (Techniken dazu finden sich in diesem Kapitel). Eine Person mit mangelnder Selbstwahrnehmung würde stressige Phasen nicht zwangsläufig als solche bezeichnen. Sie nimmt ihre Schlaf-, Konzentrations- und Beziehungsschwierigkeiten zwar wahr – bringt diese Symptome aber nicht mit der Arbeit in Verbindung. Eine Person mit solider Selbstwahrnehmung hingegen kann das eigene Stresserleben früher erkennen, differenzierter betrachten – z. B. auf den Ebenen Körper, Emotionen, Gedanken – und so besser in diesen Kreislauf eingreifen.

Die Selbstwahrnehmung ist bei vielen Menschen nicht genügend ausgebildet oder wird nicht genutzt, um zu erkennen, wann etwas zu viel ist. Wir haben kein eingebautes Frühwarnsystem oder einen Batteriestandanzeiger, der uns sagt, wann wir Pausen benötigen. Anders als beim Sport, wenn wir Muskelkater bekommen. Es gibt aber genügend Indikatoren, auf die wir achten können: ungeduldiges Verhalten, konfliktreicher Umgang mit anderen Menschen, häufige Gereiztheit und Hochgehen bei Kleinigkeiten, sogenanntes Betäubungsverhalten rund um Alkohol, Kaffee und Schokolade. Eine differenzierte Auflistung von Warnsignalen bei chronischem Stress zeigt die folgende Box 2.4:

**BOX 2.4 Was unser »Display« anzeigt, wenn der Akku leer ist**

Signale, die als Stressreaktion gedeutet werden können, sind körperlicher, verhaltensbezogener, emotionaler und kognitiver Natur. Sie schaukeln sich häufig wechselseitig auf, sodass es zu einer Verstärkung oder Verlängerung der Stressreaktionen kommt (Kaluza, 2011).

- **Körperlich**
  - Kopf-, Rücken- oder Bauchschmerzen
  - Ein- oder Durchschlafstörungen, dauernde Müdigkeit
  - Muskelverspannungen, Zähne knirschen
  - Erhöhter Puls
- **Verhaltensbezogen**
  - Rechthaberei, Streitlust, »aus der Haut fahren«
  - Substanzmissbrauch (erhöhter Alkoholkonsum, Rauchen), unregelmäßiges Essen, Selbstvorwürfe
  - Gereiztheit (Schreien, Weinen, Rückzug)
  - Weniger Sport und weniger soziale Kontakte als selbst gewünscht
- **Emotional**
  - Ängstlichkeit (z. B. Angst, sich zu blamieren)
  - Langeweile, Lustlosigkeit, Unzufriedenheit
  - Nervosität, innere Unruhe
  - Kraftlosigkeit
- **Kognitiv**
  - Nicht klar denken, grübeln, »Tunnelblick«
  - Vergesslichkeit
  - Unentschlossenheit
  - Konzentrationsschwäche, Denkblockaden

Quellen: Ascher und Tonies (2021), Kaluza (2011)

Eine Erhöhung der Selbstwahrnehmung führt dazu, dass wir Stresssignale schneller als solche erkennen und sie uns auf natürliche Weise an die nötige Erholungszeit erinnern. Die folgenden Techniken zielen darauf ab.

**Selbstreflexion mit oder ohne Gesprächspartner**: Sich die Zeit zu nehmen, um die folgenden Fragen (angelehnt an Ascher & Tonies, 2021) ehrlich zu beantworten und nach einer Woche zu wiederholen, erhöht die Selbstwahrnehmung:

- Wie oft fühlen Sie sich in einer typischen Woche ausgeruht? Wie oft suchen Sie typischerweise während des Arbeitstages Momente der Erholung statt des »Durchpowerns«?
- Wie oft fühlen Sie sich in einer typischen Woche vollständig in Ihre Arbeit vertieft oder in einem »Flow«-Zustand? Wie lange dauern diese Phasen? Zu welcher Tages- oder Nachtzeit treten sie auf?
- Denken Sie an einen Moment, als Sie bei der Arbeit von Stress überrascht wurden. Wie haben Sie reagiert? Wie haben Sie Ihre Ressourcen einbezogen, um mit dem Stress umzugehen? Auf welche Weise haben Sie gekämpft? Was war schwer? Was würden Sie beim nächsten Mal anders machen?
- Was sind die größten Stressquellen in Ihrem Leben? Unter welchen Umständen taucht Stress aus einem Aspekt Ihres Lebens in einem anderen auf?
- Wie gehen Sie mit Stress um? Verbrauchen Ihre Bewältigungsmechanismen Ihre Energie oder stellen sie sie wieder her? Helfen sie dabei, ein Bewusstsein für Ihren Stress aufzubauen oder ihn zu reduzieren?

- Wie oft erkennen Sie Ihren Stress im Moment versus später oder in den Reaktionen anderer?
- Wie viele der Warnzeichen (siehe Box 2.4) von chronischem Stress haben Sie diese Woche erlebt? Sind es mehr als sonst und könnten Sie daraus Schlüsse ziehen?

**Energieverlaufsplan erstellen:** Sie können auch ohne die vorangegangenen Fragen einen sogenannten Energieverlaufsplan (siehe Abb. 2.25) für sich skizzieren mittels der folgenden Fragen:

- Wann sind Sie im Laufe des Tages energetisiert und wann haben Sie typische »Durchhänger«?
- Was hilft Ihnen, in die Energie zu kommen?

Mit dieser Selbstreflexion wird deutlich, dass es weniger darum geht, seine Zeit zu managen, als vielmehr seine Energie und dies insbesondere in Zeiten, in denen man »Durchhänger« hat, wie z. B. vor der Essenspause. Wenn man Durchhänger hat, sollte man – wenn möglich – lediglich administrative Dinge klären und die relevanten Dinge bzw. Aufgaben, die ein hohes Maß an Konzentration erfordern, in Phasen hoher Energie erledigen.

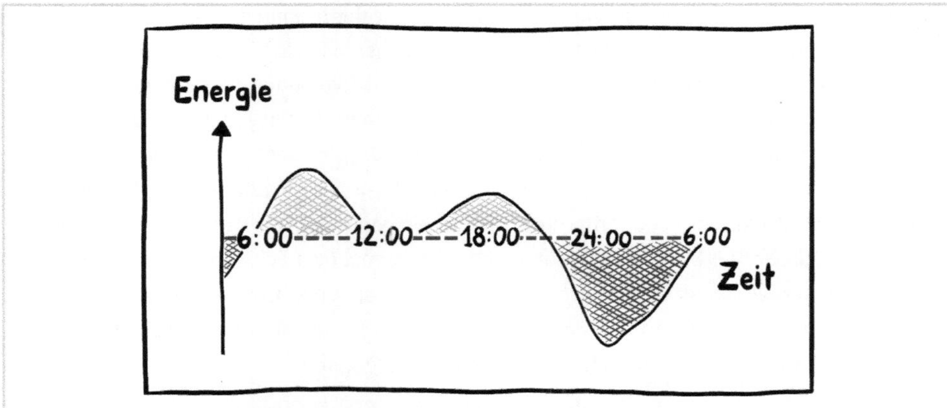


**Abb. 2.25:** Beispielhafter Energieverlaufsplan, der von Person zu Person variiert

**Journaling zu Energieräubern:** Entlang der Journaling-Instruktion von Kapitel 2.2.1 (je Satzanfang zwei Minuten schreiben, ohne nachzudenken) helfen folgende Satzanfänge:

- Mich regt in letzter Zeit auf…
- Was mir Energie zieht…
- Möglichkeiten, damit umzugehen…

Im Anschluss nimmt man sich nochmal zwei Minuten Zeit, um das Geschriebene erneut durchzulesen und wichtige Punkte zu unterstreichen.

**Tracker in Form einer Uhr oder App nutzen:** Es gibt mittlerweile sehr viele Möglichkeiten, um Gesundheitsmarker zu tracken, z. B. Kurzzeit-EKGs oder um die Herzratenvariabilität zu messen, was Aufschluss über An- und Entspannung gibt. Dieses Bio-Feedback hilft dabei, die Fähigkeit zur Selbstwahrnehmung zu trainieren.

**Coaching**: Und natürlich gibt es zum Thema Selbstreflexion und -wahrnehmung verschiedene Angebote im Bereich des Coachings.

### 2.4.3.2.2 Selbstfürsorge

Insbesondere in Hochleistungsorganisationen trifft man immer wieder auf Menschen, die ihren eigenen Stress und die Signale des Körpers ignorieren, weil sie eher auf andere und das Außen achten als auf sich selbst. Sie sind hervorragende Teamplayer und Kolleginnen und haben nicht selten ein Perfektionsstreben, aber sie scheinen dabei die Fürsorge für sich selbst zu vergessen (Details siehe Box 2.5). Häufig akzeptieren sie ihre eigenen Leistungsgrenzen nicht und verausgaben sich für ein Projekt und für das Team. Zeitgleich nehmen sie eher ungern Hilfe von anderen an. Techniken rund um Selbstmitgefühl haben hier eine starke Wirksamkeit.

Indem wir lernen, uns selbst mit mehr (Selbst-)Mitgefühl zu begegnen, können wir die Hochleistungsgeschichten ändern, die wir uns tagtäglich erzählen. Eine schwierige Situation ist als solche bereits schwierig. Wenn wir uns dafür noch zusätzlich kritisieren, wird das Erleben schwerer. Der innere Kritiker erfüllt eine wichtige und positive Funktion, denn er treibt an, er lässt Dinge hinterfragen und nach neuen Antworten suchen. Er hat jeden von uns dahin gebracht, wo man heute steht. Aber er kann auch erbarmungslos sein. Wenn beispielweise die Deadline eines Projekts gefährlich näher rückt, wird der innere Kritiker uns gutmöglich vermitteln wollen: »Du hast es wieder mal nicht rechtzeitig geschafft. Das kann ja nur schiefgehen. Jetzt musst Du aber wirklich eine Nachtschicht schieben.« Im nächsten stressigen Moment oder wenn man mal wieder denkt: »Ich darf auf keinen Fall einen Fehler machen«, kann man sich einmal ganz bewusst fragen, ob der innere Kritiker da gerade aktiv ist. Es kann bereits hilfreich sein, ihm mit Wohlwollen und Selbstmitgefühl zu begegnen.

Ein gängiger Mythos behauptet, Selbstmitgefühl mache weich. Allerdings macht es klarer, mutiger, entschlossener, kraftvoller – es packt uns nicht nur kuschelig in Watte ein. Sich selbst mit Mitgefühl in einer schwierigen Situation zu begegnen, bedeutet also nicht, die eigenen Fehler herunterzuspielen. Vielmehr heißt es zu lernen, diese anzunehmen, konstruktiv mit ihnen umzugehen, ohne sich selbst dabei im Wege zu stehen.

Daher findet sich nachfolgend eine Toolbox mit Ideen, wie man als Individuum Selbstmitgefühl erhöhen kann. Aber auch hier ist anzumerken, dass es vielfache Bedingungen gibt, bei denen sich Menschen selbst mitunter bis zur Erschöpfung antreiben und eine individuelle Reflexion dann nicht immer die Lösung ist. Manche Team- und Unternehmenskulturen begünstigen Neigungen, alle Aufgaben anzunehmen, sodass alle drei Ebenen – Individuum, Team und Organisation – gemeinsam zu betrachten sind, um etwas zu verändern.

**BOX 2.5 Selbstfürsorge – der innere Kritiker auf der Coach**

Warum viele Menschen zu wenig Selbstmitgefühl oder Selbstfürsorge mitbringen, ist eine Frage, die sich kaum beantworten lässt, ohne den Blick in die therapeutische Welt zu werfen: Wie viel Fürsorge hat man als junger Mensch erfahren? Welcher Art von Gefühlen versucht man aus dem Weg zu gehen? Eine nähere Behandlung dieser Fragen würde den Umfang dieses Buches sprengen. Die hier angeführten Techniken zur Selbstfürsorge stellen zwar keinen Ersatz für eine Therapie dar, doch können sie eine Annäherung an das Thema inspirieren. Der Psychotherapeut Kaluza mag hier zu Wort kommen: »Häufig wird Stress auch gebraucht, um unangenehmen seelischen Wirklichkeiten, die man nicht wahrhaben will, aus dem Wege zu gehen. Man setzt sich unter Druck, um innere Leere, depressive Verstimmungen, Gefühle von Sinnlosigkeit und Einsamkeit nicht aufkommen zu lassen. Stress wird so gewissermaßen ein Mittel zur Flucht vor sich selbst.« (Kaluza, 2011, S. 14)

Was auch immer die Treiber sind, warum Menschen sich selbst nicht so gut wahrnehmen und dadurch ihre persönlichen Bedürfnisse vernachlässigen – ein Schlüssel ist, das eigene Stresserleben besser zu verstehen und mit dem inneren Kritiker ins Gespräch zu kommen.

## Selbst-Mitgefühl kultivieren:

**Sich mit dem inneren Kritiker anfreunden**: Damit er uns nicht schonungslos weitertreibt, können wir versuchen, Frieden mit dem inneren Kritiker zu schließen. Dazu hilft es, sich zu fragen, ob der innere Kritiker so mit einem umgeht, wie man es von seiner besten Freundin oder dem besten Freund erwarten würde. Diese würden vermutlich eher beruhigend und bestärkend zu Ihnen sprechen: »Du hast bereits wahnsinnig viel geleistet für dieses Projekt. Morgen kannst Du ausgeschlafen und mit frischer Energie den letzten Schliff reinbringen. Das wird super!«

**Journaling**: Den inneren Kritiker zu »entlarven«, ist manchmal gar nicht einfach. Mit einer Journaling-Übung können Sie reflektieren, wo Ihnen Self-Compassion helfen könnte. Die Instruktion kennen Sie bereits aus den vorherigen Übungen: den Wecker auf zwei Minuten stellen, schreiben, ohne den Stift abzusetzen. Dann zwei Minuten einkreisen oder unterstreichen, was Ihnen auffällt. Die folgenden Fragen fördern das Selbstmitgefühl und zielen wie oben darauf ab, sich mit dem inneren Kritiker anzufreunden:

- Was ist gerade eine schwierige Situation für mich?
- Was würde mir ein guter Freund oder eine gute Freundin in dieser Situation sagen (tröstend, bestärkend)?
- Wie könnte ich mich besser in schwierigen Situationen unterstützen?

**Einen Mindful Self-Compassion Kurs belegen**: Zur vertieften Auseinandersetzung können Sie einen »Mindful Self-Compassion (MSC)«-Selbstmitgefühl-Kurs besuchen, ein evidenzbasierter 8-Wochen-Kurs, der speziell dafür entwickelt wurde, die Fertigkeit des Selbstmitgefühls zu kultivieren. MSC basiert auf der Forschung von Prof. Kristin Neff (University of Texas, Austin, USA, Professorin für Psychologie und Persönlichkeitsentwicklung) und dem klinischen Fachwissen von Dr. Christopher Germer (Harvard Medical School, Cambridge, USA). Mit ihrer Forschung trägt Neff bereits seit 2003 maßgeblich zur wissenschaftlichen Auseinandersetzung mit dem Thema Selbstmitgefühl bei. Der Kurs bringt Teilnehmenden die wesentlichen Prinzipien und

Praktiken bei, um schwierigen Momenten im Leben mit Güte, Fürsorge und Verständnis begegnen zu können, die Neff zufolge die drei Grundpfeiler des Selbstmitgefühls bilden. Im Kern geht es darum, Freundlichkeit mit sich selbst, ein Gefühl von Mitmenschlichkeit sowie ein ausgeglichenes achtsames Bewusstsein zu entwickeln.[20]

**Selbst-Mitgefühls-Meditation mit Affirmationen**: Sobald man spürt, dass Stress, Ärger oder auch ein generelles Unbehagen aufkommen, ist man meist bereits im Widerstand; hier hilft es, der Situation und sich selbst gegenüber mit Freundlichkeit zu begegnen. Dazu wirken die folgenden drei Sätze beruhigend auf das Nervensystem, wenn man diese Sätze als Affirmationen zu sich selbst spricht (Neff, 2013):

- Dies ist ein schwieriger Moment.
- Schwierigkeiten sind Teil des Lebens.
- Möge ich freundlich zu mir sein.

**Selbst-Mitgefühls-Meditation in der vollen Version**: Um die Selbst-Mitgefühls-Meditation zu üben, empfiehlt es sich, die volle Version als regelmäßige Meditation zu diesen drei Sätzen zu machen. Man kann diese auf verschiedenen Apps oder hinter dem QR-Code hören.

Alternativ nehmen manche den folgenden Text selbst auf, um ihn dann als Audio parat zu haben:

- *Nimm Dir einen Moment, um an eine schwierige Situation zu denken, die Du in letzter Zeit erlebt hast. Vielleicht ein Beziehungsproblem. Ein Problem mit einem Projekt. Oder im eigenen Team. Was immer es ist, suche Dir eine Situation aus, die zwar schwierig, aber nicht überwältigend ist. Und mache diese Situation innerlich lebendig: Was ist passiert, was könnte passieren, wer sagte was?*
  *Wir gehen nun durch drei Sätze, die in dieser Situation stärkend wirken können. Du kannst diese Sätze so formulieren, dass sie gut zu Dir passen. Durch die Übung kannst Du Dich bei der nächsten schwierigen Situation daran erinnern und Dir selbst ein guter Freund, eine gute Freundin sein, die Dich stärkt.*
  *»Dies ist ein schwieriger Moment für mich«. Wir bringen damit Gewahrsein in die Situation und erkennen die Schwierigkeit an. Finde Deine eigene Sprache, welcher Satz für Dich hilfreich sein kann. Vielleicht »Das ist echt hart, ich kämpfe gerade wirklich«.*
  *»Leiden gehört zum Leben dazu, es ist Teil der menschlichen Erfahrung.« Auch hier finde Deine eigene Sprache. So etwas wie »Es ist nicht unnormal, so zu fühlen, viele Leute gehen gerade da durch. Ich bin damit nicht allein. Es ist nicht meine Schuld, es ist einfach Teil unserer menschlichen Erfahrung«.*

20 Kristin Neff (2022, englisch): https://self-compassion.org/ und Christine Brähler (2022, deutsch): https://www.christinebraehler.com/de/.

*Und als Drittes: »Möge ich gut damit umgehen können. Möge ich freundlich mit mir sein.« Vielleicht kannst Du zur Unterstützung Deine Hand auf den Bereich um Dein Herz legen oder woanders im Körper Kontakt aufnehmen, vielleicht einfach Deine Hände halten oder falten. Einfach das tun, was sich gut anfühlt. Und dann finde Deine eigene Sprache: »Ich wünsche mir, dass ich gut damit zurechtkomme.« Wie Du mit einem Freund sprechen würdest, der durch Ähnliches geht: »Ich bin hier für Dich, es wird ok sein, ich kümmere mich um Dich.«*
*Dann kannst Du die Situation innerlich loslassen und die Sätze stehenlassen. Einfach wahrnehmen, wie es dem Körper jetzt geht. Sich selbst einfach so sein lassen, wie man ist und zurück zum Atmen kehren.*
*Ich wiederhole die drei Sätze:*
*»Dies ist ein schwieriger Moment für mich.«*
*»Leiden gehört zum Leben dazu, es ist Teil der menschlichen Erfahrung.«*
*»Möge ich gut damit umgehen können. Möge ich freundlich mit mir sein.«*

**Sicherheit-Akzeptanz-Zufriedenheit (SAZ-Affirmationen)**: Sich sicher fühlen, akzeptiert und zufrieden, als kurze Meditation (Abb. 2.26).

1. Was gibt mir Sicherheit (z. B. die Wohngegend, in der ich lebe etc.)? Was immer mir Sicherheit gibt, versuche ich mir vorzustellen.
2. Wo und von wem werde ich akzeptiert (z. B. Kollegen, Freunde, Familie)? Auch das wird sich vor dem inneren Auge vorgestellt.
3. Womit bin ich im Großen und Ganzen zufrieden? Das können materielle und immaterielle Dinge sein.

Wenn man diese Fragen durchgeht und in Ruhe beantwortet, beruhigt sich – mit etwas Übung – das eigene Nervensystem. Es hilft, sich etwas gewappneter gegenüber den Widrigkeiten des Alltags zu fühlen und Zuversicht zu entwickeln.

**Abb. 2.26:** SAZ-Affirmation – Sicherheit, Akzeptanz, Zuversicht. Angelehnt an Rick Hanson (2022)

**Ritual auf Basis der Mitgefühls-Meditation**: Am Ende eines Arbeitstages hilft es, ein Ritual zu finden, um ein Ende zu markieren. Beispielsweise: »Ich gebe mein Bestes und lasse alles andere los.« Loslassen bedeutet nicht unbedingt, dass etwas herunterfällt, weil man die Hand öffnet, sondern die Hand mit dem Handteller nach oben zu öffnen, aus der etwas wegfliegen könnte.

**Erlauber statt Antreiber**: Wenn man denkt: »Ich kann es mir nicht leisten, Pausen zu machen oder jetzt aufzuhören zu arbeiten«, hilft es, demgegenüber gedanklich einen Erlauber zu setzen und sich zu sagen: »Ich kann es mir nicht leisten, keine Pausen zu machen.« Und: Pausen sind auch möglich, wenn man noch nicht alle To-dos geschafft hat.

**Konstruktives Nein** (nach Ury, 2009): Ein elementarer Schritt, um auf die eigenen Ressourcen zu achten, ist »Nein« sagen zu können. Gemeint ist dabei nicht, Anfragen einfach abzuwehren. Denken Sie beispielhaft an die Situation, dass Ihre Chefin Ihnen eine Aufgabe zuteilt, die am besten sofort erledigt werden soll, Sie aber bereits jetzt das Gefühl haben, unterzugehen vor lauter To-dos. Ein Nein zu bestimmten Aufgaben beinhaltet ein positives Ja zu anderen Dingen. Wenn wir wissen, wozu wir »Ja« sagen, fällt es uns leichter, »Nein« zu sagen, und auch dem anderen fällt es leichter, das »Nein« zu verstehen und zu akzeptieren.

**Sich selbst nicht zu wichtig nehmen**: Wir neigen manchmal dazu, unsere Rolle zu überschätzen, und schaffen es daher nicht oft genug, loszulassen und auf die Dinge und die Personen im eigenen Team zu vertrauen. Stellen Sie sich daher einmal als Experiment die Fragen: Bin ich wirklich unentbehrlich? Kommt das Team auch ohne mich aus? Was könnte ich tun, um das auszuprobieren? Was man tun könnte:

- Kleinere Schritte wären, um 16 Uhr zum Sport zu gehen oder zu Anfragen freundlich Nein zu sagen (siehe vorherige Technik).
- Mittlere Schritte: sich aus einem Projekt herausziehen, jemand anderem die Verantwortung zu übergeben; wenn möglich, vielleicht sogar eine Art Sabbatical oder Leave für sechs Wochen oder länger zu nehmen.

**Den Widerstand verringern durch innere Haltung der Akzeptanz**: Im Berufsleben – genau wie in der Meditation – treffen wir immer wieder Dinge an, die nicht so sind, wie wir das gerne hätten. Was aber ist eine geeignete Reaktion? In jedem Moment können das drei Dinge sein: *love it, change it, leave it* – das, was ist, zu akzeptieren, zu verändern oder zu verlassen.

- **Love it**: Können wir die Situation nicht ändern, dann ist die einzige sinnvolle Möglichkeit, sie freundlich zu akzeptieren, um inneren Frieden zu finden. Warum? Weil innerer Widerstand, Wut und andere unangenehme Emotionen eher wenig zur Situation, umso mehr jedoch zum Erleben von Stress beitragen. Eine akzeptierende Haltung hingegen kann helfen, Offenheit für das, was da ist, zu entwickeln. Nicht zu verwechseln mit Resignation, Zynismus oder Kapitulation.
- **Change it**: In vielen anderen Fällen, ganz besonders im Berufsleben, können unerwünschte Umstände verändert werden. Wir neigen gerade bei kleinen Dingen – etwa herumfliegendem Papier auf dem Schreibtisch – dazu, uns immer wieder darüber zu ärgern. Als Faust-

regel können Sie die *2-Minuten-Regel* einführen: Was innerhalb dieser Zeit zu erledigen ist, wird sofort getan.

- **Leave it**: Häufig stehen Situationen, die einen Widerstand in uns auslösen, außerhalb unserer Macht. In solchen Fällen lohnt es – so banal es klingen mag –, sich zu fragen: »Kann ich die Situation nicht einfach verlassen? Muss ich mich wirklich damit herumschlagen?« Das Verlassen einer Situation ist oft ein völlig legitimer Weg, um den eigenen Ärger oder Stress zu reduzieren, auch anderen gegenüber.

# 3 Achtsamkeit und emotionale Intelligenz in Teams

Für den Umgang mit der BANI-Welt, die sich durch Veränderungsgeschwindigkeit, komplexe Herausforderungen und neue Chancen auszeichnet, finden Teams folgende drei Antworten:

1. psychologische Sicherheit,
2. agiles Arbeiten und
3. achtsame Führung.

Diese basieren jeweils auf Achtsamkeit und emotionaler Intelligenz.

**Abb. 3.1:** Die BANI-Welt erfordert einen emotional intelligenten Umgang, sowohl beim Individuum (Kap. 2) als auch beim Team (das vorliegende Kapitel) und der Organisationskultur (Kap. 4).

## 3.1 Psychologische Sicherheit

Im Hinblick auf die Herausforderungen der BANI-Welt und um die Chancen in einer solchen Welt zu ergreifen, konkurrieren die meisten Unternehmen heute auf der Basis von Innovation und Kreativität. Das Teilen von Ideen ist ein inhärent verletzliches Unterfangen. Nie kann man sicher sein, ob die eigene Idee von anderen als großartig oder doch eher als abstrus eingeschätzt wird. Teammitglieder, die sich sicher fühlen und nicht befürchten müssen, lächerlich gemacht zu werden, trauen sich eher, sich einzubringen und auch vielleicht zunächst merkwürdig scheinende Ideen zu teilen (Newman et al., 2017). Das bewusste Eingehen kalkulierter Risiken und das direkte Eingestehen von Fehlern erfordert psychologische Sicherheit. Je offener über diese gesprochen werden kann, umso schneller können neue Ideen umgesetzt und Projekte, die sich als nicht zukunftsfähig erweisen, beendet und somit wertvolle Ressourcen eingespart werden, wie auch das Projekt *Aristotle* von Google verdeutlicht (siehe Box 3.1).

Was aber ist psychologische Sicherheit? Prof. Amy Edmondson, die an der Harvard Business School Leadership unterrichtet, definiert sie als eine Art von Vertrauen darauf, dass man vom Team für das Äußern der eigenen Meinung – seien es Ideen, Feedback oder konstruktive Kritik – nicht bloßgestellt, zurückgewiesen oder bestraft wird (2018). Es beschreibt nach Edmondson ein Teamklima, das durch zwischenmenschliches Vertrauen und gegenseitigen Respekt charakterisiert wird, in dem Menschen sich wohlfühlen und sie selbst sein können. Um zu erkennen, ob in einem Team eine Kultur psychologischer Sicherheit besteht, kann man in zwei Richtungen blicken, die eng miteinander verbunden sind: Zum einen ist darauf zu achten, ob Teammitglieder wertschätzend reagieren, wenn jemand Ideen einbringt, Fehler macht oder um Unterstützung bittet. Zum anderen kann man schauen, ob sich alle Teammitglieder trauen, neue Ideen vorzuschlagen und ungewöhnliche Wege zu gehen, oder aber nach Unterstützung zu fragen, Feedback zu suchen und Fehler zu machen (Edmondson, 2018).

In Teams, in denen es sicherer ist, zu schweigen, als eine vielleicht unpopuläre Einschätzung zu teilen, kommt es häufiger zu Fehlentscheidungen mit teils fatalen Folgen (Edmondson, 2018). Der VW-Abgasskandal, der den Konzern einen hohen zweistelligen Milliardenbetrag gekostet hat, war nur möglich in einem Umfeld, in der Mitarbeitende selbst bei offensichtlich betrügerischem Verhalten des eigenen Konzerns keinen Weg sahen, ein solches Fehlverhalten zu stoppen (Edmondson, 2018). Auch bei den Katastrophen der Raumfähren Challenger und Columbia, bei denen alle Besatzungsmitglieder ums Leben kamen, gab es vorher jeweils Warnungen, die von Vorgesetzten zur Seite gewischt und von den betroffenen Ingenieuren dann nicht weiter verfolgt wurden (Edmondson, 2018).[21] Auch jenseits großer Skandale – oder ihrer Verhinderung – ist psychologische Sicherheit heute für ein nachhaltig erfolgreiches Unternehmen essenziell.

---

21 Bei der Challenger-Katastrophe explodierte das Space Shuttle Challenger der NASA am 28. Januar 1986 kurz nach dessen Start. Die Raumfähre Columbia stürzte am 1. Februar 2003 bei ihrem Wiedereintritt in die Erdatmosphäre ab.

**BOX 3.1 Was Google von Aristoteles lernt – eine überraschende Erkenntnis**

Im Jahr 2012 machte sich Google mit dem Projekt *Aristotle* auf die Suche nach dem perfekten Team. Angesichts der Bedeutung, die effektive Teams für das Entstehen von Innovationen und Ideen haben, ist die große Aufmerksamkeit, die das Projekt erhielt, sicherlich nicht erstaunlich. Die Ergebnisse waren allerdings selbst für Google überraschend.

Basierend auf einer mehrjährigen Analyse der Zusammenarbeit von 180 internen Teams kam die Studie zu dem Ergebnis, dass psychologische Sicherheit der mit Abstand wichtigste Faktor für effektive Teams[22] ist. Faktoren wie die Zusammensetzung der Teams, die Persönlichkeit von Teammitgliedern, ihre Ausbildung und Fähigkeiten konnten dagegen nicht erklären, was Teams erfolgreich, durchschnittlich oder unterdurchschnittlich macht. Psychologische Sicherheit steigert also Produktivität und Innovation. Sie hat zudem die folgenden positiven Auswirkungen auf Mitarbeitende und Teams (Kim et al., 2020; Newman et al., 2017): Sie

- erlaubt Menschen »sie selbst« zu sein und steigert das Wohlbefinden,
- reduziert Stress,
- stärkt Resilienz und Gesundheit im Team,
- senkt Fluktuation und
- fördert Lernen und Entwicklung.

Wenn man die Ergebnisse des Projekts *Aristotle* und die Forschung zur Entstehung von psychologischer Sicherheit auf das Wesentliche reduziert, kann man feststellen: Sie basiert auf emotionaler Intelligenz.

Auch andere Studienergebnisse weisen darauf hin, dass emotionale Intelligenz die primäre befähigende Eigenschaft ist, die zu psychologischer Sicherheit in einem Team beiträgt (siehe z. B. Harper & White, 2013; Zhou et al., 2020). Individuen mit hoher emotionaler Intelligenz steigern psychologische Sicherheit, indem sie in Verbindung gehen, empathisch und klar sowie authentisch in der Kommunikation sind. Im Arbeitsalltag zeichnet sich psychologische Sicherheit z. B. dadurch aus, dass Teammitglieder die Beiträge anderer wertschätzen, ihnen das Wohlergehen aller Teammitglieder wichtig ist und sie Einfluss darauf nehmen können, wie das Team seine Arbeit gestaltet (De Smet et al., 2021).

Obwohl Verbundenheit im Team notwendig für psychologische Sicherheit ist, ist sie nicht ausreichend, um diese dauerhaft sicherzustellen. Unterschiedliche Interessen und zwischenmenschliche Konflikte sind ein natürliches Element von Zusammenarbeit. Verbundenheit bedeutet insofern nicht notwendigerweise Harmonie oder Freundschaft, sondern bildet die Basis für intellektuellen Dissens. Als zweite Dimension benötigt psychologische Sicherheit Klarheit, die es ermöglicht, mit Gegensätzen und Konflikten offen umzugehen, Unsicherheiten und Probleme zu benennen und konstruktiv zu lösen. Klarheit bedeutet auch, Rollen und Verantwortlichkeiten im Team zu definieren und sich gegenseitig Feedback zu geben. Sie ist somit ein

22 Andere bedeutsame, wenngleich weniger wichtige Faktoren sind die Sinnhaftigkeit der Arbeit, verlässliche Teammitglieder und klare Ziele (Edmondson, 2018).

wichtiger Faktor für die persönliche Entwicklung und fachliche Weiterbildung: Ohne ehrliche Rückmeldung zum eigenen Verhalten und zur Qualität der eigenen Arbeit ist es schwierig, dazuzulernen (siehe auch Edmondson, 1999; Edmondson & Lei, 2014; Goman, 2011; Edmondson, 2014).

Zudem kommt nach Edmondson (2014) Führungskräften eine entscheidende Rolle bei der Förderung von psychologischer Sicherheit zu, indem sie

- Probleme als Lernaufgabe verstehen,
- die eigene Fehlbarkeit offen anerkennen und über ihre Fehler sprechen sowie
- Neugierde und Offenheit vorleben.

Diese und weitere Möglichkeiten psychologischer Sicherheit im Team zu fördern, sind in der Toolbox in Kapitel 3.4 beschrieben.

## 3.2 Agile Mindsets

Agilität steht für Beweglichkeit und Wendigkeit, kommend aus dem Lateinischen »agilis« für beweglich, flink. In Unternehmenskontexten ist damit meist eine schnelle Reaktionsfähigkeit gemeint. Als Antwort auf die BANI-Welt, also als Antwort auf sich schnell verändernde Rahmenbedingungen und Anforderungen sowie unter dem Aspekt einer ausgeprägten Kundenorientierung entstand 2001 das *Agile Manifest* im Kontext der Softwareentwicklung (Beck et al., 2001; Schwaber & Sutherland, 2017). Es umfasst vier grundlegende Werte und zwölf Prinzipien (siehe Box 3.2 in Kap. 3.2.2).

Heute geht die Anwendung des Agilen Manifests weit über die Softwareentwicklung hinaus und eine große Bandbreite an agilen Techniken und Formaten – insbesondere für die Teamarbeit – hat sich etabliert (siehe Toolbox Kap. 3.4 und Glossar auf myBook+). Die Anwendung dieser Techniken oder die Ausbildung von agilen Coaches allein machen aber noch kein agiles Arbeiten aus: Die Erfahrungen in den Organisationen zeigen, dass ohne die entsprechenden Mindsets (siehe Box 3.3 in Kap. 3.2.3) die Techniken entweder wirkungslos bleiben oder sich nicht nachhaltig etablieren lassen. Äußere Transformation erfordert in erster Linie eine innere Transformation. Die Notwendigkeit einer Parallelität von äußerer Entwicklung der Organisation und innerer Entwicklung der Mitarbeitenden wird allerdings noch zu wenig in den Unternehmen berücksichtigt.

### 3.2.1 Zentrale Bestandteile der agilen Mindsets

Die für die agile Arbeit notwendigen Mindsets basieren auf Achtsamkeit und emotionaler Intelligenz: Je besser man sich selbst reflektieren, sich selbst regulieren und sich in andere hineinversetzen kann sowie ein Bewusstsein für soziale Interaktionen hat, umso einfacher findet man sich im agilen Umfeld zurecht. Unter anderem, weil dies einen besseren Umgang mit Unsicherheit und Krisen sowie eine höhere Problemlösefähigkeit im dynamischen Umfeld und Lernfähigkeit bedeutet – auf diese Zusammenhänge deuten eine Reihe aktueller Studien hin (Budhiraja & Rathi, 2022; Roemer et al., 2021; Johnstone & Wilson-Prangley, 2021), wie bereits in Kapitel 1 skizziert. Im Folgenden ein paar konkrete Beispiele:

Flexibilität im Außen ist etwas, das im Inneren seinen Ursprung findet: Die agile Zusammenarbeit in Teams ist durch kurze Entwicklungszeiträume, sogenannte Sprints, gekennzeichnet. Anstatt an einem einmal gefassten linearen Plan festzuhalten, wird in stufenweisen, iterativen Zyklen mit regelmäßiger Rückkopplung und Reflexionen – sogenannten Reviews (in Bezug auf das *Was*) und Retrospektiven (in Bezug auf das *Wie*) – gearbeitet. Zudem werden neue Funktionen eines Produktes nicht wie im klassischen »Wasserfallmodell« analysiert, vollständig geplant und fertig getestet, sondern immer wieder in kleinen Releases mit dem Kunden verprobt. Dies erfordert eine Offenheit und ein Mindset von Neugierde und Lernen-Wollen, welches ein anderes als das des »German Engineerings« ist, das auf 100%ige Planbarkeit und Fehlerlosigkeit abzielt. Diese Offenheit kann mit einer achtsamen Haltung gleichgesetzt werden und lässt sich durch Achtsamkeitstechniken kultivieren.

Ein weiteres Beispiel, das zeigt, wie sehr emotionale Intelligenz gefordert ist: Agile Teams arbeiten vorwiegend interdisziplinär zusammen. Ehemals vorherrschende »Command and Control«-Gewohnheiten werden von der Selbstorganisation im eigenverantwortlichen Team ersetzt, was ein gutes Maß an **Selbst- und Beziehungsmanagement** erfordert (Details dazu in Kap. 3.2.4).

Selbstreflexion oder Selbstmanagement sind auch für das, was man unter dem Begriff der Ambidextrie (»Beidhändigkeit«) zusammenfasst, essenziell. Der Begriff vereint, bezogen auf die Organisation, eine gewisse Paradoxie: auf der einen Seite flexibel and anpassungsfähig– was mit einem offenen und neugierigen Mindset und einer gewissen Risikoaffinität funktioniert – und auf der anderen Seite klar ausgerichtet und effizient zu sein – was meist mit einem Sicherheitsdenken einhergeht und bedeutet, auf Bewährtem aufzubauen. Diese beiden Arbeitsweisen finden abwechselnd statt, wobei immer jeweils ein Mindset aktiviert und das andere deaktiviert sein sollte. Hierfür ist ein hoher Grad an **Selbstreflexion und -management** nötig. Da dies nicht immer gegeben ist, werden die Innovationsphasen häufig ausgelagert, z. B. in Innovation-Labs.

Auch Agilität braucht Führung, Rollen, Organisationsformen, Prozesse und Disziplin. Agiles Arbeiten ist genau definiert. Man kann mit einem gewissen Paradox sagen: Die klaren Regeln und Disziplin, mit der die Arbeitsweisen versehen werden, helfen dabei, flexibel sein zu können. Die Regeln reduzieren Störgeräusche, wie z. B. langwierige Absprachen und emotionale Missverständnisse. Sie geben das Mandat, klare Fragen zu stellen über den Stand der Arbeit (»Bis wann bist Du damit fertig?«) oder was genau gebraucht wird (»Ich benötige nun dringend xy, um weiterzukommen«), ohne dass dies missverständlich als Affront gegen die eigene Person gewertet werden könnte. Persönliche Empfindsamkeiten werden in den Retrospektiven besprochen, sodass die Zusammenarbeit im besten Fall reibungslos funktionieren kann. Wenn man in mehrzügigen agilen Teams arbeitet, entsteht dennoch nicht das Gefühl, Teil einer Maschine zu sein, sondern im Gegenteil: Es entsteht das Gefühl, Teil einer Gemeinschaft zu sein, die wohlkoordiniert im passenden Rhythmus zum vorliegenden Kontext und mit Rücksichtnahme und Wertschätzung etwas erschafft, was größer ist als die Summe der einzelnen Teile. Es ist das Gefühl von gesundem Gedeihen und Solidarität. Weil alle wissen, dass es ohne die jeweils anderen nicht funktionieren würde. Dies wird u. a. darin sichtbar, dass nicht eine Person gefeiert wird, sondern das ganze Team. Die Mindsets, die dabei hilfreich sind, werden in Kapitel 3.2.4 differenziert beschrieben.

Grundlegend für die agile Arbeitsweise ist das Menschenbild; erst mit dem entsprechenden Menschenbild kommen die Arbeitsweisen zum Tragen, da es die Art der Zusammenarbeit und der Führung bestimmt. Es wird im agilen Manifest (Beck et al., 2001) folgendermaßen beschrieben: »Individuen und Interaktionen sind wichtiger als Prozesse und Werkzeuge: Fokus auf Menschen. Errichte Projekte rund um motivierte Individuen. Gib ihnen das Umfeld und die Unterstützung, die sie benötigen, und vertraue darauf, dass sie die Aufgabe erledigen. Die effizienteste und effektivste Methode, Informationen an und innerhalb eines Entwicklungsteams zu übermitteln, ist im Gespräch von Angesicht zu Angesicht« (ebenda, o. S.; siehe auch Box 3.2).

Mit diesem Menschenbild geht man davon aus, dass jeder Mitarbeitende motiviert ist, und man vertraut darauf, dass jeder Mensch seine Aufgaben erledigt. Das Menschenbild drückt sich deutlich in einem gewissen Führungsstil bzw. dem Ausbleiben einer Führung im Sinne von Command and Control aus und zudem in der Art der Zusammenarbeit, z. B. dadurch, dass Anwesenheitspflicht nicht nötig ist. Man kann den Zusammenhang zwischen dem Führungsstil »Servant leadership« und agilem Arbeiten erkennen, welcher im Abschnitt zu Leadership (Kap. 3.3) weiter ausgeführt wird. Zudem fordert und fördert agile Arbeit die individuelle Verantwortung, also – etwas vereinfacht gesagt – dass Menschen für etwas einstehen, was sie jeden Tag machen. Durch die Notwendigkeit dieser inneren Haltung entsteht für viele im agilen Umfeld fast schon zwangsläufig die Frage nach dem Sinn und Zweck der Arbeit, also nach dem Purpose der Sache. Auch deswegen entstehen im Arbeitskontext mehr und mehr die Diskussionen um Werte und Sinn. Agiles Arbeiten fördert zudem ein Mindset in Richtung Selbstbestimmtheit und Ganzheitlichkeit – manche nennen es Unternehmergeist oder Entrepreneurship. Wenn dieses Mindset stark ausgeprägt ist, verlangt es nach einer gewissen Form von Autonomie, die individuell unterschiedliche Facetten hat. Für manche ist es »auf Augenhöhe« interagieren, während es für andere auch bedeutet, Transparenz in Entscheidungen zu erhalten – was flache Hierarchien begünstigen würde –, und für andere wiederum bedeutet es einfach, arbeiten zu können, wann und wo man will.

Hier beginnt das Thema um Arbeitszeit- und Ort-Modelle, also die Frage der Zeitsouveränität und Wahl, ob man remote, im Homeoffice oder im Büro arbeitet – klassische Themen im Bereich New Work. Das agile Mindset floriert in einer Arbeitsumgebung, die mehr und mehr mit New Work in Verbindung gebracht wird.

### 3.2.2 Agilität und New Work

Die gestiegene Popularität von New Work kann als Folge des anwachsenden agilen Arbeitens interpretiert werden, um mit dieser neuen Form der Arbeitswelt den Arbeitskontext auf die agilen Praktiken und insbesondere auf das Mindset anzupassen. Was ist mit New Work gemeint? Eine Orientierung erfolgt hier anhand der Beschreibung von Breidenbach und Rollow (2019), die New Work als eine Transformation der Arbeitswelt definieren, welche die Mitarbeitenden und ihre Fähigkeiten in den Mittelpunkt stellt und in der Hierarchien flach oder sogar ganz abgeschafft sind bzw. von gemeinsamer Führung oder Selbstorganisation abgelöst werden. Zentral dabei bleibt die Agilität, also die Ausrichtung auf ständige Veränderung. Auch die Gestaltung des Büros (»Workplace Design«) verbindet man mit New Work.

Frederic Laloux, der mit »Reinventing Organizations« (2015) wahrscheinlich eines der meistdiskutierten Bücher zu New Work geschrieben hat, geht in seinem Verständnis von New Work deutlich weiter. Neben *Selbstorganisation* sind *Ganzheit* – also die Möglichkeit, als Mensch aufzutreten statt als professionelle Rolle – und tieferer *Sinn* Zeichen einer Organisation im Sinne von Laloux.[23] Sehr bekannt im Themenfeld New Work ist zudem Robertsons Buch »*Holacracy*« (2016), in dem er die Holokratie (Details siehe Glossar auf myBook+) als neue Form der Unternehmensgestaltung und -führung beschreibt.

Ursprünglich wurde der Begriff New Work bereits in den 1980er Jahren durch den Sozialphilosophen Prof. Frithjof Bergmann (z. B. Bergmann & Schumacher, 2004) geprägt. Er gründete mit anderen 1984 das Zentrum für Neue Arbeit in Flint, Michigan, um größere Jobverluste im Rahmen der Automatisierung der Autoindustrie zu vermeiden. Bergmann stellte die Entfaltung der eigenen Persönlichkeit und Kreativität des Menschen in den Mittelpunkt anstelle der einfachen Arbeit für Lohn. Nach Bergmann sollte der Mensch in der neuen Arbeitswelt eine Arbeit ausführen, die er von innen heraus möchte und die für ihn einen Sinn darstellt, um ein erfülltes Leben führen zu können. »Ursprünglich meinte Frithjof Bergmann mit New Work: Die Gesellschaft schafft einen Rahmen, in dem der Mensch sich nach seiner eigenen intrinsischen Motivation steuert, und ›jede:r macht, was er oder sie wirklich, wirklich will‹. Heute gilt New Work eher als ein Sammelbegriff für alles, was mit weniger Hierarchie, mehr Empowerment, mehr Eigenverantwortung und vielleicht auch mit mehr Verantwortung oder Vertrauen zu tun hat. Diese Facetten eines Wertewandels werden unter New Work gelabelt«, beschreibt Jörn Apel im Interview in Kapitel 4.1.4.5.

New Work kann als Mittel zur Stressreduktion gesehen werden, schon weil es Menschen erlaubt, passgenau auf spezifische Anforderungen zeitlich und räumlich reagieren zu können.

23 Mehr zur Entwicklung von Organisationsstrukturen in Richtung Selbstorganisation in Anlehnung an Laloux (2015) findet sich im Kapitel 4, Abschnitt 4.1.4.4.

Räumlich bedeutet beispielsweise, dass das Büro so flexibel gestaltet ist, dass man nicht ununterbrochen im Großraum sitzt, sondern für Fokuszeiten an Einzeltischen und für Teamarbeit die Tische zusammenschiebt. Die Zeitsouveränität, die New Work ermöglicht, hilft bei der sogenannten Work-Life-Integration.

Unter dem Begriff New Work finden sich neben den genannten weitere verschiedene Konzepte, die derzeit nicht klar definiert sind – in dem Sinne ist New Work in sich »unklar«, agiles Arbeiten dagegen ist klar definiert. Die nachfolgende Abbildung stellt die beiden Begriffe vergleichend gegenüber:

**Abb. 3.2:** Agilität vs. New Work

Agilität ist verbunden mit der Absicht, flexibel und schnell zu sein. Dieser Wunsch entsteht meist durch die Kundenbedürfnisse und wird vom Management aktiviert.

Die Gründe für das Einführen von Agilität sind vielfältig, z. B., wenn äußere Komplexität und Geschwindigkeit durch traditionelle Entscheidungs- und Zusammenarbeitsprozesse nicht mehr hinreichend abgebildet werden können. Hier kann etwa Selbstorganisation in den Teams ein Weg sein, um mehr Agilität in einer Organisation herzustellen und eine schnellere Reaktions- und Anpassungsfähigkeit zu erreichen. Für manche Unternehmen entsteht auch Veränderungsdruck hin zur agilen Arbeit durch die abnehmende Attraktivität für junge Talente, die von zu viel Hierarchie und zu wenig Raum für die persönliche Entfaltung hin zur Selbstverantwortung oder fehlendem sichtbaren Beitrag des Unternehmens zur Lösung gesellschaftlicher Probleme abgeschreckt werden.

**BOX 3.2 Werte und Prinzipien des agilen Arbeitens**

Die vier Werte im Sinne von Leitsätzen des agilen Arbeitens (Beck et al., 2001; Schwaber & Sutherland, 2017) sind:

- »Individuen und Interaktionen sind wichtiger als Prozesse und Werkzeuge
- Funktionierende Software und Produkte sind wichtiger als umfassende Dokumentation
- Zusammenarbeit mit dem Kunden ist wichtiger als Vertragsverhandlung
- Reagieren auf Veränderung ist wichtiger als das Befolgen eines Plans«

Die Autorinnen und Autoren beschreiben zudem zwölf Prinzipien des agilen Arbeitens, die zum Manifest gehören (Beck et al., 2001):

1. »Unsere höchste Priorität ist es, den Kunden durch frühe und kontinuierliche Auslieferung wertvoller Software zufriedenzustellen.
2. Heiße Anforderungsänderungen selbst spät in der Entwicklung willkommen. Agile Prozesse nutzen Veränderungen zum Wettbewerbsvorteil des Kunden.
3. Liefere funktionierende Software regelmäßig innerhalb weniger Wochen oder Monate und bevorzuge dabei die kürzere Zeitspanne.
4. Fachexperten und Entwickler müssen während des Projektes täglich zusammenarbeiten.
5. Errichte Projekte rund um motivierte Individuen. Gib ihnen das Umfeld und die Unterstützung, die sie benötigen, und vertraue darauf, dass sie die Aufgabe erledigen.
6. Die effizienteste und effektivste Methode, Informationen an und innerhalb eines Entwicklungsteams zu übermitteln, ist im Gespräch von Angesicht zu Angesicht.
7. Funktionierende Software ist das wichtigste Fortschrittsmaß.
8. Agile Prozesse fördern nachhaltige Entwicklung. Die Auftraggeber, Entwickler und Benutzer sollten ein gleichmäßiges Tempo auf unbegrenzte Zeit halten können.
9. Ständiges Augenmerk auf technische Exzellenz und gutes Design fördert Agilität.
10. Einfachheit – die Kunst, die Menge nicht getaner Arbeit zu maximieren – ist essenziell.
11. Die besten Architekturen, Anforderungen und Entwürfe entstehen durch selbstorganisierte Teams.
12. In regelmäßigen Abständen reflektiert das Team, wie es effektiver werden kann und passt sein Verhalten entsprechend an.«

### 3.2.3 Agile Mindsets und ihre Entwicklung

Im Rahmen einer Transformation hin zum agilen, selbstorganisierten Team gehen Menschen immer mal wieder in eine Verweigerungshaltung oder verlassen das Unternehmen – aber nicht unbedingt, weil sie keine Verantwortung wollen, sondern weil sie mit der Transformation zur Agilität schlicht überfordert sind, da die Organisation neben der äußeren Entwicklung der Organisation die innere Entwicklung der Mitarbeitenden nicht berücksichtigt hat. Der Grad an emotionaler Intelligenz, der für das agile Mindset notwendig ist, entwickelt sich, wenn man die notwendige Unterstützung hat, um die eigenen Fähigkeiten zu entfalten, und den Raum bekommt, die innere Haltung zu reflektieren und möglichweise zu adaptieren. Wenn die emotionale Intelligenz im Team eher als niedrig eingeschätzt wird, wird man agiles Arbeiten daher nur langsam einführen können. Hier wäre eine Lösung, mit kleinen Teams als Prototypen zu beginnen, in denen die erforderlichen Mindsets entwickelt werden. Parallel dazu können sich dann auch die Individuen (Kap. 2) und die Kultur im Bereich emotionaler Intelligenz stärken (Kap. 4).

Mindsets sind ihrem Wesen nach beweglich und verändern sich kontinuierlich. Jedes einzelne Teammitglied kann durch das bewusste Adressieren oder Hinwenden zum eigenen Mindset – im Gegensatz zum Autopiloten, der reflexhaft abläuft – sowie durch das Anwenden der agilen Techniken versuchen, sich immer wieder in die entsprechenden hilfreichen Mindsets zu bringen. Dies ist keine einfache Angelegenheit und erfordert ein sehr hohes Maß an Selbstreflexion – daher ist das Team entscheidend: Als Team kann man entsprechend begleitende Techniken nutzen, um den Mindset-Shift jedes Einzelnen zu unterstützen und sich gegenseitig daran immer wieder zu erinnern, bis das Mindset selbst zur Gewohnheit und damit zu einer Haltung des gesamten Teams geworden ist. Es ist zu beobachten, dass mit höherer Durchdringung oder Präsenz agiler Arbeitsweisen in Unternehmen das Interesse an Achtsamkeit gestiegen ist.

Die gute Nachricht: Agiles Arbeiten in Teams fördert wiederum emotionale Intelligenz, indem man die Techniken anwendet. Daher werden die gängigen agilen Team-Techniken in Kapitel 3.4 den drei Hebeln (Verbundenheit, Klarheit und Stressreduktion) zur Förderung von emotionaler Intelligenz zugeordnet. Weitere agile Techniken finden sich im Glossar auf myBook+.

Für die meisten Menschen im Arbeitsalltag stellt die Betrachtung und Anpassung der eigenen Mindsets eine sehr hohe Herausforderung dar. Was macht diese Herausforderung aus? Für Menschen, die von einem »statischen Selbst« ausgehen, kann es verwirrend sein, dass man situationsbedingt unterschiedliche Mindsets verkörpern kann: Sie fühlen sich mitunter dann nicht authentisch und es würde ihr Selbstbild in Frage stellen, wenn sie ungewohnte Arbeitsweisen ausprobieren. Anderen Menschen wiederum widerstrebt es, neue Dinge anzuwenden, weil aus ihrem Selbstverständnis heraus ihr bisheriges Vorgehen dann als falsch entlarvt würde. Das Mindset eines »statischen Selbst« wurde durch das Konzept der Psychologin Carol Dweck, das von zwei Selbstbildern ausgeht, unter »Fixed Mindset« bekannt. Bei diesem geht man davon aus, eine spezielle Fähigkeit, wie z. B. »Gut in Mathematik sein«, zu besitzen oder eben nicht. Dagegen gehen Personen mit einem »Growth Mindset« – sehr vereinfachend gesagt – davon aus, dass man sich weiterentwickeln und neue Fähigkeiten erlernen kann (Dweck & Yeager, 2019).

Das Mindset eines »statistischen Selbsts« oder »fixed mindset« wirkt sehr stark gegen Anpassungsfähigkeit und Flexibilität, womit man in der Lage ist, mit Unerwartetem angemessen umzugehen. Diese Haltung wirkt daher wie ein hart gewordenes Stück Leder, was sich kaum biegen kann, auch wenn es dem Wesen nach einmal elastisch war. Dies ist eine etwas blumige Umschreibung des Bildes von Mindsets als fluide Kraft, die zäh und leblos wird, wenn man sie nicht mit Bewusstsein beweglich hält.

**BOX 3.3 Was sind Mindsets?**

Mindsets werden mit dem Eisberg (siehe Kap. 2) definiert als das, was »innen« vor sich geht. Unsere Gedanken, Gefühle, Werte, Überzeugungen – wozu auch Menschenbilder und das eigene Selbstbild gehören – und Glaubenssätze, die das jeweilige Mindset bilden, sind handlungsleitend. Und dennoch sind sie meist unbewusst. Im Kapitel Individuum (Kap. 2) wird darauf stärker eingegangen; an dieser Stelle soll darauf hingewiesen sein, dass Mindsets in einem Entwicklungsprozess entstehen, der nicht nur durch den Einzelnen, sondern auch durch die Umwelt geprägt wird.

Mindsets hängen mit emotionaler Intelligenz und Achtsamkeit folgendermaßen zusammen: Zum einen werden sie bewusst und veränderbar durch Achtsamkeit und emotionale Intelligenz, was in Kapitel 1 beleuchtet wurde. Zum anderen sind sie inhaltlich durch emotionale Intelligenz und Achtsamkeit geprägt. Als Beispiel dient hier ein Mindset aus dem Bereich der Empathie: Ein niedriger Reifegrad zeichnet sich inhaltlich durch eine Einstellung wie »Ich verstehe die anderen ohnehin nicht richtig und ich kümmere mich nur um meine eigenen Sachen«, wohingegen die Einstellung »Ich kann mich einfühlen in die Bedürfnisse des Kunden und versuche, die Dinge aus seiner Perspektive zu sehen und seine Sprache dafür zu nutzen« einen höheren Reifegrad in Bezug auf Empathie darstellt. Vielfältige Mindsets sind bei Menschen teilweise gleichzeitig aktiv; im folgenden Kapitel sind in sich kohärente Mindsets, die für agiles Arbeiten relevant sind, exemplarisch skizziert.

### 3.2.4 Facetten agiler Mindsets

Mindsets prägen das Denken und Handeln der Menschen in Teams und Unternehmen und führen letztlich zu der Organisation der Zukunft. Die nachfolgende Übersicht typischer Mindsets von Agilisten veranschaulicht, welche Haltung im Team agiles Arbeiten begünstigt bzw. erschwert. Die verschiedenen Facetten dieser elf Mindsets werden im Folgenden nach den vier Dimensionen der emotionalen Intelligenz eingeteilt (A-D) und zur Veranschaulichung mit typischen Gedanken, typischen korrespondierenden Techniken und sogenannten Anti-Mindsets dargestellt. Anti-Mindsets entsprechen Beispielen für gewohnheitsmäßige Haltungen, die im Arbeitsalltag auf agiles Arbeiten blockierend wirken.

**A Selbstwahrnehmung und Selbstreflexion**

1A) Proaktivität, Lösungsorientierung und Selbstverantwortung
2A) Anfängergeist: Mit Unvollständigkeit und Unsicherheit umgehen
3A) Wahrnehmen ohne Beurteilung

**B Selbstmanagement**

1B) Team vor Ego
2B) Disziplin und Fokus

**C Empathie**

1C) Im Grunde gut
2C) Mitgefühl und vernetztes Denken in größeren Zusammenhängen
3C) Verständnis und Perspektivenübernahme

**D Beziehungsmanagement**

1D) Solidarität und Kooperation
2D) Radikale Ehrlichkeit und Transparenz
3D) Bewusstsein über Teaminterdependenzen

Im Folgenden finden Sie einerseits Beispiele für agile Mindsets und deren Facetten, die für die agile Arbeit im Team notwendig sind, sowie andererseits Anti-Mindsets entlang der vier Dimensionen emotionaler Intelligenz. Die Haltung bei agiler Arbeit wird üblicherweise mit den agilen Leitsätzen und Werten beschrieben. Die folgenden konkreten Gedanken bzw. Überzeugungen sollen die Mindsets noch anschaulicher umschreiben. Die angeführten Beispiele dienen dabei der Veranschaulichung und haben nicht den Anspruch einer Vollständigkeit. Zudem sind sie idealtypisch und können am besten in einem optimalen Umfeld – wie in einem Gewächshaus – kultiviert werden; in manchen Arbeitswelten hingegen erscheinen sie möglicherweise unrealistisch. Durch das Gegenüberstellen von »Anti-Mindsets« sollen nicht bisherige oder andere Arbeitswelten abgewertet, sondern pointiert Unterschiede verdeutlicht werden.

### 3.2.4.1 A Selbstwahrnehmung und Selbstreflexion

#### Notwendige Agile Mindsets

Die hier beschriebenen Mindsets skizzieren, wie man sich und sein Tun reflektieren kann und welches Selbstverständnis man idealerweise kultiviert, damit es bei der Umsetzung der agilen Prinzipien hilft und es für die Teams überhaupt möglich ist, langfristig erfolgreich die agilen Techniken anzuwenden.

- **1A) Proaktivität, Lösungsorientierung und Selbstverantwortung** – proaktiv nach der eigenen Einflussmöglichkeit für Veränderung schauen. Zum Selbstverständnis gehört das Bewusstsein, dass das eigene Handeln Folgen hat, die so gut wie möglich antizipiert werden, und dass man es nicht anderen überlässt, ob am Ende etwas Gutes dabei herauskommt. In agilen Teams wird davon ausgegangen, dass das Team am besten weiß, wie es das angestrebte Ziel erreichen kann, basierend auf der Initiative der Betroffenen.
- **2A) Anfängergeist: Mit Unvollständigkeit und Unsicherheit umgehen** – reflektieren, ob man iteratives Vorgehen zulassen kann, da damit einhergeht, dass auch unvollständige Endprodukte im Team zirkulieren oder dem Auftraggeber vorgestellt werden, um anschließend in einer weiteren Schleife Verbesserungen zu tätigen. Dies setzt eine gewisse Fähigkeit voraus, sich verletzlich zu zeigen, weil unvollständige Endprodukte auch Fehler beinhalten. Um iterativ arbeiten zu können, ist zudem eine gewisse Unsicherheit auszuhalten, denn es gibt bei dieser Arbeitsweise keinen vollständigen Plan für den nächsten größeren Zyklus,

z. B. die nächsten sechs Monate. Es geht hier weniger darum, etwas Perfektes zu liefern, als in inkrementellen Verbesserungen zu denken. Dazu braucht es das Mindset von Offenheit, Neugierde und des sogenannten »Anfängergeists«, der davon ausgeht, dass Lernen und Scheitern nicht das Gegenteil von Erfolg, sondern Teile des Erfolgs sind. Eine Facette dieser Haltung ist das bereits genannte »Growth Mindset« (Dweck, 2006). Es bedeutet, Änderungen nicht abzulehnen, die Bereitschaft zu lernen und mutig das auszuprobieren, was bisher noch niemand ausprobiert hat. Es kann mit dem Gefühl von Kontrollverlust einhergehen, welches bewusst wahrzunehmen ist, damit das Gefühl nicht überhandnimmt. An dieser Stelle ist Vertrauen als Haltung der Zukunft gegenüber hilfreich, also z. B. Vertrauen darin, dass die Dinge im Großen und Ganzen zusammenhängen, auch wenn man selbst diese Interdependenzen (noch) nicht erkennt. Auch ein optimistischer Blick auf die Zukunft hilft dabei, mit Unsicherheit umzugehen. Dankbarkeit ist in diesem Zusammenhang ebenfalls als Haltung zu erwähnen, da Dankbarkeit den Umgang mit Unsicherheit ebenfalls vereinfacht.

- **3A) Wahrnehmen ohne Beurteilung**: Das Mindset des Nicht-Beurteilens geht davon aus, dass wir die ganze Realität ohnehin nicht erfassen können, wie sie ist. Mit dieser Haltung lässt sich das Entweder-oder mit einem Sowohl-als-auch ersetzen. Die Bereitschaft, Dinge erst einmal wahrzunehmen, ohne zu beurteilen, ist gerade in den komplexen und sich scheinbar widersprechenden Anforderungen vorteilhaft. Sie setzt eine Präsenz voraus, die fähig ist, Dinge neu zu denken, ohne sie in bestehende Muster einordnen zu müssen.

Häufig gehörte Sätze in agilen Teams:

- »Shit in, shit out« – wenn man nichts Gutes in das Team gibt, kann auch nichts Gutes daraus werden.
- »Die *Definition of Done* ist geklärt – wie wir dahin kommen, überlegen wir selbst.«
- »Bitte kein fixes Reporting, wir melden uns, sobald es etwas Neues gibt – dann sollte man uns zuhören.«
- »Lass Perfekt nicht im Weg von Gut stehen.«
- »Fehler sind gut, daraus lernen wir.«
- »Jeder Schritt bringt uns näher ans Ziel. Stillstand ist keine Option.«
- »Is it safe enough to try?«
- »Nur weil etwas noch nie so gemacht wurde, heißt das nicht, dass etwas nicht so gemacht werden kann.«

### Anti-Mindsets (also Beispiele für gewohnheitsmäßige Haltungen, die blockierend wirken)

- Sich als Experte fühlen und das Selbstverständnis haben, dass man sich nicht weiterentwickeln braucht. Dies kann, häufig unbewusst, damit zu tun haben, dass man damit zugeben müsste, etwas nicht zu wissen – also nicht perfekt zu sein –, ähnlich dem »fixed mindset«. Diese Haltung kann auch mit einer gewissen Ignoranz zu tun haben, bei der man tatsächlich denkt, alles zu wissen.

- Im Sinne eines »ausführenden« Mindsets die Vorgesetzten per Position als Expertinnen sehen, die immer das letzte Wort haben. Es werden Entscheidungen und Anweisungen von anderen erwartet bzw. ohne darüber nachzudenken hingenommen und »Dienst nach Vorschrift« gemacht.
- Für die Lösung von Problemen wird nach Zuständigkeiten gesucht statt nach Lösungen.
- Persönlichkeitsentwicklung als etwas zu sehen, was privater Natur ist und nicht im Beruf stattfinden sollte. Zum einen kann es schlichtweg ungewohnt sein, sich in der Ganzheit als Mensch (nach Laloux, 2015) zu zeigen und nicht nur als professionelle Rolle. Es kann auch etwas schambehaftet sein, über Emotionen zu sprechen, weil man anders geprägt wurde.

#### 3.2.4.2 B Selbstmanagement

**Notwendige Agile Mindsets**

Die hier beschriebenen Mindsets skizzieren, wie man sich und sein Tun im Arbeitsalltag managen kann.

- **1B) Team vor Ego** – Menschen sind es in der Regel gewohnt, sich selbst im Mittelpunkt zu erleben. Damit im Team eine gute Zusammenarbeit möglich ist, bedarf es meist eines entsprechenden Selbstmanagements, um sich selbst nicht so wichtig zu nehmen, d. h., weniger in den Vordergrund zu spielen und das Team und das Endprodukt als Priorität zu setzen. Der Grundgedanke dabei ist: Man erreicht nicht mehr, indem man mehr arbeitet, sondern indem in kleinen Schritten transparent im Team gearbeitet wird. Aufgrund dessen ist die Visualisierung des Arbeitsflusses selbstverständlich. Selbstorganisation bedeutet Selbstorganisation des Teams, nicht Selbstoptimierung des Einzelnen. Unter Unsicherheit und im Zweifel orientiert man sich am Purpose – also dem Daseinsgrund der Organisation oder der Unternehmenseinheit – und an der Frage, ob es dem Team oder der Sache dienlich ist. In einer konkurrenzorientierten Umgebung kann dies ungewohnt sein.
- **2B) Disziplin und Fokus** – die eigenen benötigten Ressourcen in einer Vorhersage (Forecast) einschätzen und achtsam sowie effizient versuchen, diesen Forecast einzuhalten; dabei sein Bestes im Einklang mit den eigenen Ressourcen geben und diszipliniert bleiben, damit das Team auf den Forecast zählen kann. Aus dieser Disziplin heraus folgt eine strikte Einhaltung der eigenen Aufgaben und Abläufe: Ein großer Teil des »Schnellen« und »Selbstorganisierten« entsteht durch die klaren Rollen und die Prozesse, in denen sie eingebettet sind. Die operative Freiheit und Flexibilität im agilen Arbeiten sind ergo bedingt durch die hohe Disziplin im Prozess und die Bereitschaft, sich zu fokussieren.

Häufig gehörte Sätze in agilen Teams:

- »Ich verstehe, dass dir hohe Planbarkeit sehr wichtig ist. Im agilen Arbeitsmodus sind wir iterativ, also immer Schritt-für-Schritt unterwegs. Daher kann ich dir maximal bis zu unserem nächsten Schritt Auskunft geben.«

- »Ich kann jetzt nicht ans Telefon gehen, ich brauche Fokus-Zeit«
- »Aus meiner Rolle heraus muss ich darauf bestehen, dass wir dieses Detail noch klären.«

### Anti-Mindsets (also Beispiele für Haltungen, die blockierend wirken)

- Selbstorganisation so zu deuten, dass es darum geht, sich selbst zu optimieren. Dabei erfolgt eine innere Ablehnung, sich z. B. zeitlich so festzulegen, dass man sich auf die Prio-Themen fokussiert oder Verpflichtungen eingegangen werden.
- Autonomie im Team als Anarchie – im Sinne von »Jede macht, was sie will« – misszuverstehen.
- Das Verständnis dafür, nichts einfordern zu dürfen oder nicht sagen zu können, was man braucht, um erfolgreich in dem Team arbeiten zu können.
- Übermäßiges »Corporate Reporting« oder »Micromanagement«, was dazu führt, dass wertvolle Ressourcen wie Zeit, Freiräume und Autonomie vergeudet werden und die Motivation im Team schwindet.

## 3.2.4.3 C Empathie

### Notwendige Agile Mindsets

Die hier beschriebenen Mindsets skizzieren, auf welchem Menschenbild das agile Arbeiten beruht und entsprechend wie man Menschen begegnet. Das Menschenbild ist eine zentrale Voraussetzung für agiles Arbeiten.

- **1C) Im Grunde gut**[24] – davon ausgehen, dass jeder Mensch einen Beitrag leisten möchte und prinzipiell die Fähigkeit hat, sich zu verbinden, mit einem Sinn, mit anderen Menschen und mit seiner Arbeit. Dass man sich auf Menschen verlassen kann und sie ihr Bestes geben. Wenn sie etwas nicht liefern, hat es auch mit den Rahmenbedingungen zu tun und man kann als Team gemeinsam in einen neuen Rhythmus kommen, der zum aktuellen Kontext passt.
- **2C) Mitgefühl und vernetztes Denken in größeren Zusammenhängen** – Die achtsame und wertschätzende Zusammenarbeit im selbstorganisierten Team führt zu einer verantwortungsvollen Haltung auch größeren Zusammenhängen gegenüber. Man lernt zu verstehen, wie Betroffene verbunden und vernetzt sind – den holistischen Blick auf all jene, die von unserem Handeln betroffen sind. Die Gewohnheit, sich Gedanken über die Sinnhaftigkeit der Teamarbeit zu machen und Mitgefühl zu entwickeln, führt dazu, die Konsequenzen des Handelns auch für andere Systeme zu reflektieren: für das Wohl und die Gesundheit aller Beteiligten, auch für die Umwelt.

24 Titel des Mindsets in Anlehnung an das Buch »*Im Grunde gut*« (Bregman, 2019).

- **3C) Verständnis und Perspektivübernahme** – Um die Wünsche des Kunden oder Nutzers zu verstehen und eine optimale User-Experience zu gestalten, erfolgt ein Perspektivenwechsel; man möchte nicht nur verstehen, was der Durchschnitt der Zielgruppe braucht, sondern auch, was Repräsentanten von Teilgruppen fühlen, sich wünschen und wie sie wahrnehmen. Man fragt sich: »Was will und braucht mein Gegenüber?«, statt: »Was kann ich ihm bieten (welches Produkt habe ich)?« Dabei ist man auch offen, falls der Kunde etwas braucht, was man nicht anbietet.

Häufig gehörte Sätze in agilen Teams:
- »Jeder gibt sein Bestes.«
- »Auch wenn ich nicht verstehe, warum der Kollege das so macht, gehe ich von der guten Intention aus; er hat sich etwas dabei gedacht.«
- »Die Aufgaben sind um den Menschen herum angepasst.«
- »Wir entwickeln das Produkt für unsere Persona, nicht nach unseren Wünschen und Vorstellungen.«

#### Anti-Mindsets (also Beispiele für Haltungen, die blockierend wirken)
- Ein Menschenbild, welches davon ausgeht, dass Menschen eher träge sind (im Sinne von Theorie x und y von McGregor, 1970).
- Eine ego-zentrische Perspektive, die davon ausgeht, im Grunde zu wissen, was der andere braucht.
- Eigenverantwortung so zu interpretieren, dass nur jeder bei sich selbst anfangen muss, damit der Wandel geschehen kann, und die Wirkung des sozialen Systems, in dem die Individuen agieren, dabei zu ignorieren.

### 3.2.4.4 D Beziehungsmanagement

#### Notwendige Agile Mindsets
Die hier beschriebenen Mindsets skizzieren, mit welchem Selbstverständnis zusammengearbeitet wird.
- **1D) Solidarität und Kooperation** – andere ernst nehmen, ihnen gegenüber Respekt zeigen, ihnen zuhören, interessiert nachfragen und dem Gegenüber – ob innerhalb des Teams oder bei Stakeholdern – auf Augenhöhe begegnen, Solidarität in der Gemeinschaft leben. Bei diversen Teams heißt dies, sich gegenseitig helfen unter der Prämisse, dass das gemeinsame Team mehr ist als die Summe seiner Einzelteile. Man fördert den Teamspirit, indem man sich gegenseitig ergänzt und unterstützt. Es ist die Bereitschaft vorhanden, sich selbst und andere zu verstehen, Rücksicht zu nehmen, auf Bedürfnisse einzugehen als auch Störungen im Team wahrzunehmen und sensibel auf Spannungen anderer zu reagieren.
  Verantwortung und Vertrauen sind wesentliche Aspekte im Miteinander: Auf der einen Seite besteht die Bereitschaft, sich einzubringen, über das eigene Arbeitsfeld hinaus zu denken,

für das Wohl des Teams Verantwortung mit zu übernehmen, Spannungen und Missstände konstruktiv anzusprechen und zu ihrer Lösung beizutragen sowie die Ausrichtung von Team und Organisation mitzugestalten. Auf der anderen Seite findet sich aber auch Vertrauen in die Verantwortung der anderen Teammitglieder und damit verbunden die Bereitschaft und Fähigkeit, Kontrolle loszulassen.

- **2D) Radikale Ehrlichkeit und Transparenz** – Man tritt nicht nur in seiner professionellen Rolle, sondern auch als Mensch in den Teams auf. Der Informationsfluss ist in vernetzten, komplexen Systemen nicht kontrollier- oder vorhersehbar, auch deswegen setzt man auf Ehrlichkeit und Offenheit. Man fordert klar ein, was man von anderen und dem Team braucht, damit es z. B. in den kurzen Sprints keine Missverständnisse gibt. Klares Feedback hilft beiden Seiten, sich zu entwickeln.
  Fehler werden als Teil der Arbeit akzeptiert und nicht abgelehnt; dieser Umgang mit Fehlern hilft, diese bereits früh zu erkennen, damit sie keine weitreichenden Schäden mit sich tragen. Durch die Heterogenität im Team kommen immer wieder augenscheinlich widerstreitende Arbeitsprioritäten aus unterschiedlichen Rollen, die es gilt, im Team sorgfältig abzuwägen. Schwierige Gespräche und Konflikte werden möglichst offen und ehrlich angegangen, um gemeinsam im Team möglichst effizient zu arbeiten. Man ist gewohnt, auch emotionale Themen kurz und knapp anzusprechen.
- **3D) Bewusstsein über Teaminterdependenzen** – Es herrscht ein gemeinsames Bewusstsein darüber vor, was der eigene Beitrag im Team ist und wie das eigene Puzzlestück mit dem der anderen zusammen ein Bild ergibt. Bei den einzelnen Teammitgliedern ist ein Bewusstsein über die eigenen inneren Haltungen, Werte und innere Motivation und die eigenen Arbeits- und Verhaltensmuster vorhanden. Ein achtsamer Umgang untereinander führt zur frühzeitigen Wahrnehmung innerer Spannungen und Bedürfnisse im Team.
  Die Möglichkeiten des Bewusstseins sind unendlich und es ist eine Frage der Gewohnheit und Übung, ob man im Team dieses Bewusstsein häufig einsetzt oder mehr Zeit im Autopiloten verbringt (siehe Kap. 2).

Häufig gehörte Sätze in agilen Teams:

- »Der soll es machen, der denkt, es am besten lösen zu können.«
- »Es ist egal, was in unseren Jobbeschreibungen steht. Wenn ein Problem in unserem Einflussbereich liegt, dann kümmern wir uns auch darum.«
- »Ich bin früher fertig geworden als gedacht, wem kann ich helfen?«
- »Wir gewinnen zusammen – wir verlieren zusammen.«
- »Ich empfinde Freude daran, mit diesem Team an diesem Thema zu arbeiten – es gibt kein übersteigertes Rollen- oder Expertendenken. Im agilen Team sind Thema und Team die vorrangige gemeinsame Basis.«
- »Wir betrachten jeden Tag, als wäre es der erste – denn jeder Tag wird uns vor neue Herausforderungen stellen. Und die können wir nur gemeinsam meistern.«
- »Dienst nach Vorschrift gibt es bei uns nicht – wir lösen Aufgaben im Team und dabei wissen wir vorher nicht, was wir dazu tun müssen.«

**Anti-Mindsets (also Beispiele für Haltungen, die blockierend wirken)**

- Das Verständnis, Menschen seien eher träge und agieren nur, wenn sie müssen. Wenig Vertrauen in die Arbeit der anderen Teammitglieder.
- Die eigene Ausrichtung liegt ausschließlich darauf, Geld zu verdienen, das Arbeitsumfeld und die Kolleginnen dienen als »Mittel zum Zweck«. Man arbeitet für sich – Hilfestellungen werden nur selten angeboten oder eingefordert.
- Der Fokus liegt darauf, maximale Rendite zu machen, ohne Rücksicht auf das Team.
- Profit ist stets wichtiger als die individuellen Bedürfnisse.
- Das Team ist eine Einheit, die langsamer arbeitet als jeder Einzelne könnte.

Emotionale Intelligenz und Achtsamkeit sind wesentlich, um agiles Arbeiten und New Work zu ermöglichen. Oder einfach gesagt: Äußere Transformation erfordert eine innere Transformation.

Mit den Hebeln Verbundenheit, Klarheit und Stressreduktion lässt sich die emotionale Intelligenz in den Teams steigern, wie in Kapitel 3.4. noch genauer beschrieben wird. In Bezug auf agiles Arbeiten sind dort relevante Techniken übersichtlich skizziert, z. B. Retros, Persona, spannungsbasiertes Arbeiten, integrativer Entscheidungsprozess, Konsent oder Sprint. Diese agilen Methoden können genutzt werden, um die gewünschte emotionale Intelligenz zu stärken, die man braucht, um agil zu arbeiten. Man lernt diese Fähigkeiten am besten dadurch, dass man sie anwendet, und diese Art des Lernens sollte mit Hilfe von Coaching, dem Einsatz von Prototypen, regelmäßigen Feedbackschleifen und soliden Vorbildern in der Unternehmung unterstützt werden. Auch ist der Reifegrad der Organisation als Startpunkt zu berücksichtigen; dies wird in Kapitel 4 verdeutlicht.

### 3.2.5 Interview mit Frauke von Polier, CPO bei Viessmann Climate Solutions SE

#### Die Herkunft mit der Zukunft verknüpfen: digitaler Wandel im Industrieunternehmen

**Zur Person:**
Frauke von Polier ist seit März 2021 Chief People Officer und Mitglied des Executive Board der Viessmann Gruppe, einer der weltweit führenden Anbieter von nachhaltigen Klimalösungen und Wärmepumpen mit mehr als 14.500 Mitarbeitenden. Hier gestaltet sie einen Kulturwandel, der traditionelle Industriekultur mit New Work und agilen Arbeitsformen verbindet. Zuvor arbeitete sie als Chief Operating Officer bei SAP und war als Chief People Officer maßgeblich an der Wachstumsgeschichte der Zalando SE beteiligt. 2022 wurde sie vom Personalmagazin zum »CHRO of the Year« gewählt. Das Handelsblatt listete sie 2022 zudem unter den »Top 30«-Führungskräften der nächsten Generation. Sie beschäftigt sich leidenschaftlich mit Menschen und Organisationen in einer digitalen Welt und ist davon überzeugt, dass alle geschäftlichen Herausforderungen mit den richtigen Menschen, der richtigen Führung und der richtigen Kultur gelöst werden können. Frauke lebt mit ihrem Mann und zwei Söhnen in Berlin.

**Was machst Du in dem Industrieunternehmen Viessmann?**

Ich war schon in sehr unterschiedlichen Unternehmen und Umfeldern unterwegs. Heute bin ich bei Viessmann, einem Vorreiter und »hidden champion« für digitale Themen. Die Transformation, die es in jeder Generation bei Viessmann gab, ist für mich ein roter Faden, der sich durch die Geschichte zieht und typisch ist für den erfolgreichen deutschen Mittelstand.

- In der ersten Generation – 1917 gegründet – ging es darum, die ersten Innovationen auf den Markt zu bringen und das Unternehmen so aufzustellen, dass es funktioniert
- Die zweite Generation war stark entwicklungsgetrieben und geprägt von klassischer Ingenieurskultur und Innovation mit über 1.500 Patenten.
- Die dritte Generation exportierte diese fantastische Ingenieursarbeit (»Made in Germany«) aus der zweiten Generation international.
- In der vierten Generation geht es nun um die Digitalisierung, um auf die Kundenbedürfnisse noch besser einzugehen. Damit sind weniger die Prozesse gemeint, sondern vielmehr, sich vom klassischen Produktdenken (»der perfekte Ölkessel, die perfekte Wärmepumpe«) zu lösen und stärker vom Endkunden und dessen Bedürfnis aus zu denken.

Aus diesem Grund nennen wir uns heute Klimalösungsanbieter:in und haben als Ziel, die Kundenzentrierung stärker ins Unternehmen zu bringen. Jede Transformation geht dabei auch mit einer Veränderung der Geschäftsmodelle einher. Was für mich zählt, ist, diese Veränderungsprozesse mit neuen Arbeitsweisen zu unterstützen.

**Welches Mindset muss man mitbringen, um agile Techniken anzuwenden?**

Ich fühle mich nicht als die »New Workerin«, sondern habe den Wunsch, die neuen Geschäftsmodelle und Businessveränderungen stark zu unterstützen – mit den richtigen Arbeitsweisen und neuen technologischen Möglichkeiten. Die Digitalisierung ermöglicht uns ein menschenzentrierteres Arbeiten mit stärkerem Fokus auf den Bedürfnissen der Kundinnen, aber auch der Mitarbeitenden. Neue Arbeitsweisen machen uns besser, mit weniger transaktionalen Tätigkeiten und der Möglichkeit, stärker wertschöpfenden Tätigkeiten nachzugehen. Darum geht es bei New Work, nicht um Wohlfühlthemen.

**Welches Menschenbild ist nötig, um agil zusammenzuarbeiten?**

Egal in welchem Umfeld man arbeitet, es ist zentral, mit welchem Menschenbild Herausforderungen angegangen werden. Meine Überzeugung und das Menschenbild, mit dem ich arbeite, ist, dass alle Menschen etwas gestalten und hinterlassen wollen. Dieser Wunsch ist zwar nicht bei allen gleich stark ausgeprägt, jedoch glaube ich daran, dass alle mitmachen und etwas bewegen wollen.

**Worum geht es bei Selbstorganisation?**

Bei Selbstorganisation denken die Leute: Ich selbst organisiere mich. Es geht aber darum, dass die Teams sich organisieren, um performant zu sein. Es geht um Solidarität und die Reife, Verantwortung zu übernehmen, nicht um die Individualkultur oder Selbstoptimierung. Eigenverantwortung im Team zu haben und mit dem Team etwas zu erreichen bedeutet, dass man sich selbst mit seinen eigenen Bedürfnissen dem Team unterordnet. Dadurch wird mehr Flexibilität gewonnen, als wenn man nur einer Regel folgen würde. Dann ist es ähnlich wie in einer Familie, weshalb man in der agilen Welt z. B. auch von den Two-Pizza-Teams[25] spricht. Wir müssen insgesamt mehr hin zum Teamgedanken, der in der Selbstorganisationsdebatte verloren gegangen ist. Das größte Problem rund um New Work ist, dass die Ebenen Organisation und Individuum häufig im Fokus stehen, wobei viel öfter auf Teamebene angesetzt werden sollte.

25 Der Regel folgend sollten nur so viele Teilnehmende zu einem Meeting eingeladen werden, wie von zwei Pizzen satt werden (siehe Kap. 3.4.3.1)

**Was ist der Schlüssel für den Kulturerfolg bei Viessmann?**

Die Werte sind wie die Wurzeln eines Baumes. Die Beschreibung der Kultur anhand von Stories, Zitaten oder Kampagnen und *wie* wir zusammenarbeiten, hat viel damit zu tun, wie dieser Baum aussieht. Da Mitarbeitende zunehmend crossfunktional verteilt arbeiten, ergibt sich daraus eine andere Art zu führen, die durch mehr Kommunikation geprägt ist. Ich glaube nicht, dass die Menschen das perfekte Wort für einen Wert brauchen, sondern ganz viel sehen müssen, wie die Kultur gelebt aussieht. Wir sollten vielfältiger werden und weniger religiös, aber trotzdem auch eine große Klarheit haben.

Für mich umfasst New Work neben diesem *Wie* auch das *Warum* und *Was*: Es ist ein grundlegendes Bedürfnis von Mitarbeitenden, die Gründe für und die Bedeutung von ihrer Arbeit zu verstehen, also ein klares *Warum* zu haben. Neben dem *Warum* ist aber auch eine Klarheit in der Strategie wichtig, als Antwort auf die Frage, *Was* und *Wie* gearbeitet wird. Wir haben nicht nur ein *Warum*, *Was* und *Wie*, sondern auch ein *Wer*: Wir wissen auch, wem wir folgen. Bei uns ist es Max Viessmann, der in der vierten Generation eine klare Vision mitbringt, präsent im Unternehmen ist und die Digitalisierung angestoßen hat. Eigentümer und Gründer sind wichtige Figuren. Das *Wer* hat eine starke Kraft, kann aber nicht so einfach repliziert werden. Ich glaube, dass es Menschen helfen kann, wenn eine Personifizierung im Unternehmen möglich ist.

**Wie stellst Du die Brücke zwischen traditioneller Industriekultur und der neuen Arbeitswelt her?**

Wir gehen die Herausforderung im Industrieunternehmen an, indem wir Altes mit Neuem verbinden. Die Herkunft mit der Zukunft zu verknüpfen bedeutet, zu verstehen, wo wir herkommen bei 150 Jahren Unternehmensgeschichte, damit wir wissen, wo wir hingehen. Das ist ein ganz natürlicher Generationslauf mit jungen und alten Menschen. Dabei ist es notwendig, sich auch disruptive und sichtbare Moves zu trauen und im Transitionsprozess explizit zu machen, wie die Kultur aussehen soll. Max Viessmann hat zum Beispiel alles auf *Googlesuit* umgestellt und ein monatliches Format eingeführt, in dem der Vorstand über aktuelle Themen erzählt und alle Mitarbeitenden die Möglichkeit bekommen, Fragen zu stellen.

Die Ansprache »Sie« und »Du« ist z. B. ein tiefes sprachliches Kulturthema in Deutschland und muss mit Fingerspitzengefühl angegangen werden, statt einfach nur zu sagen: »Wir duzen uns jetzt alle.« Bei Viessmann haben wir dafür eine für uns passende Lösung gefunden: In Verträgen steht »Liebe Frau von Polier, liebe Frauke« und ab dann wird geduzt. Was ich so schön daran finde, ist diese ganz elegante Art, eine Geschichte zu erzählen. Durch das Respektieren, im ersten Schritt zu sagen »Liebe Frau von Polier, liebe Frauke«, wird vom Siezen zum Duzen übergegangen. Wie ein Symbol, dass wir die Herkunft verstehen und zeigen, dass das Siezen immer noch dazu gehört. Die Leute müssen spüren, dass verstanden wird, woher sie kommen.

**Müssen sich Menschen trotz Digitalisierung heute noch in Präsenz begegnen?**

Auch bei Viessmann beschäftigen wir uns mit der Frage der Remote-Arbeit und inwieweit sich Leute in Präsenz begegnen sollten. Ein Beispiel dazu: Wir haben 14.500 Familienmitglieder.

- 50 % sind in der Fertigung und Produktion und haben einen festen Arbeitsplatz («workplace enthusiasts«).
- 10 % sind »digital nomads«, sie sind im Vertrieb und den ganzen Tag im Auto.
- 40 % sind «hybrid pros« und haben die Wahl zwischen hybridem Arbeiten oder einem festen Arbeitsplatz. Mit einer Wahl kommt ein Privileg und mit einem Privileg kommt Verantwortung; z. B. die Verantwortung, sich gut abzustimmen im Team.

Das sind alles unsere Kolleg:innen, wir sind alle ein Team. Die Debatte, ob nur von zuhause gearbeitet wird oder nicht, kann dementsprechend nicht nur für die Hälfte der Menschen geführt werden, sondern muss für 14.500 geführt werden, denn die Hälfte hat bei dieser Debatte eine ganz andere Wahl. Selbstorganisation und New Work heißt im besten Sinne Verantwortung zu übernehmen im eigenen Team. Das ist Zeichen echter Reife und in vielen Stellen bereits impliziert: Wenn mein Job näher in der Produktion ist, muss ich eben öfter vor Ort sein.

**Welchen Tipp hast Du für Menschen, die in ihrem Team agiler werden möchten?**

Wichtig ist immer, sich zunächst Gleichgesinnte zu suchen, die auch Lust auf Veränderung haben, und mit diesen Menschen eine Beziehung aufzubauen. Im nächsten Schritt kann man sich zusammenschließen und gemeinsam, mit viel Fingerspitzengefühl, Impulse einbringen. Hilfreich ist es auch immer, Feedback zu erbitten und die Zusammenarbeit im Team regelmäßig zu reflektieren.

## 3.3 Achtsame Führung

Heutige Führungskräfte sind durch die BANI-Welt mit einer komplexen, unsicheren und fragmentierten Arbeitswelt konfrontiert, in denen ihr Aufgaben- und Anforderungsprofil stets weiterwächst, während die ihnen verfügbare Zeit immer mehr zu schrumpfen scheint. Die naheliegende Antwort darauf sehen viele Führungskräfte im »Noch schneller – noch effizienter«-Modus. Doch es gibt Alternativen, so etwa der Ansatz zu achtsamer Führung. Ein achtsamer Führungsstil berücksichtigt möglichst viel von dem, was im vorliegenden Buch beschrieben ist. In diesem Kapitel soll mittels konkreter Techniken verdeutlicht werden, wie Achtsamkeit im Führungsalltag gelebt werden kann. Es lassen sich über Führung allein problemlos ganze Bücher schreiben, wie unschwer im Buchhandel zu erkennen ist. Im Folgenden werden lediglich wesentliche Facetten von achtsamer Führung beschrieben, die sich in die Bereiche Compassionate Leadership (Kap. 3.3.1), Servant Leadership (Kap. 3.3.2) und Stärkenorientierung

(Kap. 3.3.2) aufteilen lassen. Ein wesentliches Element zu achtsamer Führung ist nicht nur, was man sagt oder tut (in den Toolboxen in diesen Kapiteln näher beschrieben), sondern auch, was man verkörpert. Hier spielt die innere Haltung eine große Rolle. Wie aber kann man eine achtsame Haltung im Führungsalltag verkörpern? Indem von der guten Intention der Anderen ausgegangen wird.

**BOX 3.5 Von der guten Intention der Anderen ausgehen**

*Stell Dir vor, Du bist mit Deinem Ruderboot auf dem See. Es ist früh am Morgen und Du bist im Grunde stolz auf Dich, dass Du es so früh geschafft hast. Dein Boot ist frisch gestrichen. Es ist ein nebliger Tag und die Sicht ist sehr schlecht. Plötzlich taucht wie aus dem Nichts ein anderes Boot aus dem Nebel auf, das direkt auf Deines zusteuert, ohne zu verlangsamen oder zu wenden. Das Boot rammt Dein Boot und beschädigt damit auch den neuen Anstrich, was Dich augenblicklich wütend macht. Du regst Dich darüber auf, dass Du Dein Boot nun nochmals streichen musst und fragst Dich, wer denn so unaufmerksam und rücksichtslos ist, dass er ein anderes Boot rammt. Doch als Du Ausschau nach dem Verantwortlichen hältst, stellst Du fest, dass das andere Boot leer ist. Es gibt niemanden, der Dich absichtlich gerammt hat, das Boot trieb anscheinend führerlos auf dem Wasser. Dein Ärger verfliegt augenblicklich und Du denkst: »Ach, was soll's, dann streiche ich eben nochmal.« Die Sache hat sich damit für Dich erledigt.*

Diese Geschichte, die aus der Zen-Literatur entlehnt ist, zeigt, dass wir anders mit Menschen umgehen, wenn unsere Annahme ist, von einem »leeren Boot« gerammt zu werden – womit gemeint ist: davon auszugehen, dass der andere uns nicht *absichtlich* gerammt hat. Das hilft dabei, uns schneller zu beruhigen. Wir können diese Haltung kultivieren, indem wir grundsätzlich von einer guten Intention unserer uns umgebenden Kollegen ausgehen (siehe Abb. 3.3) Da ist natürlich leichter gesagt als getan. Aber lassen wir uns doch einfach mal auf dieses Gedankenspiel ein: Stellen Sie sich vor, Sie haben einem Mitarbeitenden – nennen wir ihn Noah – eine Aufgabe delegiert und sind mit ihm die einzelnen Punkte durchgegangen. Nun merken Sie, dass Noah ganz andere Wege als besprochen geht und Sie bekommen augenblicklich ein ungutes Gefühl. Sie setzen schon zu einer E-Mail an, die Noah in seinem Tun stoppen würde. Wenn Sie aber von einer guten Intention ausgehen, heißt dies, dass Sie kurz innehalten und sich sagen: »Er macht es anders als besprochen, ich verstehe die Gründe momentan noch nicht, aber er wird sich etwas Gutes dabei gedacht haben.« Tatsächlich rufen Sie ihn kurz an und fragen freundlich und gelassen nach seiner Absicht. Sie lassen sich von Noah überzeugen, dass der besprochene Weg nicht der effizienteste war und er bessere Möglichkeiten gefunden hat.

Wie in Kapitel 2 bereits beschrieben, führt diese Haltung dazu, die Absicht des Gegenübers neugierig zu erfragen anstatt voreilige Schlüsse zu ziehen. Gehen wir grundsätzlich davon aus, dass unser Gegenüber keine uns schadenden Absichten hat, fällt es zudem leichter, sich in dessen Perspektive hineinzuversetzen. Wir merken dadurch, dass unser Ärger (meist) nutzlos ist. In dieser Haltung drücken sich Präsenz, Menschlichkeit und Klarheit aus – wesentliche Facetten von Achtsamkeit:

- *Präsenz* – als Gegenteil vom Autopiloten, in dem diese Haltung nicht möglich ist.
- *Menschlichkeit* – weil man davon ausgeht, dass Menschen Fehler machen, und weil man sich selbst ebenso wie sein Gegenüber auch mit Fehlern anerkennt.
- *Klarheit* – denn diese Art, die Dinge zu sehen, ermöglicht es, den größeren Rahmen bzw. die Bedingungen zu erkennen, die erst zu bestimmten Handlungen führen.

**Abb. 3.3:** Von der guten Intention der Anderen ausgehen

Das Thema der achtsamen Führung ist in Unternehmen angekommen. Selbst McKinsey & Co. betont die Relevanz dieser Fähigkeit für die Arbeitswelt und es wurde sogar in den letzten Jahren wiederholt beim Weltwirtschaftsforum in Davos besprochen, u. a. mit Matthieu Ricard, Janice Marturano, Jon Kabat-Zinn, Tania Singer und Richard Davidson (vgl. Marturano, 2014; Ricard, 2009; Singer, 2015; World Economic Forum, 2015; World Economic Forum, 2023). Marturano zufolge, ihrerseits leitende Direktorin des *Institute for Mindful Leadership*, verkörpert eine achtsame Führungskraft »Führungspräsenz, indem sie Konzentration, Klarheit, Kreativität und Mitgefühl zum Wohle anderer entwickelt« (S. 24). Diese Präsenz sei eine erfahrbare Eigenschaft, die »vollständige, nicht-urteilende Aufmerksamkeit im gegenwärtigen Moment« erfordere und »auch für andere sichtbar und fühlbar ist« (S. 24). Denn wenn eine Führungskraft ihre volle Aufmerksamkeit auf das richtet, was sie gerade tut, entgehe das niemandem.

Zwar wird achtsame Führung aktuell als neue Idee im Unternehmenskontext verhandelt, doch ist sie außerhalb dieses Bereiches nicht neu. Bereits im 13. Jahrhundert empfahl Dogen Zenji, Begründer des Zen in Japan, beim Führen »drei Denkweisen« zu praktizieren, die durch Akzeptanz und Achtsamkeit für das Selbst und die Umgebung, durch bedingungslose Liebe sowie durch Offenheit für Veränderung geprägt sind (Lesser, 2020, S. 21). Aus heutiger Perspektive wird achtsame Führung als Basis einer effektiven Führung beschrieben (Hougaard et al., 2016; Lesser, 2020).

Die im vorliegenden Buch beschriebenen Elemente emotionaler Intelligenz bedeuten auf die Führung bezogen: Die Führung anderer bedarf in erster Linie guter Selbst-Führung, die sich mittels einer regelmäßigen Achtsamkeitspraxis trainieren lässt. Mit Hilfe von Achtsamkeitstechniken können sich Führungskräfte auch in stressigen Situationen gefasst verhalten. Zudem können sie die Fähigkeit entwickeln, selbst klarer zu entscheiden und zu delegieren. Als Kompass dienen ihnen die Klarheit über die eigenen Werte und Ziele sowie die Bewusstwerdung eigener Schwierigkeiten. Diese Klarheit ermöglicht es, auch bei ihren Mitarbeitenden besser deren Stärken wahrzunehmen und diese zielgerichtet zum Einsatz zu bringen. Durch eine höhere Verbundenheit – sowohl mit sich selbst als auch mit den anderen – können sie anderen verstärkt mit Empathie begegnen.

Achtsame Führung hat zusammengefasst nach innen viel mit der individuellen Haltung und nach außen mit Führungspräsenz zu tun. Sie umfasst zudem – wie weiter oben bereits angesprochen und im Folgenden näher erläutert – Compassionate Leadership, Servant Leadership und Stärkenorientierung. Im Kapitel 3.4. werden darüber hinaus verschiedene Techniken vorgestellt, wie sich achtsame Führung im Alltag einer Führungskraft übersetzen lässt.

Eine immer wieder genannte Befürchtung ist, dass achtsame Führung viel Zeit kostet. Als Beispiel dafür, dass dies so nicht stimmig ist, seien hier zeitliche Richtwerte aus dem Führungsalltag einer Geschäftsführung skizziert, die als achtsame Führungskraft gesehen wird: kontinuierlicher Fluss von kurzen Interaktionen und kleineren direkten Feedbacks; zudem einmal im Monat eine Stunde im Gesamtteam für Updates; einmal im Jahr ein zweitägiges Offsite mit genügend Raum für das persönliche Kennenlernen; einmal im Monat für 20-30 Minuten individueller Kontakt mit den Mitarbeitenden. Dies zeigt, dass es nicht die mit den Mitarbeitenden verbrachte Zeit ist, sondern die Haltung, die über die Anwendbarkeit von achtsamer Führung im Arbeitsalltag entscheidet.

### 3.3.1 Compassionate Leadership

Empathie und Mitgefühl sind zwei unterschiedliche Arten einer Verbundenheit[26]: Empathie verbindet uns mit Menschen, kann aber zur Belastung werden, wenn man das Gefühl hat, sich zu sehr mit den Problemen der anderen Menschen zu identifizieren. Die aktuelle Mitgefühls-

---

26 Da in dem Modell zur emotionalen Intelligenz von Goleman (1997) allerdings an Stellen von Empathie gesprochen wird, an denen basierend auf diesen neuen Erkenntissen Mitgefühl passender erscheint, sprechen wir in diesem Buch immer wieder von Empathie, wenngleich der Bedeutung nach Mitgefühl gemeint ist.

Forschung zeigt nun aber, dass es möglich ist, zugewandt zu sein und gleichzeitig nicht selbst darunter zu leiden – ein Zustand, den man Mitgefühl nennt. An der Stanford Universität widmet sich inzwischen ein eigenes Institut diesem Thema, vertreten z. B. durch Dr. Thupte Jinpa. Box 3.6 beschreibt den Unterschied zwischen Empathie und Mitgefühl u. a. unter Zuhilfenahme einer Studie aus der Neurowissenschaft. Die Forschungsarbeit steht hier noch ganz am Anfang, kann aber Hoffnung für Menschen in helfenden, sozialen und pädagogischen Berufen geben, in denen »empathisches Burnout« verbreitet ist. Dieses kann offenbar durch Mitgefühls-Training, insbesondere durch die wiederholte Durchführung der sogenannten Metta-Meditation, in einen anderen, positiven Zustand transformiert werden (Klimecki et al., 2013). Die Metta-Meditation findet sich in Kapitel 2 und kann leicht in bestehende Führungstrainings integriert werden.

Bei einer Führung mit Mitgefühl lässt sich eine Teamkultur etablieren, die auf gegenseitige Rücksicht hin ausgerichtet ist und die die noch stark verbreitete Kultur des Eigennutzes von einem *Ego*-System in ein *Eco*-System transformiert. Nicht nur, weil diese aktiv zum positiven Teamklima und zur psychologischen Sicherheit (s. o.) beiträgt, ebenso spielt der souveräne Umgang mit Unvorhersehbarkeit eine immer prominentere Rolle, sowohl im lokal-organisationalen als auch im globalen Raum. Neue Führungssituationen, die nicht vorhersehbar und planbar sind, erfordern Mut und Mitgefühl ist der Gegenpol von Angst. Neuere Erkenntnisse der Neuro-Forschung zeigen, dass Mitgefühls-Training Mut fördert und Unsicherheit nimmt (Jingpa, 2015). Denn Mut (Courage) kommt aus dem Herzen (franz. cœur) – mit Mitgefühl weiten wir das Herz. Zudem fördert Mitgefühl das holistische Denken, was für die Problemlösefähigkeit entscheidend ist (siehe Box 3.6).

Mitgefühl ist ein zugewandter und kraftvoller Zustand, dessen Ziel es ist, Missstände zu beenden, bzw. den Glauben an die Möglichkeit daran kultiviert. Da Organisationen die Möglichkeit haben, Missstände vorausschauend zu verhindern oder aktiv zu verändern, birgt die Etablierung einer durch Mitgefühl geprägten Kultur – häufig »Caring Culture« genannt – in Organisationen die Möglichkeit eines neuen Wirtschaftens.

**BOX 3.6 Mitgefühl tut allen gut, Empathie nicht immer**

Empathie meint die Perspektivübernahme und positive Zuwendung zur Erfahrung des Gegenübers. Mitgefühl impliziert über diese Perspektivübernahme und Zuwendung hinaus einen *sozialen Handlungsimpuls*, also den Wunsch, etwas zu verändern und das eigene Handeln konkret darauf auszurichten, ohne jedoch selbst darunter zu leiden (Gilbert, 2017). Abbildung 3.5 verdeutlicht diesen Unterschied und bringt zudem den Faktor Mitleid hinzu: Wenn wir Mitleid erleben, versetzen wir uns – bewusst oder unbewusst – nicht besonders ausgeprägt in die Lage des anderen. Die andere Person tut uns schlichtweg leid. Wenn wir uns auf den Achsen weiter nach oben bewegen, erleben wir Empathie – wir empfinden *mit* der anderen Person, d. h., es geht darum, die Gefühle des Gegenübers nachempfinden zu können. Die konkrete Hilfeleistung kommt erst voll zum Tragen, wenn wir uns im Feld des Mitgefühls bewegen. Unser Verständnis für die andere Person ist hier größer, da wir sowohl emotional als auch rational präsent sind, indem wir einen Schritt zurückgehen und uns fragen, wie wir die betroffene Person unterstützen können. So wird beim Mitgefühl aus einer Emotion eine Intention (Hougaard et al., 2021).

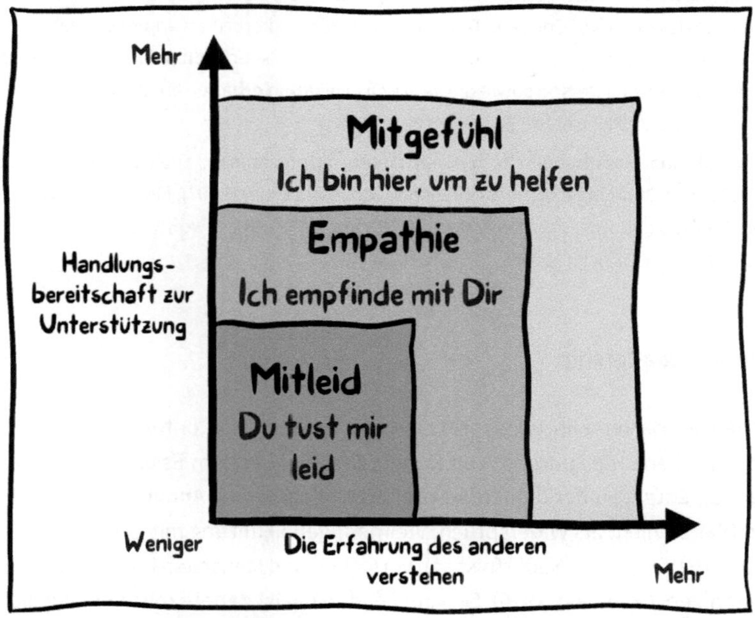


**Abb. 3.4:** Mitleid, Empathie und Mitgefühl (in Anlehnung an Hougaard et al., 2021; eigene Übersetzung)

Die bestehende Forschung im Bereich Mitgefühl adressiert u. a. die Frage, inwieweit dieses trainiert werden und dabei helfen kann, gelassen zu bleiben. Olga Klimecki und Kolleginnen untersuchten in einer bahnbrechenden Studie von 2013 z. B., wie sich ein Compassion-Training, das u. a. die Metta-Meditation beinhaltete, auf die Reaktionen von Probanden auf Bilder auswirkt, die leidende Menschen zeigen. Die Reaktionen wurden mittels einer funktionellen Magnetresonanztomografie gemessen und mit den Selbsteinschätzungen der Probanden zu Affekt und Empathie verglichen. Klimecki et al. fanden heraus, dass die 30 Teilnehmenden der Kontrollgruppe, die anstelle eines Mitgefühl-Trainings Erinnerungstechniken lernten, verstärkt mit negativen Emotionen wie Schmerzempfinden auf die Bilder reagierten. Die 28 Teilnehmenden mit vorherigem Compassion-Training hingegen zeigten eher Aktivierungen prosozialer Reaktionen.

**BOX 3.7 Circle of Concern – den Kreis der Anteilnahme erweitern**

Bevorstehende globale Herausforderungen von Klimaveränderungen bis zur Rechtslage bei Künstlicher Intelligenz erfordern holistische Problemlösungen. Dafür müssen sie die Bedürfnisse verschiedenster Menschen und Kontexte einbeziehen. Es geht also darum, den Circle of Concern – den Kreis der Anteilnahme – zu vergrößern. Genau darum geht es auch beim Mitgefühl (Ricard & Singer, 2015). Empathie und Mitgefühl sind zwar dem Menschen inhärente Fähigkeiten, denn ohne sie hätte unsere Spezies nicht überlebt, schließlich sind wir viele Jahre unseres Lebens überlebensnotwendig abhängig von der Gunst des Mitgefühls anderer. Wenn wir unser Mitgefühl jedoch nicht bewusst kultivieren oder daran arbeiten, indem wir z. B. unsere Gewohnheiten ändern, wird es etwas bleiben, das nur von Zeit zu Zeit auftritt. In der Regel reduziert sich der Kreis der Anteilnahme dann auf den engen Freundschafts- und Familienkreis. Vor allem, wenn wir in einer konkurrenzbetonten Umgebung arbeiten, bleiben wir im Arbeitsumfeld verstärkt bei uns selbst, wir verharren im *Ego*-System. Um kreative und innovative Lösungen für die komplexen Anforderungen der heutigen Zeit zu entwickeln, braucht es eine Erweiterung des Circles of Concern. Durch die Erweiterung kann man erkennen, dass die eigenen Entscheidungen für andere Stakeholder Folgen bedeuten, die bisher nicht auf dem eigenen Radar erschienen sind. Die einzelne Person sowie die ganze Organisation erhalten auf diese Weise die Möglichkeit, mehr ins *Eco*-System zu treten.

Diese Art von Führung wird über die Grenzen von Organisationen hinaus auch auf eine *Caring Economy*, also eine Soziale Ökonomie, übertragen, bspw. von Riane Eisler (2007), Mitglied des World Future Council und des Club of Rome, sowie von Matthieu Ricard (2013), der sowohl als Naturwissenschaftler als auch als tibetischer Mönch tätig ist.

### 3.3.2 Servant Leadership

Ein menschenzentrierter Führungsansatz wurde bereits 1970 unter dem Begriff »Servant Leadership« (dt. dienende Führung) von Robert Greenleaf in dem Essay »The Servant As Leader« begründet. Entgegen der damals verbreiteten allgemeinen Annahme verstand Greenleaf Führen und Dienen nicht als Widerspruch. Vielmehr gehe Führung mit der Verantwortung einher, anderen zu helfen, deren Bedürfnisse zu verstehen und Menschen für eine gute Zusammenarbeit zu befähigen (Greenleaf, 1970). Servant Leadership ist dabei explizit nicht gleichzusetzen mit »schwacher« Führung oder gar Unterwürfigkeit. Statt der Autorität des Einzelnen aber steht das Wohl aller im Vordergrund.

Ein »Servant Leader« zeichnet sich durch ein positives Menschenbild aus mit dem Ziel, positives Wachstum und Potenzialentfaltung zu ermöglichen und die Motivation für eine gute Zusammenarbeit zu erhöhen (Friedman & Mizrachi, 2022). Eine der Kernaufgaben ist es, die Bedürfnisse der Organisation und anderer Stakeholder mit denen des eigenen Teams in Einklang zu bringen. Dabei werden die eigene Einflussnahme hintenangestellt, flache Hierarchien gelebt und Entscheidungsspielräume an die Mitarbeitenden weitergegeben. Dies spiegelt sich u. a. in einem regelmäßigen Austausch auf Augenhöhe wider, bei dem Raum für individuelle Bedürfnisse und Entwicklungspotenziale ist. Eine klassische Leitfrage wäre z. B.: »Was benötigst Du von mir, um gut arbeiten zu können?«

Auch in der Forschung zeigt sich, dass sich dieser Führungsansatz bewährt: In einer Metaanalyse mit 318 Studien zeigte Servant Leadership einen hohen Zusammenhang mit der Jobzufriedenheit von über 148.000 befragten Mitarbeitenden (Çakmak et al., 2015). Weiter weisen erste Studien darauf hin, dass emotionale Intelligenz ein Kriterium für diese Art zu führen ist. Denn dieser Führungsstil setzt eine hohe Selbstwahrnehmung voraus sowie die Fähigkeit, auf Emotionen und Bedürfnisse anderer einzugehen (Barbuto et al., 2014). In einer Metaanalyse zeigte sich ein signifikanter, positiver Zusammenhang zwischen emotionaler Intelligenz und Servant Leadership (Miao et al., 2021), da dieser stark durch ethisches Verhalten geprägt ist.

Ein achtsamer Führungsstil, der Servant Leadership beinhaltet, berücksichtigt also die (Grund-) Bedürfnisse von Mitarbeitenden. Dazu hilft es zu verstehen, was Bedürfnisse sind (siehe nachfolgende Box 3.8) und auch, worauf konkret auf Verhaltensbasis zu achten ist – was man also zur Bedürfnisberücksichtigung konkret machen kann bzw. lieber vermeiden sollte. Die Dos and Don'ts emotional intelligenter Führung werden in Kapitel 3.4.3.2 ausführlicher skizziert.

**BOX 3.8 Die vier Grundbedürfnisse des Menschen**

Was ist ein menschliches Grundbedürfnis? Hier herrscht eine »gewaltige Auswahl« (Grawe, 2004, S. 185) an Definitionen[27]. Nach dem neuropsychotherapeutischen Modell von Klaus Grawe (2004) ist ein Grundbedürfnis ein Bedürfnis, das bei allen Menschen vorhanden ist und dessen Verletzung oder dauerhafte Nichtbefriedigung zu Schädigungen der psychischen Gesundheit führt. Im Folgenden werden plakative Beispiele gewählt, wobei zu beachten ist, dass sich die Bedürfnisse individuell unterschiedlich ausdrücken können.

1. **Bindung und Zugehörigkeit** – Bedürfnis nach tiefer emotionaler Beziehung mit wichtigen Bezugspersonen.
   - Mangelgefühl bei Nichterfüllung: einsam, ausgegrenzt
     - Beispiel: »Ich will dazugehören und jemanden haben, auf den ich mich verlassen kann.«
     - Beispiel bei Erfüllung: »Ich gehöre dazu und habe jemanden, auf den ich mich verlassen kann.«
2. **Autonomie und Orientierung/Kontrolle** – Bedürfnis, die Welt zu verstehen und zukünftige Entwicklungen vorhersehen und beeinflussen zu können.
   - Mangelgefühl bei Nichterfüllung: hilflos, unsicher, abhängig, gefangen
     - Beispiel: »Ich will nicht hilflos sein, sondern selbstständig mein Leben auf die Reihe bekommen.«
     - Beispiel bei Erfüllung: »Ich gestalte mein Leben selbstständig und selbstbestimmt.«
3. **Selbstwerterhöhung und Selbstwertschutz** – Bedürfnis, sich selbst als »gut« oder »in Ordnung« anzusehen und entsprechend wertschätzende Rückmeldungen zu erhalten.
   - Mangelgefühl bei Nichterfüllung: minderwertig, beschämt, ungeliebt
     - Beispiel: »Ich will stolz auf mich sein können.«
     - Beispiel bei Erfüllung: »Ich bin stolz auf mich.«
4. **Lustgewinn und Unlustvermeidung** – Tendenz, angenehm empfundene Zustände (positive Stimuli) zu verstärken und unangenehm empfundene Zustände (negative Stimuli) abzuschwächen. Hierbei werden Lust- und Unlusterfahrungen durch emotional-kognitive Bewertungsprozesse subjektiv bestimmt.
   - Mangelgefühl bei Nichterfüllung: gelangweilt, abgestumpft, angeödet, gestresst, überlastet, müde
     - Beispiel: »Ich will schöne Dinge suchen und erleben, aber schmerzhafte und unangenehme Dinge vermeiden.«
     - Beispiel bei Erfüllung: »Ich erlebe viele schöne Dinge in meinem Leben.«

27 Von McDougall (1932) angefangen über Murray (1938), Maslow (1943), Heckhausen (2006), Gasiet (1981) bis hin zu Epstein (1990) und Deci und Ryan (1985) finden sich vielfältige Vorschläge.

Die vier Grundbedürfnisse nach Grawe (1998, 2004) werden in seiner Konsistenztheorie um ein fünftes Bedürfnis – das nach Konsistenz – als übergreifendes Ziel erweitert, um neuronale und psychische Prozesse im menschlichen Organismus in Einklang zu bringen. Konsistenz beschreibt das Bedürfnis, ein Leben in Übereinstimmung mit den eigenen Werten und der eigenen Weltanschauung führen zu können. Es ist laut Grawe ein übergreifendes Ziel, das sich auf die Erfüllung der vier Grundbedürfnisse bezieht und komplexere weltanschauliche Konzepte (z. B. Moral, Spiritualität, Lebenssinn) integriert.

### 3.3.3 Stärkenorientierte Führung

*Bad is stronger than good* – evolutionsbedingt haben Menschen die Neigung, sich im Vergleich zu positiven Ereignissen und angenehmen Emotionen von negativen Ereignissen und Emotionen stärker beeinflussen zu lassen und sich länger daran zu erinnern (Baumeister et al., 2001). So kann manchmal ein einzelnes kritisches Feedback das Lob aus mehreren Monaten überschatten. Die Funktion dieser angeborenen menschlichen Prädisposition lässt sich evolutionspsychologisch erklären: Organismen, die besser auf schlechte Dinge, z. B. Bedrohungen oder Risiken, eingestellt waren, haben diese mit größerer Wahrscheinlichkeit überlebt und damit die Chance erhöht, ihre Gene weiterzugeben. Aber auch wenn er stark in uns verankert ist, sind wir diesem Negativitäts-Bias nicht schutzlos ausgeliefert. Im Arbeitskontext bietet der Ansatz zur stärkenorientierten Führung eine Gegenantwort darauf. Der erste Schritt dazu ist, sich bewusst zu machen, dass das »Positive« erst durch zahlenmäßige Überlegenheit über das »Negative« in unserer Wahrnehmung »siegen« kann. Anders ausgedrückt: Erst eine hohe Anzahl an positiv bewerteten Ereignissen kann die psychologischen Effekte einer einzelnen negativen Erfahrung aufwiegen – auch bezeichnet als der positiv-negative Asymmetrieeffekt.

Stärkenorientierte Führung in einer Organisation betrifft Bereiche wie das Recruiting und Projekt-Staffing, wofür beispielweise ein unternehmensinterner, stärkenorientierter Marktplatz für Stellen- und Rollenprofile gestaltet werden kann. In der Personalentwicklung wiederum wird die Stärkenorientierung bei internen Weiterbildungsmöglichkeiten und Karrierepfaden genutzt. Sie beinhaltet auch, dass Führungskräfte selbst aktiv eine stärkenorientierte Führungskultur leben, z. B. mittels der Durchführung von 360-Grad-Feedbacks mit Fokus auf Stärken. Wichtig ist im Allgemeinen, dass Führungskräfte sensibel damit umgehen, d. h., Ownership zur stärkenorientierten Führung übernehmen und nicht etwa HR als verlängerte Werkbank der eigenen Führung einsetzen. Ein Good-Practice-Beispiel aus der Industrie ist das Familienunternehmen Viessmann (siehe Interview in Kap. 3.2.5). Hier wird anhand der Kultur und Sprache der Mensch bewusst in den Vordergrund gestellt. Anstatt z. B. von Ressourcen (Human Ressources) zu sprechen, geht es heute um *People & Organization*. Details zu positiven Auswirkungen von stärkenorientierter Führung auf die Leistung, wirtschaftlichen Effekte und auf das Wohlbefinden sind in der nachfolgenden Box 3.9 dargestellt.

**BOX 3.9 Stärkenorientierte Führung – die Zahlen dahinter**

Erste Erkenntnisse aus Untersuchungen stützen den Nutzen von stärkenorientierter Führung. Hier drei Beispiele:

- **Auswirkung auf die Leistung**: Der Corporate Leadership Council[28] (2002) konnte feststellen, dass bei der Betonung von Stärken die individuelle Leistung von 20.000 Mitarbeitenden um 37 % stieg, während bei der Betonung von Schwächen die individuelle Leistung um 27 % abfiel.
- **Wirtschaftliche Effekte durch stärkenbasierte Managementpraktiken** (Rigoni & Asplund, 2016): In dieser breit angelegten internationalen Studie wurde untersucht, wie sich stärkenbasierte Maßnahmen auf die Leistung von Arbeitsgruppen auswirken. Sie umfasste knapp 50.000 Geschäftseinheiten mit 1,2 Millionen Mitarbeitenden in 45 Ländern. In den Einheiten, die auf Stärken fokussierten, stieg der Umsatz um 10-19 % und die Kundenbindung verbesserte sich im Vergleich zu den Kontrollgruppen. Auch das Engagement der Mitarbeitenden stieg, während die Fluktuationsraten stark rückläufig waren.
- **Auswirkung von stärkenorientierter Führung auf das Wohlbefinden** (Wood et al., 2011): Diese Studie untersuchte mit 207 Teilnehmenden zu drei Messzeitpunkten – Baseline sowie nach 3 und 6 Monaten als Follow-up – den Effekt des Einsatzes der eigenen Stärken im Team. Konnten die persönlichen Stärken eingebracht werden, führte dies zu einer Verringerung des wahrgenommenen Stresses. Zusätzlich beschrieben die Teilnehmenden eine Steigerung des Selbstwertgefühls, der Vitalität und des Wohlbefindens.

Im Kontext von achtsamer Führung wird der Begriff »emotionale Führung« genutzt – es sei jedoch anzumerken, dass es nicht darum geht, selbst emotional zu sein, sondern als Führungskraft einen positiven Umgang mit Emotionen zu finden. In internationalen Firmen wird vermutlich wegen der möglichen, vermeintlich »weichen« Konnotation weniger von achtsamer oder mitgefühls-orientierter Führung gesprochen als von den Begriffen »Mindful Leadership« oder »Compassionate Leadership«.

### 3.3.4 Interview mit Max Lederer, CIO der Jung von Matt AG

### Über die Relevanz von emotionaler Intelligenz in der Führung von Teams

**Zur Person:**
Max ist Chief Innovation Officer (CIO) der Werbeagentur »Jung von Matt«, Europas kreativster unabhängiger Agentur, u. a. bekannt für »3 ... 2 ... 1 meins!« (eBay), »Wer hat`s erfunden?« (Ricola) und »Geiz ist geil« (Saturn). Max begann seine Karriere bei Kabel New Media am Höhepunkt der New Economy und war danach 16 Jahre Digital-Experte im BBDO-Network. Seit 2015 ist er bei Jung von Matt u. a. für Kunden wie BMW, Montblanc, Huawei und Bosch tätig. Als CIO ist er mit seinen Kollegen auf der C-Ebene für 1.200 Mitarbeitende in mehreren Ländern verantwortlich. Und das in einer Branche, die sich stark wandelt, und in einer Agentur, die durch ihre Bekanntheit öffentliche Aufmerksamkeit erfährt. Er ist Vater von zwei Kindern und lebt in Hamburg.

28 Der Corporate Leadership Council ist die Mitgliederabteilung der Organisation »The Corporate Executive Board«, deren Aufgabe ist, Best-Practice-Forschung und Führungskräfteausbildung in den Bereichen Unternehmensstrategie, Operations und General Management anzubieten.

**Wieso ist emotionale Intelligenz so wichtig geworden?**

Neben der Exzellenz des Produktes gewinnt der zwischenmenschliche Aspekt immer mehr an Bedeutung: Der Kunde fragt sich: »Mit wem arbeite ich in diesem Projekt zusammen?« – die Chemie ist viel entscheidender als früher, ob man den Zuschlag für einen Auftrag bekommt. Es hat auch für die Bindung zum Kunden wahnsinnige Erfolgseffekte, wie man vom Gegenüber wahrgenommen wird. Im Dienstleistungsgewerbe natürlich um so mehr. Die Pandemie hat diese Entwicklung nochmals beschleunigt: Durch die massive Reduktion direkter Kontakte wählt man sich sehr genau aus, mit wem man die wertvolle Zeit verbringen will. Man fragt sich einmal mehr: Will ich mit diesem Menschen wirklich arbeiten? Daher kann man es sich nicht mehr leisten, keine emotionale Intelligenz zu haben, man muss versuchen, auf eine gemeinsame Wellenlänge zu kommen. Das gilt auch für die Zusammenarbeit im Team.

**Worauf achtest Du als Führungskraft bei der Zusammenarbeit in diversen Teams?**

Man muss ein Umfeld schaffen, in dem die Mitarbeitenden sich sicher fühlen. Und Wertschätzung ist eines der wichtigsten Dinge, damit ein Team gut funktioniert. Es passiert schnell, dass Menschen sich hier nicht gesehen fühlen. Außerdem braucht man Diversität innerhalb des Teams. Eine Zeit lang war ich nach Generalist:innen auf der Suche, die im Prinzip alles können. Das gibt es da draußen aber kaum. Jetzt schaue ich nach »Inselbegabten«, die eine bestimmte Sache besonders gut können. In diesen interdisziplinären Teams sprechen die Menschen aber verschiedene Sprachen. Die muss man verstehen und als Führungskraft für alle übersetzen. Dafür braucht man emotionale Intelligenz, weil man sich in die Perspektive der anderen hineinversetzen muss. Nur so lässt sich ein diverses Team zu einem Hochleistungsteam formieren und ein gemeinsames Ergebnis herbeiführen.

Innovationen brauchen diverse Perspektiven und dass jemand kritisch nachfragt. Das sind die Menschen, die in der alten Welt keinen Platz hatten. Das ist mir besonders wichtig, weil ich mich selbst dazuzähle. Früher war für solche Diskussionen kein Raum, aber genau die brauchen wir, um relevant zu bleiben. Das geht nur, wenn die Teams sich sicher fühlen, ihre Gedanken einzubringen. Auch, oder genau dann, wenn sie anders sind als die von allen anderen.

**Was ist die Herausforderung bei emotional intelligenter Führung?**

Dabei fällt mir ein Zitat von Peter Figge ein[29]: »Die meisten Menschen haben die Schwächen ihrer Stärken«, und das ist die Herausforderung in diesem Thema. Menschen, die eine Art von verstärkter Sensibilität und Empathie mitbringen, müssen sich auch gut selbst regulieren können. Sie werden sonst verletzlich: Andere merken, wenn man mitfühlt, und könnten das ausnutzen, z. B. bei Gehaltsverhandlungen.

Nähe ist toll. Die Grenzen zwischen Arbeit und Freizeit verschwimmen immer mehr und mit manchen Kolleg:innen hat man enge Beziehungen. Dadurch kann allerdings eine Hemmschwelle entstehen, unangenehme Dinge zu äußern und somit erst anzusprechen, wenn es zu spät ist. Und es knallt bei Misserfolg: Kritik zu vermitteln, wo man gestern noch zusammen ausgegangen ist, kann verletzender wirken, als wenn man eine gesunde Distanz zwischen sich hat. Früher waren Geschäftsführer Eminenzen im Hintergrund, dagegen übernehmen sie heutzutage eine repräsentative Rolle für das Unternehmen und werden auch als Mensch, nicht nur in ihrer Position gesehen und beurteilt. Somit bekommt emotionale Intelligenz nicht nur intern Relevanz, sondern auch extern. Ich sehe eine Tendenz, die Interaktionen im Job mit Erwartungen zu überladen: Jede Beziehung muss alles erfüllen und der Beruf eine volle Berufung sein. Kann das gut gehen?

**Wie kann man emotionale Intelligenz erlernen?**

Ich kann nur für mich sprechen, was meine emotionale Intelligenz gefördert hat: zum einen mein soziales Umfeld, in dem ich als jüngster mit drei Schwestern aufgewachsen bin. Zum anderen habe ich mich früh alleine in Situationen begeben, in denen ich aus meiner sozialen Komfortzone heraustreten musste. Ich bin in unzählige Mikrokosmen eingetaucht. Man macht verschiedene Türen der Gesellschaft auf und lernt andere Räume, andere Communities kennen, wodurch man anfangen kann – und muss – zu verstehen, wie andere Menschen in anderen Zusammenhängen ticken. Mein Tipp also: Bringt eure Kinder schnell in neuartige Zusammenhänge, wo sie sich mit anderen Leuten auseinandersetzen müssen: Schüleraustausch, Sportclubs, sowas.

Und für euch selbst: Lernt so viel Neues, wie es nur geht. Immer wieder raus aus der Komfortzone, sich selbst konfrontieren mit unerwarteten Situationen, in denen man sich neu zurecht finden muss – das hat mir immer dabei geholfen, mich besser in Andere hineinzuversetzen.

29 Dr. Peter Figge ist der CEO der Jung von Matt AG.

## 3.4 Toolbox: Drei Hebel für emotionale Intelligenz und Achtsamkeit im Team

Im Folgenden werden die Techniken zur Stärkung der emotionalen Intelligenz im Team aufgelistet mit der Idee, dass man sich die Techniken heraussucht, die zum eigenen Team passen. Die Auswahl hängt sehr von Teamgröße, Setting, Altersstruktur, persönlichen Vorlieben, Technikbegeisterung etc. ab. Dazu bleibt man am besten mit dem Team im Austausch und probiert verschiedene Tools aus.

Die Toolbox für Teams besteht aus:

**Verbundenheit durch:**
- Agile Methoden: Retro, Persona, spannungsbasiertes Arbeiten
- Gemeinsamkeiten wahrnehmen und Raum für Emotionen geben
- Stärkenorientierte Techniken im Team

**Klarheit durch:**
- Agile Methoden: Integrativer Entscheidungsprozess, Konsent, Rollenbasiertes Arbeiten, transparenzfördernde Methoden, Sprint, Review, 5-Räume-für-Interaktionen
- Achtsamkeitsübungen: Geleitete Meditationen, Minute der Stille, schweigendes Mittagessen, Achtsamkeitsmonat

**Stressreduktion durch:**
- Achtsame Meetingkultur und Teamregeln der Zusammenarbeit
- Achtsame Führung: Dos and Don'ts für Führungskräfte
- Psychologische Sicherheit

### 3.4.1 Verbundenheit

Folgende Formate, Rituale und Routinen können dabei helfen, die Verbundenheit im Team zu erhöhen:

#### 3.4.1.1 Verbundenheit durch agile Methoden

**Retrospektiven:** Retrospektiven sind (regelmäßige) moderierte Teammeetings, in denen ein Team außerhalb der täglichen Arbeitsroutinen über die Zusammenarbeit reflektiert und mögliche Ansätze zur Verbesserung herausarbeitet. Bei diesen »Rückblicken« reflektieren die Teammitglieder zusammen den gemeinsamen Arbeitsalltag, bewerten, was gut und was schlecht gelaufen ist, und analysieren, warum. Fragen zur Beantwortung können z. B. sein: »Welche Stärken vereinen wir als Team? Wie haben diese zum Projekt beigetragen? Wie können wir diese zukünftig noch besser einbringen?« Nach gemeinsamer Analyse werden Maßnahmen zur Verbesserung vereinbart. Retros stärken die Verbundenheit, indem sie sich – anders als Review-Meetings, die sich auf die inhaltliche Was-Ebene beziehen – auf Prozesse und die Teamarbeit (Wie-Ebene) fokussieren.

**Persona**: Personas sind ein hilfreiches Werkzeug, um Hypothesen über Kunden zu dokumentieren und eine Basis fürs Testen zu schaffen. Sie helfen auch, den Fokus weg von Geschäftsmodellen und technischer Machbarkeit hin zu nutzerzentriertem Denken zu steuern. Anhand einer »greifbaren Person« Neues zu erproben, kann die Basis für ein gemeinsames Verständnis im Team vergrößern, indem alle Teammitglieder dazu aufgerufen werden, sich empathisch in die Welt und Bedürfnisse der Persona hineinzuversetzen.

**Spannungsbasiertes Arbeiten**: Spannungen sind all das, was wir wahrnehmen, wenn der Ist-Zustand nicht dem Soll entspricht, z. B. Wünsche, Konflikte, Probleme oder Optimierungspotenziale. Sie sind keineswegs als etwas Negatives zu sehen, sondern als Impulse für Veränderung, also als Treibstoff der Organisation (siehe Abb. 3.5). In selbstorganisierten Teams stehen alle Teammitglieder in der Verantwortung, proaktiv ihre Spannungen einzubringen. Regelmäßige Fragen für die Auflösung von Spannungen sind: Wie würde sich die Spannung für mich in einen konstruktiven Lösungsvorschlag auflösen? Kann ich selbst entscheiden? Wer ist einzubeziehen aufgrund des notwendigen Fachwissens oder einer eventuellen Betroffenheit? In welchem Meeting kann die Spannung am besten gelöst werden? (Menzyk, 2021; Klein & Hughes, 2019).

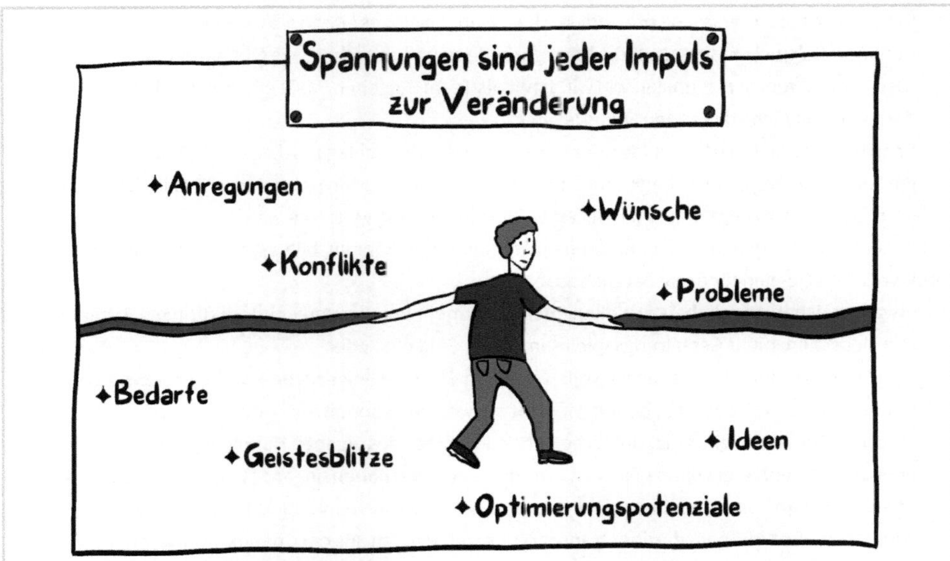


**Abb. 3.5:** Spannungen als Impuls jeder Veränderung (Quelle: Klein & Hughes, 2019, S. 93)

**BOX 3.10 Spannungsbasiertes Arbeiten: Von der Tension zur Intention**

Eine Spannung entsteht, wenn der Ist-Zustand nicht dem Soll entspricht (Abb. 3.6). Ursachen können etwa Optimierungspotenziale, Konflikte, Ideen, Wünsche, Bedarfe an Information oder Zuarbeit für die eigene Rolle sein oder auch Probleme oder Anregungen (Klein & Hughes, 2019).

Spannungsbasiertes Arbeiten bietet den Raum und die Chance, Probleme und Unzufriedenheiten mit der Arbeit oder im Team proaktiv adressieren zu können, um so Belastungen, die sonst möglicherweise über lange Zeit bestehen würden, rasch und effektiv begegnen zu können. Es kann somit zu Klarheit beitragen, aber auch dazu, Verbundenheit (wieder-)herzustellen und aus Unzufriedenheit und Konflikten resultierenden Stress zu reduzieren. Entscheidend für das spannungsbasierte Arbeiten ist eine gute Selbstwahrnehmung, um dadurch Spannungen bei sich möglichst frühzeitig wahrzunehmen. Gerade bei emotionalen Spannungen ist es wichtig, sie differenziert und konstruktiv zu verbalisieren und mit einer lösungsorientierten inneren Haltung anzugehen. Dies gilt natürlich ebenso für die Spannungen anderer Teammitglieder. In einem selbstorganisierten Team hat jedes Teammitglied die Verantwortung, Spannung in all ihren Facetten wahrzunehmen und zur Klärung in das Team einzubringen. Man kann sagen, dass man versucht, von der »Tension« (engl. für Spannung) zur »Intention« zu gelangen.

**Beispiel:** »Ich kann es nicht schaffen, das Projekt in dieser kurzen Zeit zum Abschluss zu bringen.« Das wahrgenommene Problem löst eine Spannung aus, die sich auf die Einzelne, aber auch auf andere Teammitglieder auswirkt. Für einen konstruktiven Umgang mit der Spannung ist es wichtig zu ergründen, welches Bedürfnis dahintersteckt und als welche Emotion dieses spürbar ist. Einerseits braucht es also einen empathischen Umgang mit sich selbst sowie ein empathisches Verständnis der Teammitglieder untereinander (Menzyk, 2021). Diese Basis kann in drei Schritten geschaffen werden:

- **Schritt 1**: Wie muss der Zustand sein, damit das Problem für mich gelöst ist? Was brauche ich, um diese Spannung aufzulösen? Die Antwort ist das Bedürfnis: Wie muss es sein, damit die Spannung nicht mehr existiert (hin zur Lösung)? Dazu ist es hilfreich, die eigenen Ressourcen zu priorisieren.
- **Schritt 2**: Was ist die Geschichte und welche Lösungen gibt es? Kann ich mir selbst oder den anderen ein Beispiel erzählen, um die Beweggründe zu verdeutlichen: »Es gibt aktuell so viele kurzfristige Anfragen. Mir ist unklar, wie wir damit als Team umgehen. Mein eigentliches Projekt ist XY, darauf möchte ich stärker den Fokus legen.«
- **Schritt 3**: Was ist mein Vorschlag oder Intention? »Mein Vorschlag ist, dass wir Transparenz zu allen laufenden Projekten schaffen und mithilfe dieser Information priorisieren. Zusätzlich wünsche ich mir Unterstützung, sodass ich bei einer Re-Priorisierung vertreten werde.«

Um innere Spannungen für sich einordnen und regulieren zu können, hilft es, sich und dem Team die drei typischen Quellen für diese deutlich zu machen:

- etwas erreichen oder haben zu wollen (mehr Zeit, mehr Prestige, mehr Interaktion mit inspirierenden Menschen, mehr Gestaltungsspielraum, mehr Geld etc.) oder
- eben etwas nicht mehr erleben zu wollen (weniger Stress, weniger Arbeit, weniger schwierige Interaktionen mit Menschen, denen wir nicht ausweichen können etc.) oder
- als dritte Quelle die Ignoranz (Unklarheit über die Folgen des eigenen Handelns; Unwissenheit über Zusammenhänge; blinde Flecken, was das eigene Verhalten angeht etc.). Ärger ist eine häufige Emotion im Zusammenhang mit den drei Quellen. Diese Spannung kann der Einzelne regulieren oder auch im Team darüber transparent sprechen, um aus der Spannung eine Intention zu machen – für sich selbst und im Sinne der Zusammenarbeit mit dem Team. Da Ersteres ausführlich in Kapitel 2 beschrieben ist, reduziert sich dieser Abschnitt auf die Spannungen in der Teamzusammenarbeit.

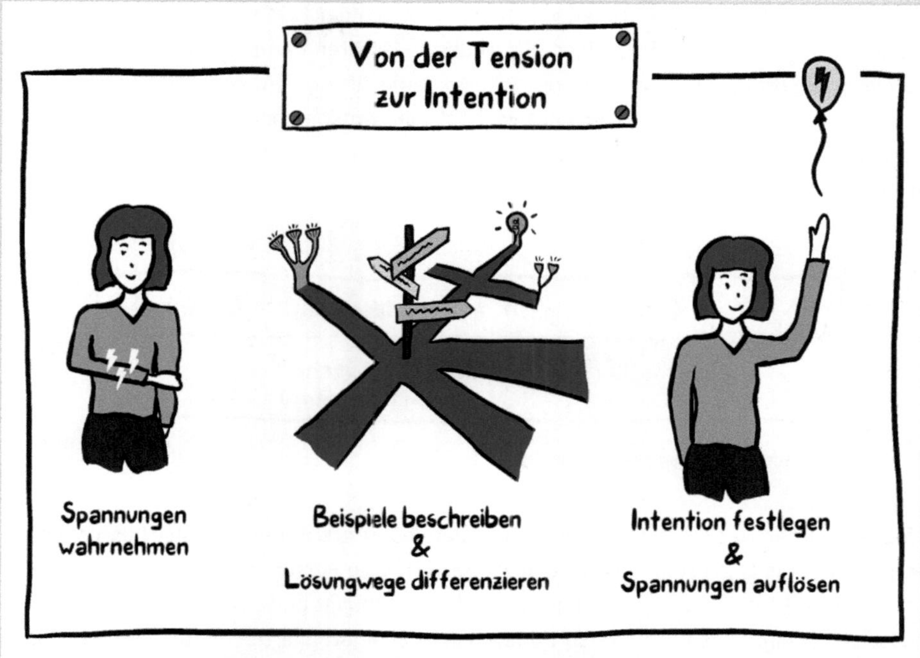


**Abb. 3.6:** Spannungsbasiertes Arbeiten in drei Schritten (inspiriert von: The Loop Approach® von TheDive, 2023, mit freundlicher Genehmigung)

### 3.4.1.2 Verbundenheit durch Raum für Emotionen und Gemeinsamkeiten im Team

#### 3.4.1.2.1 Raum für Emotionen ermöglichen

Für die Stärkung des Teams kommen Präsenztreffen, hybride Arbeit als auch Remote-Arbeit als Rahmen in Frage. Die meisten hier vorgestellten Formate für Teammaßnahmen sind für alle drei Formen der Begegnung gültig.

*Anmerkung*: Über Emotionen zu sprechen bedeutet nicht unbedingt, dass man viel Raum und Zeit damit verbringen muss (siehe Box 3.11). Es geht vielmehr darum, *wie* man über Emotionen spricht und nicht wie lange. Indem immer wieder kleine Räume dafür geschaffen werden, verändert sich auch der zeitliche Rahmen, in dem man sich mit dieser Frage beschäftigt.

**Aufstellen der Vertrauensformel**: Die Vertrauensformel ist ein Modell, um zu verstehen, wie verschiedene Faktoren Vertrauen beeinflussen. Die Faktoren Glaubwürdigkeit, Zuverlässigkeit und Offenheit stärken das Vertrauen im Team. Ist jedoch der Faktor Selbstbezogenheit – als Gegenteil von Interesse – hoch, leiden alle anderen Faktoren darunter (siehe Abb. 3.7). Zum Aufstellen der Formel im Team wird jeder Ecke im Raum ein Element der Vertrauensformel zugewiesen. Alle Personen wählen eine Antwort-Ecke aus entsprechend der Frage: »Was schafft Vertrauen?« Je nach Gruppengröße erzählen einzelne Personen oder alle, warum sie das jeweilige Element ausgewählt haben.

$$\text{Vertrauen} = \frac{\text{Glaubwürdigkeit} * \text{Zuverlässigkeit} * \text{Offenheit}}{\text{Selbstbezogenheit}}$$

(als Gegenteil von Interesse)

**Abb. 3.7:** Die Vertrauensformel (angelehnt an Maister et al., 2021)

**»Lifeline«-Dinner**: Das Team kommt zu einem Abendessen zusammen, um sich besser kennenzulernen und das gegenseitige Vertrauen zu stärken, eine Person moderiert den Ablauf. Vor dem Essen wird ein langer Bogen Papier an die Wand gehängt und eine »Lebenslinie«, z. B. für die letzten 10 Jahre – je nach Altersgruppe –, eingezeichnet. Alle Teammitglieder bekommen Post-its, auf denen sie prägende Ereignisse aus ihrem Leben festhalten, und kleben diese anschließend auf die Lebenslinie. Die Moderation geht nun die einzelnen Post-its durch und fragt, ob das jeweilige Teammitglied etwas dazu teilen möchte. Alle, die mögen, teilen ein bis zwei Erlebnisse, die nachhaltig das eigene Leben geprägt haben. Oft sind dies eher Rückschläge als Erfolge. Die Führungskraft kann hier mit gutem Beispiel vorangehen.

**Check-in mit innerer Wetterlage**: Das Team beginnt Meetings mit einem kurzen Check-in zum eigenen Befinden, wobei das Wetter als Metapher für die aktuelle Stimmung genutzt wird, z. B.: stürmisch, aber auch immer wieder sonnige Abschnitte. Ob die innere Wetterlage sonnig, neblig oder windig ist, kann sehr viel mehr über das aktuelle Empfinden verraten als die gängigen Antworten von »gut« und »schlecht«. In einer kleinen Runde lässt sich diese Frage zügig der Reihe nach beantworten. Um dem Austausch mehr Raum zu geben, kann der Check-in auch als wöchentlicher morgendlicher Termin festgelegt werden mit freiwilliger Teilnahme.

**Moodboards im Team nutzen**: Moodboards ermöglichen einen leichten Zugang, um die eigenen Emotionen zu beschreiben. Sie bieten eine kreative Möglichkeit zur Stimmungsabfrage, z. B. über jahreszeitliche oder arbeitsbezogene Bilder: Die Stimmung anhand von Nikoläusen (siehe Abb. 3.8) einzuschätzen, kann aufheiternd sein, dies lässt sich genauso gut mit Schafen oder Dosen oder anderen Dingen umsetzen; einige Bilder finden sich frei zugänglich im Netz.

**Abb. 3.8:** Stimmungs-Board mit Nikoläusen zur Weihnachtszeit

**Regelmäßiges Teambarometer als Pulse Check:** Ein ausführlicher Pulse Check (ca. 20-40 Minuten) dient dazu, nicht nur Inhalte, sondern auch Gefühle und Zufriedenheit im Team sichtbar und damit leichter bearbeitbar zu machen, beispielsweise visualisiert in Boards wie Mural oder auf Flipcharts. Die Moderation bittet das Team, sich Fragen oder Aussagen zu überlegen, die neben dem *Was* auch das *Wie* der Zusammenarbeit betrachten. Mögliche Aussagen sind z. B.:

- »Wir arbeiten effektiv als Team zusammen.«
- »Die Stimmung in unserem Team ist gut.«
- »Unsere Meetings sind produktiv.«

Die Aussagen werden nacheinander evaluiert. Nach jeder Aussage setzt jedes Teammitglied einen Klebepunkt in der entsprechenden Farbe auf das Teambarometer, welches anzeigt, wie der betrachtete Aspekt von den jeweiligen Mitgliedern eingeschätzt wird. Die Klebepunkte sind nicht eindeutig den Teammitgliedern zuordenbar. Mit Hilfe der Moderation werden die Ergebnisse anschließend im Team diskutiert, um dann zu versuchen, mögliche Verbesserungsbereiche und entsprechende Maßnahmen abzuleiten. Das Teambarometer wird idealerweise regelmäßig mit denselben Fragen durchgeführt, um Entwicklungen im Team zu beobachten.

**Wertschätzende Gesten in Zeiten von Unsicherheit**: Zu Beginn einer neuen Tätigkeit, bei länger andauernder Krankheit oder bei Verlust eines nahen Angehörigen sind Menschen in besonderem Maße auf Verbundenheit angewiesen. In solchen Situationen ist es wichtig, der betroffenen Person – und darüber hinaus allen Mitarbeitenden – zu signalisieren, dass sie mit ihren Problemen und Bedürfnissen gesehen werden. Ein Blumenstrauß und nette Grüße von der Kollegschaft zur Begrüßung, ein Care-Paket für zuhause oder das klare Signal, zu einem Mitarbeitenden zu stehen, auch wenn die Person länger krank ist – all dies kann in besonderem Maße dazu beitragen, dass Menschen sich verbunden fühlen.

**Positives Teilen**: Ob zu Beginn eines Meetings oder in der Teeküche, es schafft eine verbindende Atmosphäre, wenn man von einem positiven Erlebnis der letzten Tage oder drei neuen Dingen, die man gelernt hat, oder einer Sache, für die man dankbar ist, berichtet.

**BOX 3.11 Fünf falsche Annahmen, warum man im beruflichen Kontext ungerne auf Emotionen eingeht**

Insbesondere im Arbeitskontext fällt es oft nicht leicht, mit den Emotionen anderer umzugehen. Selbst wenn die Situationen offensichtlich sind, weiß man oft nicht, wie man sich am besten verhalten soll. Findet man beispielsweise einen Kollegen weinend im Büro vor, können verschiedene falsche Annahmen ausschlaggebend dafür sein, dass man die Emotionen ungern anspricht und diese eher unkommentiert lassen möchte:

1. Die Befürchtung, dass man vom Kollegen als indiskret oder aufdringlich wahrgenommen werden könnte und letztlich für beide daraus eine peinliche Situation resultieren würde.
2. Der Glaube, Emotionen nur ansprechen zu können, wenn man den Kollegen sehr gut kennt.
3. Die Empfindung, Verantwortung für die Lösung des Themas übernehmen zu müssen, sobald es adressiert wurde.
4. Der Anspruch, den Kollegen nur dann ansprechen zu können, wenn man ganz sicher ist, was los ist, um nicht in unangenehme Themen verwickelt zu werden.
5. Die Angst davor, die Kontrolle über das Gespräch zu verlieren, ohne zu wissen, wie man sie zurückbekommen könnten.

Viele haben letztlich einfach Angst vor einer dramatischen, emotionalen Reaktion, die jedoch nur in seltenen Fällen eintrifft. Man muss also nicht gleich psychologische Fachkraft werden, um einen guten Umgang mit Emotionen zu erlernen. Was kann man also auf der einfachen kollegialen Ebene tun? Die vorangegangene Aufzählung mag helfen, selbst zu reflektieren, welche Emotion wahrscheinlich bei einem selbst aufgetreten wäre, und zeigt, dass man mit diesen Emotionen nicht alleine dasteht. Um für solche Situationen gewappnet zu sein und sich der eigenen zwischenmenschlichen Kompetenz sicherer zu fühlen, kann man auf der Ebene des Individuums emotionale Intelligenz aufbauen (siehe dazu Kap. 2). Außerdem kann man darauf vertrauen, dass man, wenn man etwas Menschlichkeit zulässt, auch in der Regel etwas Passendes zu sagen findet und adäquat auf solche emotionalen Situationen reagieren kann. Sofern auf der Ebene des Teams ein gutes Klima besteht und sich die Personen untereinander gut kennen, fällt dies noch leichter. Denn ein positives Teamklima kann ein gutes Gewächshaus dafür sein, um sich trotz aller Bedenken zu trauen, auf die Emotionen anderer einzugehen.

#### 3.4.1.2.2 Gemeinsamkeiten erkennen

Ganz einfache und praktische Methoden, um die Verbundenheit im Team zu fördern, basieren auf der Annahme, dass Empathie – als Voraussetzung für Mitgefühl – durch das Feststellen von Gemeinsamkeiten entsteht. Dieses Phänomen wird in der Psychologie als *common humanity* bezeichnet. Die nachfolgend beschriebenen Formate, mit denen common humanity gefördert werden kann, dienen im unterschiedlichen Maße dem Herstellen von Verbundenheit, etwa durch das Erkennen(-lassen) von Gemeinsamkeiten und ein besseres Verständnis unterschiedlicher Bedürfnisse von Teammitgliedern.

**BOX 3.12 Common humanity**

Prof. Kristin Neff (2003) prägte den Begriff im Rahmen ihrer Forschungsarbeiten zum Thema Selbst-Mitgefühl. Laut Neff umfasst Mitgefühl die Erkenntnis, dass persönliches Leid immer Teil einer »geteilten menschlichen Erfahrung« ist. Das bedeutet, dass jeder Mensch Gefühle wie Enttäuschung, Erschöpfung oder Verzweiflung durchlebt – diese Erfahrungen sind daher menschlich (engl. human) und vor allem universell (engl. common). Auch wenn es Ihnen manchmal so vorkommen mag, als seien Sie die/der Einzige, die/der gerade nicht schlafen kann: Seien Sie sich sicher, Sie sind nicht allein – es sind mittlerweile etwa 8 Milliarden Menschen auf der Welt, es wäre Zufall, wenn sich nicht etliche finden würden, die genauso empfinden wie Sie gerade.

**Entweder-oder-Fragen als Ice-Breaker bei Team-Veranstaltungen**: Um ein größeres informelles Treffen wie z. B. die Weihnachtsfeier einzuleiten, können einfache Spiele zum besseren Kennenlernen dienen. Für das Entweder-oder-Spiel werden vorab Fragen gebrainstormt und vor Ort anmoderiert. Die Teilnehmenden müssen sich im Raum jeweils einer Seite zuordnen, z. B. zu Wahlfragen wie »Stadt oder Land«, »Comedy oder Drama«, »Fahrrad oder Auto«, »Pizza oder Curry«. Je nach Grad an Ausgefallenheit der Fragen lernt man nicht nur die anderen, sondern auch sich selbst noch besser kennen.

**Lunch Lottery oder Mystery Coffee**: Einmal pro Monat treffen sich einander zugeloste Teammitglieder zum informellen Austausch beim Mittagessen oder Kaffee. In größeren Unternehmen kann das auch über Teamgrenzen hinaus organisiert werden, um ggfs. mehr über die Menschen in anderen, unbekannteren Abteilungen zu erfahren.

**Gemeinsame Erlebnisse**: Um sich stärker als Person jenseits der im Job verkörperten Rolle zu begegnen, können gemeinsame Aktivitäten wie die Gestaltung eines gemeinsamen Frühstücksbuffets, sportliche Aktivitäten, Pub-Quiz[30]-Abende, Escape Rooms, Karaoke etc. auch über die Arbeitszeit hinaus verbindend wirken.

**Gemeinsame »Telefon-Spaziergänge« oder »Walki-Talkies«**: Zur Stärkung von Nähe trotz physischer Distanz im Team werden einmal im Monat wechselnde Paare für informelle Gespräche ausgelost. Zugleich motivieren die Telefonate zur erholsamen Bewegung an der frischen Luft. Auch 1:1-Meetings können – sofern möglich und von beiden gewünscht – gezielt als Telefonspaziergang durchgeführt werden.

**Teamfrage der Woche im Check-in oder Check-out**: Im Check-in kann eine Frage der Woche reihum beantwortet werden, in größeren Teams funktioniert dies auch über Chat. Die Person hinter dem anderen Bildschirm oder im Flur gegenüber erscheint uns plötzlich viel näher, wenn wir z. B. feststellen, dass sie die gleichen Dinge mag wie man selbst, oder ebenfalls Probleme hat, alles im Homeoffice unter einen Hut zu bekommen. Fragen können z. B. sein:

- Was hat dir heute Energie gegeben?
- Wofür bist du aktuell dankbar?
- Was war das Highlight der Woche?
- Was hat diese Woche im Team gut geklappt?

**Spezifische Channels zum Austausch**: Diese werden virtuell genutzt für schnelle Infos, um mit GIFs oder Emojis Gefühle auszudrücken, Nähe herzustellen und lustige Momente zu kreieren. Channel-Ideen sind:

- **Lebendige Chats, um Fotos und Videos zu teilen,** oder einen **Foto-Contest** zu veranstalten, z. B. einen Wettbewerb um das beste Foto zu einem bestimmten Thema.
- **Ideen-Channel** zum Austausch von Ideen oder Erfahrungen.
- **Interest-Channel**, um Gemeinsamkeiten zu finden oder Interessengruppen zu bilden.
- **Favorites-Channel** oder Playlist für Lieblingsbücher oder -musik.
- **1 Tag im Leben von …**: Wer möchte, teilt im Team-Kanal als Schnappschuss ein paar Eindrücke aus seinem Alltag im Homeoffice und nominiert daraufhin eine andere Person.

**Virtuelles Office oder Gemeinschaftsraum mit Avataren**: Virtuelle Avatar-Programme wie z. B. *Gather Town* oder *Wonder me* eignen sich als Möglichkeit, sich informell in wechselnden Gruppen auszutauschen oder auch eine virtuelle Arbeitsumgebung für größere Netzwerkveranstaltungen zu erstellen. Bei diesen Tools bewegt man seinen Avatar gemeinsam mit anderen Avataren auf einer zweidimensionalen Karte durch den Raum. Nähert man sich einem Avatar, erhält man die Möglichkeit, zu chatten oder sich über Video zusammenzuschalten. Auch eine virtuelle Kaffeeküche kann als Pausentreff dienen, die man aufsuchen kann, um gemeinsam einen virtuellen Tee zu trinken.

30 Quiz-Spiel in einer Bar oder Kneipe, bei dem Teams gegeneinander antreten und gemeinsam Fragen beantworten.

**Zu besonderen Anlässen Geschenke nach Hause schicken**: Zur Begrüßung kann man neuen Teammitgliedern zum ersten Arbeitstag ein Willkommenspaket im Namen des Teams nach Hause schicken. Auch die Geburt eines Kindes, eine Hochzeit oder der Geburtstag bieten Anlässe, um den Mitarbeitenden remote eine Freude zu machen.

**Team-Events mit verschiedenen Schwerpunkten**: Um dem Team als Ganzes Foren zur Stärkung der Verbundenheit zu geben, bieten sich gemeinsame Events an, die einen gleichzeitigen Austausch des gesamten Teams ermöglichen.

- **Inspirational Sharing Night**: Einmal im Quartal wird ein Nachmittag oder Abend veranstaltet, an dem ein Teammitglied ein inspirierendes Erlebnis, ein neues Learning, ein Hobby oder eine lustige Geschichte aus dem eigenen Leben teilt.
- **All-hands-Call**: Bei diesen geht es um Transparenz und Raum für Fragen – Führungskräfte stehen in Präsenz oder in einem monatlichen Live-Stream Rede und Antwort oder nutzen den Raum, um zukünftige Ziele oder bisherige Erfolge und Danksagungen zu teilen.
- **Online Escape Game**: Primär zum Teambuilding vorgesehen, aber auch genutzt als Spaßfaktor geht es hier darum, sich gemeinsam als Team aus einem virtuellen Raum zu befreien, indem gemeinsam Rätsel gelöst oder eine Mission erfüllt werden.

#### 3.4.1.3 Verbundenheit durch Stärkenorientierung im Team: Lob, Anerkennung und Optimismus kultivieren

**Identifizierung und Transparenz individueller Stärken im Team**: Gemeinsam kann das Team ein aussagekräftiges Bild zum Team selbst entwickeln, z. B. ein Team-Stärkenboard (»Wer kann was von wem lernen?«) oder Steckbriefe mit Top-Stärken (»Welche Superpower hast Du?«). Anschließend kann das Team besprechen, wie die Stärken im Team genutzt werden können, und sich diese über das Bild immer wieder vor Augen führen.

Im Sinne der Regelmäßigkeit können darüber hinaus im Team Tandems – sog. »Stärkenfürsprecher« – gebildet werden, die sich bspw. einmal im Quartal darüber austauschen, welche Stärken sie beieinander wahrnehmen, wie sie diese bereits jetzt einsetzen und ggfs. noch mehr einsetzen könnten.

**Wertschätzung und Dankbarkeit zeigen**: Dankbarkeit für einen wertvollen Beitrag lässt sich gegenüber einzelnen Teammitgliedern z. B durch eine kurze E-Mail oder ein Telefonat zum Ausdruck bringen, aber auch Teammeetings sind ein passender Raum dafür. Besondere Anlässe wie Geburtstage bieten zudem die Gelegenheit, um wertschätzende Karten zu schreiben. Z. B. können alle Teammitglieder jeweils eine Stärke einer bestimmten Person auf einer Karte sammeln oder aber eine Dankeskarte schreiben, auf der alle den Satz »Ich schätze besonders an Ihnen ...« vervollständigen. Auf der anderen Seite ist es auch ein Zeichen von Wertschätzung, mit Bestimmtheit einzuschreiten, wenn Teammitglieder schlecht über andere im Team sprechen.

**Stärkenorientierter Team-Check-in, z. B. über Kudo-Karten (Lobkarten)**: Ein Check-in eignet sich optimal, um stärkenorientiertes Feedback oder Lob auszusprechen. Als Hilfsmittel eignen sich dazu Kudo-Karten:

1. Vorgefertigte Karten vor dem Meeting mit Lob versehen.
2. Im Team wird entschieden, wie die Karten genutzt werden sollen: Sollen sie vor allen vorgelesen oder nur unter vier Augen geteilt werden?
3. Die Karten im virtuellen Meeting vor die Kamera halten und ggfs. im Anschluss sammeln und im Teamraum aufhängen.

**Stärkendusche**: Bei der Stärkendusche erhält jede Person von allen Teammitgliedern ein ehrlich gemeintes positives Feedback. Dazu geben sich Kolleginnen in einem Speed-Dating-Verfahren kurz und knapp Feedback über eine Eigenschaft, die man am Gegenüber schätzt, indem sich jeweils zwei Leute gegenüberstehen. »Eine Sache, die ich besonders an Ihnen schätze/als eine Stärke von Ihnen wahrnehme...«. Dies zahlt auch auf die eigenen Feedbackfähigkeiten ein.

**Stärkenorientierte Aufgabenvergabe und Rollenklärung**: Das Team überlegt sich, wer eine Aufgabe oder ein Projekt am ehesten basierend auf seinen Stärken übernehmen kann. Alle Teammitglieder erhalten eine Veto-Karte, die sie gegen eine »ungeliebte«, nicht stärkenbasierte Aufgabe einsetzen können. Die verschiedenen Rollen innerhalb eines Projekts werden so idealerweise stärkenbasiert verteilt.

**Best-Self-Session**: In einer solchen Runde des »Besseren Selbsts« können alle zunächst individuell reflektieren, z. B.: »Was hast du als Kind gerne gemacht, bevor dir die Welt sagte, was du tun solltest? Was machst du gerne, was das Beste aus dir herausholt und in dir ein Gefühl der Erfüllung hinterlässt? Welche Aufgaben machst du besonders gerne? Welche roten Fäden oder übergreifenden Themen siehst du in deinen bisherigen Antworten?« Im Anschluss kann sich darüber im ganzen Team oder in kleinen Gruppen ausgetauscht werden.

**Feiern von Erfolgen**: Regelmäßig Erfolge im Team zu feiern, stärkt den Zusammenhalt und die Motivation. Dieser Effekt wirkt noch mehr, wenn man sich im Team darüber austauscht, welche Stärken zu diesem Erfolg beigetragen haben. Dies funktioniert auch online, z. B. über:

- **»Wall of Fame«**: Erfolge werden mit Fotos auf einer digitalen Wand sichtbar gemacht.
- **»Good News of the Week«**: In einer Rundmail wird ein beruflicher oder persönlicher Erfolg eines Teammitglieds geteilt.

## 3.4.2 Klarheit

Folgende Formate, Rituale und Routinen können dazu beitragen, die Klarheit im Team zu erhöhen:

### 3.4.2.1 Klarheit durch agile Methoden

**Integrative Decision Making (IDM):** Bei der integrativen Entscheidungsfindung (inspiriert von: The Loop Approach®/HolacracyOne von TheDive, 2023) können alle Teammitglieder ihre Perspektiven und v. a. Bedenken zu einem konkreten Vorschlag einbringen. Auf diese wird reagiert, der Vorschlag wird ggfs. überarbeitet und, sofern kein Veto besteht, angenommen. Insbesondere bei der Einbringung von Bedenken liegt die Entscheidungsverantwortung wesentlich beim Spannungsinhaber, auch wenn Einwände anderer integriert werden können (Details in Box 3.13).

**Konsent:** Das Ziel ist dabei nicht Konsens, also die Zustimmung aller, sondern Konsen*t*. Konsent bedeutet, dass von allen Seiten kein wesentlicher Einwand besteht. Die Hürde für Einwände ist dabei »safe enough to try«, d. h., ein Veto gegen eine Entscheidung wird nur akzeptiert, wenn schon das Ausprobieren des vorgeschlagenen Vorgehens die Arbeit des Teams zurückwerfen oder eine

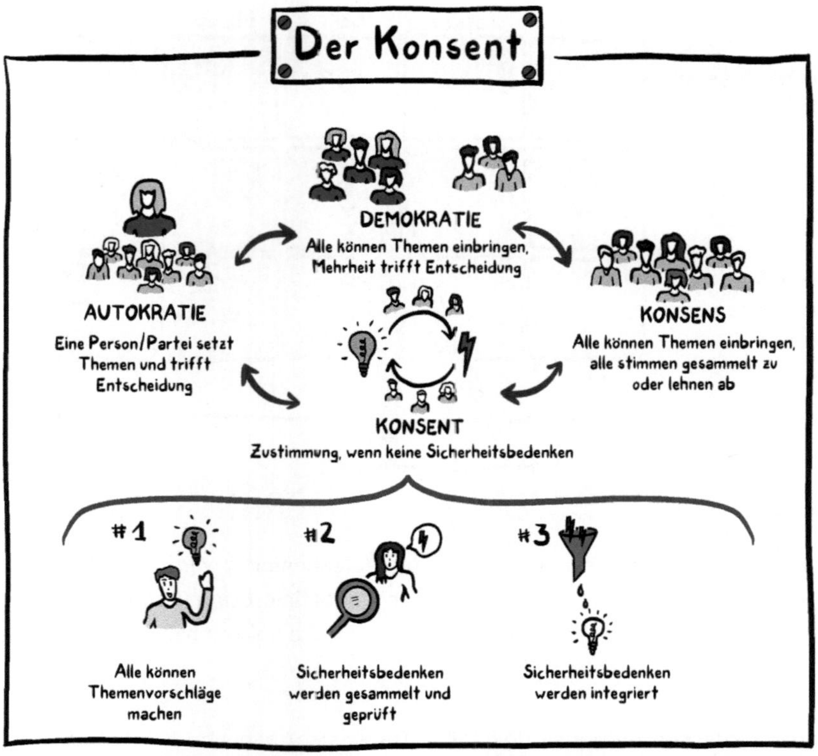


**Abb. 3.9:** Der Konsent als agiler Prozess der Entscheidungsfindung (in Anlehnung an Klein & Hughes, 2019, S. 138)

Gefahr für den Team- oder Organisations-Purpose darstellen würde. Es geht also nicht darum, ein perfektes Ergebnis zu liefern, sondern eines, das keinen unabwendbaren Schaden verursacht. Eine weitere Möglichkeit ist das systemische Konsensieren, bei dem aus mehreren Vorschlägen derjenige mit dem geringsten Widerstand ausgewählt wird. Allen Methoden ist gemein, dass sie den Fokus auf das Argument legen und nicht auf die Position oder Macht von Personen (Klein & Hughes, 2019).

**Stand-up-Meetings**: Diese sind kurze, regelmäßige Meetings im Stehen, bei denen im Team einzeln beispielsweise die folgenden drei Aussagen mit Visualisierung an einem Board beantwortet werden:

- »Gestern habe ich erledigt…«
- »Meine heutigen Aufgaben sind …«
- »Folgende Hindernisse liegen vor mir…«

Zudem bringen Fragen nach Emotionen Klarheit über die Stimmungslage, z. B.:

- »Meine innere Wetterlage ist…«

**Abb. 3.10**: Stand-up-Meeting

**Rollenbasiertes Arbeiten**: Für alle abgegrenzten Aufgabenfelder wird jeweils eine Rolle bestimmt, deren Purpose und Verantwortlichkeiten klar definiert sind (inspiriert von: The Loop Approach® von TheDive, 2023). Innerhalb der Rolle hat die Rolleninhaberin Rollenautonomie (Details in Box 3.14).

**Transparenzfördernde Methoden und Tools**: Transparenz bedeutet Klarheit über Prozesse, Aufgaben und Rollen. Das wiederum bedeutet, in der Lage zu sein, informierte Entscheidungen treffen zu können. Dazu dienen z. B. visuelle Dokumentationshilfen wie Kanban, virtuelle Kollaborations-Boards, ein Team-Tagebuch oder Team-Barometer (Details in Box 3.15).

**Sprint**: Definierte Zeitperioden wie ein Sprint – etwa zwei bis drei Wochen – schaffen Klarheit für den Prozess. Im Sprint liegt der Fokus ausschließlich auf dem Liefern. Diskutiert und priorisiert wird vorher oder nachher (siehe Retrospektive; Details in Box 3.16).

**Fünf Räume für Interaktionen**: Um gemeinsam als Team effektiv zu sein, hilft die Schärfung des Bewusstseins dafür bzw. die Klarheit darüber, welche *Kategorie* von Themen überhaupt bearbeitet werden soll, um danach die effektivste *Form* für die Bearbeitung zu wählen. So verlangt bspw. ein Meeting für die Lösung von operativen Spannungen bzw. Fragestellungen eine ganz andere Art der Moderation und ein anderes Toolset – manchmal auch andere Teilnehmende – als ein Meeting, welches dazu dienen soll, zwischenmenschliche Spannungen im Team zu klären. Wenn ein Team darin geübt ist, diese Differenzierung vorzunehmen, erhöht sich die Effektivität und die Zufriedenheit immens, da es kaum noch vorkommt, dass Meetings für fremde Zwecke missbraucht und damit anstrengend, ineffizient oder gar sinnlos werden. Das Modell »4 Spaces« (Klein & Hughes, 2019, S. 128)[31], welches von Jörn Apel (Interview siehe Kap. 4.1.4.5) auf fünf Räume erweitert wurde, kann dazu genutzt werden, die unterschiedlichen Bedürfnisse und Spannungen zu verdeutlichen, die in Organisationen entstehen, und diese den folgenden unterschiedlichen Räumen zuzuordnen, wo sie adressiert oder gelöst werden können: Arbeitsraum, Strukturraum, Strategieraum, Beziehungsraum sowie Raum für individuelle Entwicklung (siehe Box 3.15).

**Feedbackmethoden wie Reviews und »Lessons-Learned«-Session**: Ein Review ist ein zielgerichteter Dialog am Ende eines Sprints zur Vorstellung und Bewertung der aktuellen Ergebnisse zwischen Umsetzungsteam und Stakeholdern (Kunden). Dabei werden (nur) fertige Inkremente/Ergebnisse vorgestellt und bewertet. Dies führt zu Klarheit in Bezug auf das *Was* im Team.

Neben Reviews können z. B. monatlich im Team »Lessons-Learned«-Sessions durchgeführt werden: Hier werden positive und negative Erfahrungen oder gewonnene Erkenntnisse geteilt und protokolliert, z. B.: »Was hat diesen Monat gut, was weniger gut funktioniert?« Diese Erfahrungswerte können dazu genutzt werden, um nach Lösungen zu suchen und best practices für die Zukunft abzuleiten.

**BOX 3.13 Entscheidungsfindung einmal anders – der integrative Entscheidungsprozess**

Um dezentral Entscheidungen zu treffen, gibt es die integrative Entscheidungsfindung, bei der alle Perspektiven gehört werden und das Ergebnis für alle transparent ist (vgl. Oestereich & Schröder, 2019, TheDive – Loop Approach, 2023). Hier liegt die Entscheidungsverantwortung wesentlich beim Spannungsinhaber, auch wenn die Einwände der anderen Teammitglieder integriert werden.

- **Schritt 1**: Spannungsinhaber erklärt die Spannung und macht deutlich, was gelöst werden soll.
- **Schritt 2**: Spannungsinhaber macht konkreten Lösungsvorschlag; Formulierungshilfe für Lösungsvorschlag möglich.

31 In Anlehnung an Tom Thomison.

- **Schritt 3:** Verständnisfragen – alle dürfen Verständnisfragen zu Spannung und Lösungsvorschlag stellen; es findet nur ein direkter Dialog statt, kein Meinungsaustausch oder Diskussion – Spannungsinhaber antwortet.
- **Schritt 4:** Reaktionsrunde – alle dürfen eigene Meinung zum Lösungsvorschlag sagen bzw. auch eigene Lösungsideen anbieten – Spannungsinhaber hört nur zu.
- **Schritt 5:** Ändern und klären – Spannungsinhaber kann Vorschlag modifizieren; hierzu besteht keine Pflicht, es ist keine Diskussion vorgesehen.
- **Schritt 6:** Veto-Runde – »Sieht jemand einen Grund, warum ein Schaden entstehen könnte oder wir zurückgeworfen würden, wenn der Lösungsvorschlag angenommen wird?«
- **Schritt 7:**
  - Bei nein: Annahme.
  - Bei ja: Integration – hier ist das Ziel, zu jedem Einwand den vorliegenden Lösungsvorschlag so anzupassen, dass er die ursprüngliche Lösung und den neuen Einwand vereint. Wenn alle Einwände integriert sind: Annahme des Vorschlags und neue Veto-Runde.

Gerade in stark hierarchischen Organisationen stößt diese Methode insbesondere bei Führungskräften oft auf Skepsis hinsichtlich der Frage, ob sie »overruled« werden kann. Auch wenn dies streng genommen theoretisch möglich wäre, zeigt die Praxis, dass diese Befürchtung selten zutrifft. Um skeptischen Führungskräften die Akzeptanz dieser Methode zu erleichtern, lässt sich in einer Übergangsfrist ein Sonderveto einräumen. Nach der Frist wird reflektiert, wie oft hiervon Gebrauch gemacht werden musste.

**BOX 3.14 Rollenbasiertes Arbeiten – hin zu mehr Autonomie**

Jedes zusammenhängende Aufgabenfeld, z. B. Moderation, Facilitation, Einkauf, Nachhaltigkeit, wird mit einem Rollen-Purpose sowie klar bestimmten und für alle transparenten Verantwortlichkeiten als Rolle definiert. Das schafft sowohl für den Rollenverantwortlichen wie auch für die anderen Teammitglieder Klarheit. Innerhalb der Rolle hat die Rolleninhaberin Rollenautonomie, d. h., sie

- entscheidet, was zu tun ist, um den Purpose der Rolle bestmöglich zu erfüllen;
- trägt die Verantwortung, die Rolle nach bestem Wissen und Gewissen auszufüllen;
- prüft bei allen Anfragen, ob diese zur Rolle passen;
- versucht, Spannungen effizient zu verarbeiten und
- ihr ist grundsätzlich alles erlaubt, was dem Purpose der Rolle dient und nicht ausdrücklich verboten ist (vgl. The Loop Approach® von TheDive, 2023).

Die klassische Jobbeschreibung wird meist vor der Einstellung des Teammitglieds erstellt, legt in der Regel alle Aufgaben der Stelleninhaberin fest, wird selten aus der Schublade geholt und oft nur bei einem formalen Jobwechsel (wenn überhaupt) angepasst. In einer Arbeitsumgebung mit wenig Veränderung und Wechsel ist dies meist unproblematisch, in einem Umfeld aber, in dem in wechselnden Konstellationen zusammengearbeitet wird und Aufgaben und Projekte sich schnell verändern, ist das Arbeiten in Rollen flexibler. Eine Person hat oft mehrere Rollen. Alle Rollenbeschreibungen und damit Verantwortlichkeiten im Team sind für alle Mitarbeitenden transparent. Durch die klar benannten Verantwortlichkeiten und Entscheidungsbefugnisse besteht selbst in einem sich schnell verändernden Umfeld ein hohes Maß an Erwartungsklarheit und Selbstwirksamkeit. Rollen können im Rahmen von Governance-Meetings (siehe Box 3.17) schnell angepasst, bei Bedarf auf ein anderes Teammitglied übertragen oder aber auch abgeschafft werden, sollte die Rolle nicht mehr gebraucht werden. Dies kann etwa der Fall sein, wenn ein Teammitglied merkt, dass eine bestimmte Aufgabe besonders viel Energie kostet, da sie nicht den eigenen Arbeitspräferenzen entspricht. In unseren Workshops ist es für Teams immer wieder interessant festzustellen, dass sich für ihre ungeliebten Aufgaben aufgrund der ganz natürlich unterschiedlichen Präferenzen in einem Team oft jemand anderes findet, der diese gerne übernimmt und froh ist, wiederum vielleicht eine andere Aufgabe weitergeben zu können. Das fördert die Stärkenorientierung im Team und hat einen positiven Einfluss auf die Motivation der Mitarbeitenden. Auch bei unliebsamen Aufgaben, die niemand gerne machen möchte, ist es ein Unterschied, ob diese jemandem im Team aufgezwungen werden oder ob im Team ein klarer (Governance-) Prozess befolgt wird, wo transparent festgelegt wird, wer diese übernimmt.

In diesem Sinne werden beispielsweise bei einer Berliner Unternehmensberatung alle Projektanfragen von den einzelnen Mitarbeitenden für sich anhand der Kriterien »Sinnhaftigkeit« und »eigene Kapazität/Verfügbarkeit« auf einer Skala von 1-5 eingeschätzt. Dies erlaubt Teammitgliedern an Themen zu arbeiten, die sie als sinnhaft empfinden. Gleichzeitig werden dadurch bei hoher Auslastung der gesamten Organisation automatisch die Projekte nicht bedient, denen von den Mitarbeitenden die geringste Sinnhaftigkeit attestiert wird.

**BOX 3.15 Transparenzfördernde Methoden und Tools – Kanban & Co**

Information ist Macht und eine Dezentralisierung von Macht und Entscheidungen hin zur Selbstorganisation setzt Transparenz voraus. Mit anderen Worten: Klarheit über die Prozesse und die damit verbundenen notwendigen Informationen ermöglicht es, informierte Entscheidungen zu treffen. Wenn nicht klar ist, wer welche Entscheidungen überhaupt treffen darf, werden Entscheidungen oft gar nicht getroffen oder nicht von der Person, die dafür am besten gerüstet ist. Die Instrumente für effizienten Informationsfluss sind vielfältig, etwa:

- **Gemeinsame (Kanban-)Boards**: Diese machen den Status und Fortschritte der Arbeit für alle sichtbar (z. B. Trello, Airtable, ClickUp oder Asana). Kanban kann als Methode für operative Zwecke, Koordinationsarbeit und strategisches Portfolio Management verwendet werden. Zur Visualisierung eines Projekts werden den Aufgaben klare To-dos und diesen wiederum eindeutig dafür verantwortliche Personen zugeordnet.
- **Virtuelle Dokumentation**: Alle Entscheidungen, von Rollen über Verantwortlichkeiten, werden protokolliert, z. B. in einem laufenden Meeting-Journal bzw. Team-Handbuch, um Transparenz und Nachvollziehbarkeit für alle Teammitglieder zu gewährleisten.
- **Visuelle Zusammenarbeit in Meetings**: Diese kann z. B. über Tools wie *Mural* oder *Miro*[32] erfolgen, um Ergebnisse anschließend direkt für alle transparent zu machen.

Ein weiterer wichtiger Aspekt von Transparenz ist, dass Informationen, die alle im Team betreffen, in entsprechenden Kanälen (z. B. Teams, Slack) oder Team-Meetings geteilt werden müssen und Entscheidungen nur getroffen werden, wenn alle beteiligten Personen (Rollen) beitragen können. Solcherlei Rahmenbedingungen können als Spielregeln fest vereinbart werden.

**BOX 3.16 Die Sprint-Methode – mit Fokus zur Zielgeraden**

Ein Sprint umfasst eine Zeitperiode, in der das Team einen zuvor besprochenen Plan zur Erreichung eines Zwischenziels umsetzt. Der Sprint erlaubt den Fokus auf nichts anderes als auf diesen Sprint zu legen. In dieser Zeit, meist zwei bis drei Wochen, kann alles andere warten, diskutiert und priorisiert wird vorher. Im Sprint selbst wird nur geliefert, was Klarheit für den Prozess kreiert. Folgende Schritte werden für einen Sprint gemeinsam gemacht:

32 Webbasierte Whiteboard-Anwendungen zur Kollaboration in Teams.

- **Sauber planen**: Im Team geht es vor allem darum, sich nicht zu viel vorzunehmen und die einzelnen Schritte zeitlich richtig abzuschätzen. Das ist in jedem neuen Thema/Team ein Lernprozess. Methoden wie das Planning Poker, bei dem der Aufwand von allen Mitgliedern geschätzt wird, geben durch spielerische Elemente Leichtigkeit in diesen Prozess.
- **Regelmäßig den Puls checken**: Dies wird während des Sprints umgesetzt. Häufig nutzt man dazu täglich Check-ins und Check-outs (im Scrum: Stand-ups), bei denen sich die Teammitglieder kurz synchronisieren und ggfs. Blocker ansprechen.
- **Offiziell abschließen**: Das Ende eines Sprints wird durch die Zeit markiert, nicht durch die Inhalte. Daher ist es wichtig, dass man einen Sprint auch inhaltlich abschließt: »Was haben wir erreicht?« »Was bleibt offen?« Hat sich das Team über den erreichten Stand abgestimmt, kann auch ein Kunde über Resultate informiert werden.
- **Kontinuierlich besser werden**: Nach dem Sprint ist vor dem Sprint. Zumindest in den meisten Kontexten, in denen Sprints genutzt werden. Bevor man sich als Team ins nächste Abenteuer stürzt, wird der Ablauf des vergangenen Sprints noch einmal gemeinsam rekapituliert. Dabei stehen nicht die Inhalte im Fokus, sondern das *Wie*. »Wie gut war die Schätzung? Wie gut war die Zusammenarbeit? Was können wir besser machen?«

Ein Sprint kann somit nicht separat betrachtet, sondern muss als Rhythmus verstanden werden. Sprints zu managen, bedeutet metaphorisch wie real, den passenden Rhythmus zum vorliegenden Kontext zu finden.

Durch das Arbeiten an unterschiedlichen Standorten – während Corona verstärkt virtuell und seitdem in unterschiedlichsten hybriden Formen – können die normalerweise selbstverständlichen Möglichkeiten der zwischenmenschlichen Kommunikation nicht mehr vorausgesetzt werden. Eine zunehmend wichtige Aufgabe innerhalb von Teams ist es daher, den Beziehungsraum (siehe Box 3.17) aktiv zu gestalten und sich explizit über Formate für die Stärkung von Beziehungen Gedanken zu machen. Auch in traditionellen Unternehmen gibt es hierfür Möglichkeiten: Menschen haben sich immer Räume für zwischenmenschlichen Kontakt gesucht, seien es Kaffeepause oder Mittagessen, Weihnachtsfeiern oder Sommerfeste, Betriebsausflüge oder Jubilarfeiern. Dennoch kann es sinnvoll sein, auch solche bestehenden Formate explizit so zu gestalten, dass sie der Stärkung und Vertiefung von Beziehungen dienen und nicht immer wieder sehr ähnliche, eher oberflächliche Gespräche stattfinden. Viele dieser Veranstaltungen sind in den vergangenen Jahren coronabedingt ausgefallen, ohne dass notwendigerweise überlegt wurde, wie die Stärkung von Beziehungen auf andere Weise stattfinden kann. Es arbeiten inzwischen viele Menschen remote und sind somit nicht mehr in diese Interaktionen eingebunden. In modernen Unternehmen gibt es daher auch zunehmend explizit ausgebildete Mitarbeitende, die solche Formate anleiten, oder es werden dafür Beratungen von außen eingekauft.

**BOX 3.17 Fünf Räume für Interaktionen**

Um gemeinsam als Team effektiv zu sein, werden alle Themen adäquat durch die Nutzung der fünf Räume adressiert. Das Fünf-Räume-Modell kann genutzt werden, um die unterschiedlichen Bedürfnisse und Spannungen zu verdeutlichen, die in Teams entstehen und die sinnvollerweise auch in unterschiedlicher Form, also in unterschiedlichen Räumen, gelöst werden. Nicht alle Bedürfnisse lassen sich gut im gleichen Rahmen adressieren: Es ist wenig zielführend, in einem operativen Meeting über zwischenmenschliche Themen zu sprechen, da es Zeit von Teilnehmenden bindet, die ggfs. nicht viel beitragen können, um das Problem zu lösen. Oder anders gesagt: Jede Spannung (siehe Box 3.10) bekommt in der Zusammenarbeit mit dem Team einen eigenen Raum. So kann ein Raum gegenseitiger Beziehungen es leichter machen, Unzufriedenheiten in der Zusammenarbeit frühzeitig zu besprechen und zu klären, bevor diese in schwerwiegende Konflikte eskalieren.

Letzteres führt dazu, dass man ruhiger arbeiten kann, da man keine losen Enden mit sich herumträgt, sondern die Gewissheit hat, dass alle Themen zu gegebener Zeit angesprochen werden können; man »platzt« nicht plötzlich mit emotionalen Themen an unpassender Stelle heraus. Insofern reflektieren die verschiedenen Räume sowohl die unterschiedlichen Bedürfnisse, die innerhalb von Teams entstehen, also auch die Tatsache, dass diese Bedürfnisse oder Spannungen für ihre Lösung unterschiedliche Rahmenbedingungen brauchen (vgl. Klein & Hughes, 2019). Es gibt den Arbeitsraum, Strukturraum, Strategieraum, Beziehungsraum sowie Raum für individuelle Entwicklung.

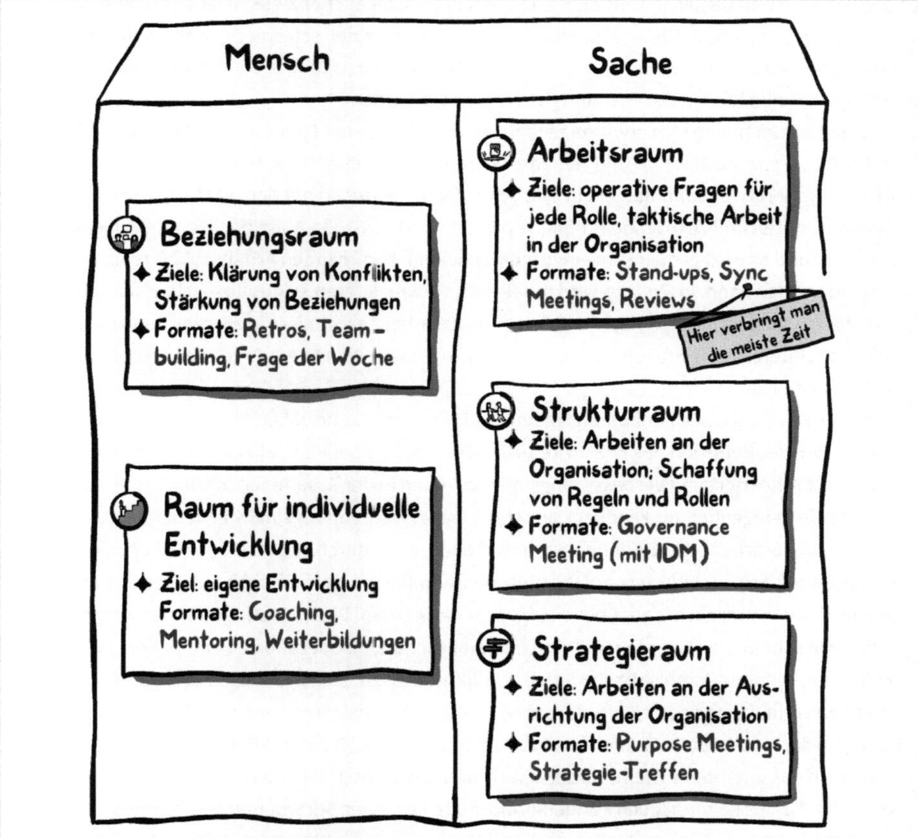


**Abb. 3.11:** Fünf Räume für Interaktionen, inspiriert von The Loop Approach® von TheDive.

Jörn Apel (siehe Interview Kap. 4.1.4.5) beschreibt das Modell wie folgt:

1. Im **Arbeitsraum** findet die operative Arbeit statt. Er dient den regelmäßigen Erfordernissen der Arbeit in Rollen, etwa dem Austausch von Informationen, dem Schaffen von Transparenz über Zahlen, Daten, Fakten und wiederkehrende Tätigkeiten, dem Besprechen von relevanten Projektfortschritten und -ergebnissen und dem Festlegen nächster Schritte sowie der Synchronisation.

2. Im **Strukturraum** werden die Struktur der Organisation bearbeitet, Rollen und Verantwortlichkeiten oder auch Spielregeln festgelegt, angepasst oder entfernt. Regeln für das Team können geschaffen, geändert oder entfernt oder auch Rollen durch Wahl besetzt werden.
3. Der **Strategieraum** stellt einen expliziten Raum für das langfristige Denken und den großen Blick dar hinsichtlich Strategie, Vision und Purpose.
4. Der **Beziehungsraum** dient der Stärkung zwischenmenschlicher Beziehungen im Team und der Klärung von Konflikten.
5. Im **Raum für individuelle Entwicklung** geht es um das eigene Wohlbefinden und die eigene Entwicklung.

**Dedizierte Meetingformate**

Im Kontext agiler Arbeit sind vielfältige neue Meetingformate entstanden, die die veränderten Erfordernisse und Bedürfnisse an Zusammenarbeit reflektieren. Sie korrespondieren mit den fünf Räumen der Organisation und dienen jeweils dem Erreichen unterschiedlicher Ziele. In jedem Meeting braucht es Klarheit, worum es geht. Die Agenda der Meetings ist tendenziell schlank zu halten, sollte aber einen klaren Rahmen setzen. In diesem Rahmen muss möglichst viel Flexibilität erlaubt sein, damit Meetings den aktuellen Bedürfnissen der Teammitglieder gerecht werden.

- Im **Arbeitsraum** finden sich etwa kurze tägliche *»Stand-ups«* mit Fokus auf Arbeitsfortschritt und Transparenz, die das *Was* und *Wer* adressieren. Regelmäßige *Sync-Meetings* dienen der Verarbeitung operativer Spannungen. In zyklischen *Planungstreffen* mit dem ganzen Team können Teamprioritäten und zu lösende Probleme geklärt werden. Große Aufgaben werden in kleinere aufgeteilt und es wird gemeinsam eingeschätzt, was im kommenden Arbeitszyklus realistisch bearbeitet werden kann. In *Reviews* wird reflektiert, WAS im letzten Zyklus abgeschlossen wurde, inkl. Plan vs. Abgeschlossen. Ggfs. werden wichtige Arbeitsergebnisse präsentiert und Feedback eingeholt, interessierte Stakeholder eingeladen. In diesem Raum verbringen Teams normalerweise die meiste Zeit.
- Während sich die gerade genannten Meetings alle auf das *Was* beziehen, dienen Treffen im **Beziehungsraum** der Reflexion des WIE. In *Retrospektiven* zu Ende eines Zyklus werden die Teamzusammenarbeit reflektiert und Verbesserungsmöglichkeiten in der Zusammenarbeit identifiziert, es besteht die Gelegenheit für Feedback auf Teamebene. Während regelmäßige *Team-Space-Meetings* der Stärkung des Beziehungsraums dienen, etwa durch gegenseitiges Feedback im Speed-Dating-Stil oder Wertschätzungsduschen, können in einem *Clear-the-air-Meeting* Spannungen auf zwischenmenschlicher Ebene aufgearbeitet werden. Diese Meetings können allerdings emotional sehr intensiv werden und sind nur mit geschulter Moderation zu empfehlen. Insofern bieten sie ein hohes Potenzial, schwierige Konflikte zu lösen, stellen zugleich aber für einen konstruktiven Verlauf gesteigerte Anforderungen an die emotionale Intelligenz der Teammitglieder, vor allem der Moderatoren. Daneben sind vielfältige andere »Teambuilding«-Aktivitäten denkbar, etwa auch das unter dem Thema sozialer Verbundenheit beschriebene Lifeline-Dinner (siehe Kap. 3.4.1.2.1). Es gehören auch Kennenlernformate bei neuen Mitarbeitenden, Teamcoaching-Formate für die Entwicklung des Teams, Konfliktklärungsgespräche oder einfache kurze Check-ins dazu sowie achtsamkeitsbasierte Übungen, die in Kapitel 2 beschrieben werden.
- Ein klassisches Meeting im **Strukturraum** ist das *Governance-Meeting*. Hier werden Teamentscheidungen getroffen, Rollen und Regeln angepasst. Der bereits dargestellte integrative Entscheidungsprozess ist ein typisches Werkzeug dieser Meetings, indem er sicherstellt, dass bei wichtigen Fragestellungen alle Perspektiven gehört und Einwände berücksichtigt werden. Wie oft die Governance-Meetings stattfinden, ist unterschiedlich. Für ein normales operatives Team ist zu Beginn

einiges zu klären, daher empfiehlt sich eine Stunde pro Woche über zwei Monate hinweg. Später reichen dann 30-60 Minuten pro Monat. Geübte Teams hängen Governance-Spannungen an die bestehenden operativen Meetings an, dies sollte aber erst der Fall sein, wenn man die Trennung der Räume voll verinnerlich hat.

- Im **Raum für individuelle Entwicklung** haben *Coachinggespräche* Platz, aber auch *Journaling* und andere Formen individueller Reflexion oder *Weiterbildungen*.
- Im **Strategieraum** schließlich ist Zeit und Raum für Themen, die mehr Tiefe brauchen: für die *Reflexion des Purpose* und die Entwicklung *längerfristiger Perspektiven* und der strategischen Ausrichtung. Die Häufigkeit der Strategiemeetings ist abhängig von der »Flughöhe« der Teams: Ein Vorstand hat mehr Strategiearbeit zu tun als ein Call-Center-Team. Für ein normales Team reichen ca. zwei bis drei Strategiemeetings pro Jahr, die jeweils vier Stunden dauern. Als Format wird heutzutage oft der *Objectives and Key Results*-Methode[33] (OKR) gefolgt.

### 3.4.2.2 Klarheit durch Achtsamkeitsübungen

Mithilfe von einfachen Ritualen kann Achtsamkeit in Teams etabliert werden, um Klarheit und innere Ruhe im Arbeitsalltag zu fördern. Die in Kapitel 2 und 4 vorgestellten Übungen können ebenfalls im Team genutzt werden.

**Geleitete Meditationsangebote:** Diese können u. a. am Morgen oder in der Mittagspause stattfinden, z. B. kann in Form einer »Freitagsmeditation« 10-15 Minuten am Freitagmorgen vor der Arbeit gemeinsam meditiert werden. Dies kann vor Ort von externen Achtsamkeitslehrenden oder von einer internen Mitarbeiterin mit entsprechender Ausbildung oder auch online geleitet werden.

**Eine Minute Ankommen zu Beginn von Meetings:** Hier ist es hilfreich, wenn sich jemand dafür verantwortlich fühlt, diese mit einem Timer zu initiieren, und/oder das Ritual fester Bestandteil der Agenda ist. Der Ablauf ist wie folgt:

1. Eine (wechselnde) Person stoppt die Zeit (bspw. mithilfe eines Timers) und bittet die Teilnehmenden, sich eine Minute Zeit zum Ankommen zu nehmen. Die Augen können geschlossen werden oder man schaut unfokussiert nach unten.
2. In der Minute atmen alle mehrmals bewusst tief ein und aus und entspannen sich dabei. Die Anspannung aus vorherigen Meetings wird »ausgeatmet«.
3. Anschließend lassen alle den Atem frei fließen und werden sich der Intention der Besprechung bewusst. Man kommt im Hier und Jetzt an und ist präsenter.
4. Nach Ende der Minute lässt die zuständige Person einen Ton erklingen oder beendet die Minute durch eine freundliche Stimme und bittet die Teilnehmenden, mit ihrer Aufmerksamkeit in das Meeting zu kommen und ggfs. die Augen wieder zu öffnen.

33 Die OKR-Methode versucht, die strategischen Ziele von Organisationen mit denen der Teams und Individuen – unter Berücksichtigung von Ressourcen – in Einklang zu bringen und so ein starkes Alignment zu formen.

**Schweigendes Mittagessen**: Wer möchte, kann sich z. B. einmal im Monat zum stillen Mittagessen (auch bekannt als »Mindful Lunch«) treffen. Das Mittagessen wird hier in der gemeinsamen Runde schweigend – ohne Ablenkung durch den Konsum von Medien oder Gespräche – zu sich genommen. Dabei geht es darum, mit der Aufmerksamkeit ganz beim Essen zu sein und dieses bewusst mit allen Sinnen wahrzunehmen. Dazu kann man sich selbst z. B. folgende Fragen beantworten: »Wie riecht mein Essen? Wie schmeckt es mir?« etc.

**»Achtsamkeitsmonat«**: Für jede Woche des Achtsamkeitsmonats kann ein neuer Schwerpunkt gelegt werden, wie z. B. Konzentration, Energiemanagement, Resilienz etc. Mitarbeitende können damit für vier Wochen zu Achtsamkeit motiviert werden und in einem Online-Programm verschiedene Ressourcen nutzen (kurze Videos, Tipps für die Arbeit, aufgenommene Meditationsübungen, Artikel über Achtsamkeit).

### 3.4.3 Stressreduktion

Folgende Formate, Rituale und Routinen können dazu beitragen, den Stress im Team zu reduzieren:

#### 3.4.3.1 Stressreduktion durch achtsame Meetingkultur und Teamregeln der Zusammenarbeit

**Fünf Minuten kürzere Meetings**: Statt von einem Stunden-Slot zum nächsten zu hetzen, werden Meetings um fünf Minuten gekürzt. Das Wesentliche lässt sich meist in 25 oder 55 Minuten besprechen, wenn dafür alle kurz Zeit hatten, sich einen Tee zu machen und kurz durchzuatmen.

**(Zeitliche) Teilnahme an Meetings klären**: Insbesondere bei regelmäßigen Meetings, aber auch bei Einzelterminen stellt es sich als hilfreich heraus, im Voraus genau abzuklären, wer wann dabei sein muss – nur wer einen aktiven Beitrag leisten kann oder entsprechende Informationen benötigt, sollte teilnehmen müssen. Sie können auch eine Kultur etablieren, in der es akzeptiert ist, Meetings zu verlassen, wenn man dem Meeting keinen »Mehrwert« mehr bringen kann. Hier hilft es sich klarzumachen, in welchem der fünf Räume (siehe Fünf-Räume-Modell) sich das Meeting befindet.

**Regelungen in virtuellen Meetings**: Um die Folgen von Zoom Fatigue (siehe Kap. 2.4.2.3, Box 2.3) möglichst gering zu halten, können z. B. folgende Maßnahmen im Team abgeklärt werden:

- Freiwillige Nutzung der Kamera oder Erlaubnis, diese bei Bedarf auch kurz auszuschalten.
- Bei gewünschter Kameranutzung im gegenseitigen Einverständnis abklären, dass es ok ist, den Blick auch mal abzuwenden, aus dem Fenster zu schauen, sich zu strecken, sich ein Glas Wasser zu holen etc.
- Die Länge von Videokonferenzen, so gut es geht, begrenzen.

- Ausreichend Pausen einlegen, spätestens nach 45 Minuten fünf Minuten.
- Eine klare Agenda formulieren, die einen strukturierten Ablauf und definierte Zeitspannen vorgibt, und diese vorab kommunizieren.
- Eine Moderation festlegen, die durch die Agenda führt und die Diskussion moderiert (bspw. nicht persönlich werden lassen, keine Nebengespräche zulassen). Hier ist eine klare und gut hörbare Stimme hilfreich.

**Meetingfreie Stunden oder Tage festlegen:** Um allen genügend Fokuszeiten zu ermöglichen, kann sich im Team auf Zeitfenster geeignet werden, in welchen keine Besprechungen stattfinden. SAP hat dazu z. B. den »Focus Friday« als konzernweiten meetingfreien Tag eingeführt.

**Blocker für Fokuszeiten:** Um im Team zu signalisieren, wann man fokussiert und ungestört arbeiten möchte, können im eigenen Kalender Blocker zum fokussierten Arbeiten eingestellt werden – diese Fokuszeiten werden am besten genauso ernst genommen wie Termine mit Vorgesetzten.

**Two-Pizza-Regel:** Dies benennt eine Regel für Teamgrößen bei Meetings, die von Jeff Bezos, dem Gründer von Amazon, maßgeblich geprägt wurde (Amazon Web Services, Inc, 2020). Der Regel folgend sollten nur so viele Teilnehmende zu einem Meeting eingeladen werden, wie von zwei Pizzen satt werden (ca. 5-9 Personen). Dieser Anteil in Meetings trägt zu guter Kollaboration bei, verringert den Kommunikationsaufwand und begünstigt die Übernahme von Verantwortung.

**Gemeinsames Verständnis der Situation sicherstellen:** In Meetings (und darüber hinaus) kann eine vertrauensvolle Atmosphäre entstehen, wenn klar ist, dass alle Beteiligten ein gemeinsames Verständnis der Situation teilen. Das kann durch eine Zusammenfassung des Gesagten (»Ich habe gehört, dass…«) verdeutlicht werden, ergänzt durch das Aufzeigen von Übereinstimmungen und Uneinigkeiten sowie offenen Fragen in der Gruppe. Auch Kommentare durch Nicken und einfache Zustimmung (»Ich verstehe«) zu validieren, kann dazu beitragen.

**Kommunikationskanäle reduzieren:** Sich auf *einen* Kommunikationskanal im Team zu einigen, kann den durch die Gleichzeitigkeit der Dinge erzeugten Druck verringern. Der eine Kanal wird dann regelmäßig gelesen und beantwortet, Benachrichtigungen können projekt- und aufgabenspezifisch eingestellt werden.

**E-Mail-Disziplin festlegen:** Das Team diskutiert gemeinsam Möglichkeiten, wie E-Mail-Traffic und -Fülle reduziert werden können. Das können z. B. klare Vorgaben zum Aufbau von Mails sein, weniger CC-Setzung, die Nutzung anderer Kanäle wie Microsoft Teams oder Slack und eine genaue Rollenklärung.

**Antwortrate von E-Mails klären:** Alle Teammitglieder legen gemeinsam fest, in welchem Zeitraum sie auf E-Mails antworten, z. B. »Wir antworten Kunden so bald als möglich und spätestens innerhalb von 24 Stunden« und »Interne E-Mails beantworten wir innerhalb von spätestens 48 Stunden«. Auch ein offenes Gespräch im Team darüber, ab welcher Uhrzeit keine Mails mehr beantwortet werden müssen, kann eine entlastende Wirkung haben.

**Tech-freie Pausen**: Beim Lunch oder Dinner mit den Kolleginnen legen alle ihre Smartphones mit dem Bildschirm nach unten in die Mitte vom Tisch – wer danach greift, zahlt beim nächsten Mal das Mittagessen. Damit gibt man sich einander die Chance, sich mehr zu begegnen und präsent in der Pause zu sein.

**Lunch-Zepter**: Abwechselnd kümmert sich eine Person um das Mittagessen für das Team (Bestellen, Vorkochen etc.) – so kann sich jeder, der nicht gerade diese Rolle hat, an allen anderen Tagen voll und ganz auf die Pause konzentrieren (und diese dann auch tatsächlich machen). Dazu werden alle womöglich noch positiv überrascht vom kochenden Kollegen.

### 3.4.3.2 Stressreduktion durch achtsame Führung

Führungskräften kommt eine besondere Rolle bei der Stressreduktion zu: Führungskräfte können maßgeblich zur psychologischen Sicherheit und der Gestaltung des Beziehungsraums beitragen und sie bestimmen den Leadership-Stil zur Befähigung des Teams. Wie in Kapitel 3.3 beschrieben, umfasst achtsame Führung Servant Leadership, Compassionate Leadership und Stärkenorientierung.

Die nachfolgende Tabelle erläutert, was man als Führungskraft tun kann, um diesen Anforderungen gerecht zu werden. Anhand einer Unterteilung in Dos and Don'ts für achtsame Führung werden die gewünschten Verhaltensweisen skizziert. Die Liste ist dabei so strukturiert, dass jeweils die vier Grundbedürfnisse nach Grawe (1998, 2004; siehe Box 3.8) bedient bzw. nicht verletzt werden. Der Abschnitt ist eher eine Anreihung von Beispielen als eine vollständige Übersicht. Je nach Teamzusammensetzung und Reifegrad der Organisation stehen hier unterschiedliche Bedürfnisse im Vordergrund. Daher entscheiden Sie, welche Verhaltensweisen für Ihr Team am besten geeignet ist.

#### Dos and Don'ts: Entlang der vier Grundbedürfnisse führen

Die nachfolgenden Sätze mögen sehr differenziert erscheinen, da sie verhaltensbasiert beschrieben sind, um konkrete Änderungen des eigenen Verhaltens möglich zu machen. Man kann diese Liste als eine Art Reflexionsliste für sich nutzen, um zu prüfen, ob man das Verhalten bereits umsetzt. Dazu kann man z. B. die Punkte unterstreichen, die man sich merken oder zukünftig noch mehr beachten will.

## Bindung und Zugehörigkeit

| Do | Don't |
|---|---|
| Kritik und Konflikte offen ansprechen: »Wie können wir es schaffen, dass es beim nächsten Mal runder läuft?« | Favorisieren und bestimmte Personen begünstigen – bewusst oder unbewusst |
| Interesse am Gegenüber und seiner Arbeit zeigen, indem man achtsam zuhört | »Blame-Game« bei Fehlern: Schuldzuweisungen formulieren, anstatt lösungsorientiert zu denken: »Warum hast Du das getan?«, »Wer hatte diese Idee?« |
| Das Gegenüber spüren zu lassen, dass man präsent ist, kann bereits durch Kleinigkeiten demonstriert werden, bspw. in Präsenz-Meetings den Laptop schließen und das Smartphone weglegen. Auch Gestik und verbale Beteiligung können das verdeutlichen, etwa durch Augenkontakt oder indem man sich leicht in Richtung des Gegenübers beugt. Ebenso unterstützen aktives Nachfragen, eigener Input oder Sätze wie »Das klingt sinnvoll, führe das das gerne näher aus« | Nicht von Assets, Ressourcen oder Headcounts sprechen, wenn es um Menschen geht. Durch die Versachlichung von Menschen wird Mitgefühl reduziert<br><br>Geheime Einzelabsprachen treffen, obwohl sie mehrere Personen oder das ganze Team betreffen<br><br>Teile des Teams bei Teamevents ausschließen |
| Mitarbeitende nach Emotionen fragen, z. B. »Wie geht es Dir mit dem Projekt?«; »Wie ist die innere Wetterlage?« | |
| Am Ende der Woche gedanklich durch das Team gehen: Mit wem hat man länger nicht gesprochen? Offenheit zeigen, indem man über sich selbst etwas preisgibt | |

Tab. 3.1 Dos und Don'ts bei Bindung und Zugehörigkeit

## Autonomie und Orientierung/Kontrolle

| Do | Don't |
|---|---|
| Aufgaben und Abläufe transparent machen | Aufgaben bis ins Detail micromanagen |
| Zeitsouveränität geben, wie etwa flexible Arbeitszeitmodelle, und offen sein für unterschiedliche Arbeitsweisen oder auch selbst das Team zum Prototyping agiler Arbeitsweisen anregen | Eine bestimmte Art und Weise vorgeben, wie Aufgaben zu erledigen sind |
| Raum für Fehler schaffen und Experimentieren, um Lernen zu fördern | Ausschließlich über Aufgaben führen, anstatt auch gemeinsame Ziele zu kommunizieren |
| Zu verstehen geben, dass man bei Problemen da ist und hinter den Leuten steht | Bei Entscheidungen eine reine Schein-Partizipation kreieren, ohne die Meinungen des Teams ernsthaft zu berücksichtigen, oder Entscheidungen ohne Angabe von Gründen treffen |
| Wege und Aufgaben anbieten, die die Arbeitsumgebung beeinflussen (soweit möglich) | Aufgaben top-down verteilen, ohne auf individuelle Präferenzen und Stärken im Team einzugehen |
| Lob aussprechen für eigenständiges Handeln, z. B. »Ich bin froh, dass Sie diesen Konflikt lösen konnten« | Erwartungen haben, die nicht klar kommuniziert werden |
| Team in Entscheidungsprozesse einbeziehen: Entscheidungen möglichst partizipativ gestalten, also Input und Feedback vom Team einholen. Begründen, welche Aspekte warum (nicht) einbezogen wurden und diese trotzdem würdigen | Die eigene Arbeit als unabhängig vom Team betrachten |
| Weiterbildungsmöglichkeiten anbieten, dabei auf Stärken fokussieren: »Welche Stärken haben Sie, die Sie in Ihrer Rolle wenig einsetzen?« Im 1:1 Feedback überlegen, wie diese Stärken mehr eingesetzt werden können | Die eigenen Fehler vertuschen oder nicht zugeben |
| Ermöglichung von stärkenorientierten Schulungen und Weiterbildungsformaten (z. B. aus dem Bereich der positiven Psychologie) | |
| Einen genügend großen Handlungsspielraum geben: Mitarbeitenden z. B. ein gewisses Budget zur Verfügung stellen, über das sie ohne Rücksprache verfügen können, um z. B. Kundenwünsche zu erfüllen | |
| Teammitglieder ermutigen, auch mal »Nein« zu sagen, z. B. wenn das Arbeitspensum voll ist | |
| Gegenseitige Interdependenzen betonen | |

Tab. 3.2 Dos und Don'ts Autonomie und Orientierung/Kontrolle

## Selbstwerterhöhung und Selbstwertschutz

| Do | Don't |
|---|---|
| Lob und Anerkennung teilen, sowohl Einzelnen gegenüber als auch vor dem Team, und wertschätzende Rückmeldung geben | Anderen ins Wort fallen, wenn diese eine Idee äußern, oder reagieren mit: »Das hätte Ihnen ja auch früher einfallen können« |
| Auf eine freundliche Umgangsform achten – im Gespräch sowie in E-Mails | Pausenlos von einer zur nächsten Aufgabe delegieren |
| Bei Schwierigkeiten von einer guten Intention des Mitarbeiters ausgehen und davon, dass Menschen nicht absichtlich etwas falsch machen (Menschenbild) | Aufgaben zuteilen, die außerhalb bzw. unterhalb des jeweiligen Kompetenzbereichs liegen |
| Rückmeldung dazu einholen, wie klar und deutlich das eigene Feedback ist | Destruktives Feedback geben oder dabei persönlich werden: »Das war nun wirklich keine Glanzleistung« |
| Neugierig für die Perspektiven anderer sein: »Was lässt Dich so denken?« | Auf die Schwächen anderer fokussieren |
| Mitarbeitende ermutigen, unerprobtes Terrain zu erkunden und sich weiterzuentwickeln | Sich selbst für unfehlbar halten und davon auszugehen, selbst nichts mehr dazulernen zu müssen |
| Kritik immer sachlich und klar begründen, diese nicht ohne Wertschätzung stehen lassen | |
| Offen mit Fehlern umgehen und Fragen stellen: »Habe ich etwas vergessen?«, »Evtl. habe ich etwas nicht mitbekommen« | |

Tab. 3.3 Dos und Don'ts Selbstwerterhöhung und Selbstwertschutz

## Lustgewinn und Unlustmeidung

| Do | Don't |
|---|---|
| Herausfordernde Aufgaben anbieten und fragen, welche Ressourcen dazu benötigt werden | Das Team mit negativen Emotionen anstecken: »Das war wohl nichts« |
| Ein angenehmes Betriebsklima kultivieren, dazu z. B. einen Pulse Check machen zur psychologischen Sicherheit | Verkörpern oder verbalisieren, dass man nur aufs Wochenende hinarbeitet |
| Spaß und Freude bei der Arbeit erleben und andere dabei unterstützen, dies auch zu haben | Bei delegierten Aufgaben zu stark betonen, dass es »undankbare« Aufgaben seien |
| Zu Purpose-Gesprächen anregen – »warum Du und Deine Arbeit so wichtig sind« | Mitarbeitende außerhalb der Arbeitszeiten oder in ihrem Urlaub mit Mails überhäufen oder anrufen |
| Zuversichtlich in die Zukunft schauen und andere dabei unterstützen zu vertrauen | |
| Erfolge gebührend feiern | |
| Gegenüber dem Team explizit machen, welche Arbeitsweisen man als besonders zielführend erachtet und die Teammitglieder ermutigen, dasselbe zu tun | |
| Eigene Emotionen regulieren (Atemtechnik, Sport etc.) | |
| Montags mit einem motivierenden Blick auf die bevorstehende Woche starten, bspw. bei einem Check-in fragen, worauf sich die einzelnen Teammitglieder am meisten diese Woche freuen bzw. was an Positivem ansteht | |
| Freitags das Team durchgehen und sich fragen, wer gerade am meisten Stress hat, und diese Person ansprechen | |
| Probleme und Fehler als Chance sehen, um als Team zu wachsen und zu lernen | |

Tab. 3.4 Dos und Don'ts Lustgewinn und Unlustmeidung

### 3.4.3.3 Stressreduktion durch psychologische Sicherheit

**Psychologische Sicherheit als Methode der Stressreduktion**: Die unter Kapitel 3.4.1.1 beschriebenen Techniken führen nicht nur zu psychologischer Sicherheit, sie reduzieren gewissermaßen dadurch auch Stress. Denn wenn Menschen zusammentreffen, die sich wenig kennen, z. B. in agilen oder diversen Teams, verbrauchen sie unbewusst – vereinfacht gesagt – Energie mit den Fragen: »Ist der andere auf meiner Seite? Bin ich akzeptiert? Kann ich meine Einwände einbringen ohne negative Sanktionen zu fürchten?« Die Beschäftigung mit diesen Fragen zieht wie ein Grundrauschen unbemerkt kognitive Ressourcen ab. Ein sicheres Teamklima fördert hingegen Verbundenheit und wirkt auf diese Weise komplexitätsreduzierend, da das Verhalten der anderen vorhersehbarer wird und das Alarmsystem sich dadurch beruhigt. Teams sind so deutlich leistungsfähiger und innovativer (Duhigg, 2016). Um die psychologische Sicherheit im Team zu messen, eignet sich ein regelmäßiger Pulse Check, siehe Box 3.18:

**BOX 3.18 Pulse Check zu psychologischer Sicherheit**

Bitten Sie Mitarbeitende folgende Aussagen anonym unter Verwendung einer Likert-Skala von 1 (= niedrige Sicherheit) bis 5 (= hohe Sicherheit) einzuschätzen:

- Sie verstehen, was von Ihnen in der Organisation erwartet wird.
- Wenn Sie in dieser Organisation einen Fehler machen, wird Ihnen das oft vorgeworfen.
- Es ist sicher, in diesem Team ein Risiko einzugehen.
- Es ist leicht, andere Mitglieder dieser Organisation um Hilfe zu bitten.
- Mitglieder dieser Organisation sind in der Lage, Probleme und schwierige Themen anzusprechen.
- Mitglieder dieser Organisation lehnen andere ab, weil sie anders sind.
- Niemand in dieser Organisation würde absichtlich die Bemühungen eines anderen untergraben.
- Bei der Arbeit mit Mitgliedern dieser Organisation werden meine einzigartigen Fähigkeiten und Talente geschätzt und genutzt.[34]

34 Diese Umfrage ist adaptiert nach der Arbeit von Prof. Amy Edmondson (2018).

# 4 Achtsamkeit und emotionale Intelligenz in der Organisation

Was sind die wichtigsten Prioritäten, die Organisationen für ihre Zukunftsfähigkeit auf der Agenda haben, um mit dem Wandel Schritt zu halten? Laut McKinsey (Hatami & Hilton Segel, 2021) sind das neben den Aspekten der Innovation und Nachhaltigkeit die Menschen. Es ist heute wichtiger denn je, sich schnell und innovativ an Komplexitäten und Unvorhersehbarkeiten anzupassen und auf Veränderung flexibel zu reagieren.

**BOX 4.1 Die fünf Prioritätsthemen von CEOs weltweit für die Zeit nach COVID-19 (Hatami & Hilton Segel, 2021)**

- **Strategie auf Nachhaltigkeit ausrichten**: Herstellung von Waren und Dienstleistungen bei minimaler Umweltbelastung.
- **Wandel durch Cloud-Nutzung beschleunigen**: Die Cloud und andere Online-Plattformen zielgerichtet einsetzen, um schnell und effektiv digitalisieren zu können.
- **Die Talente von morgen entwickeln**: Förderung von Talenten durch dynamische Talent- und Arbeitsmodelle sowie einem mitarbeiterzentrierten Führungsstil, der Identität und Agilität ermöglicht.
- **Nachhaltig Geschwindigkeit halten**: Nachhaltig die Geschwindigkeit von Prozessen durch mehr Effizienz und intelligentere Abläufe halten.
- **Zielgerichtet und sinnhaft handeln**: Handeln nach der Sinnhaftigkeit – also einem Purpose, der ernst gemeint ist – ausrichten.

Vielen Organisationen fällt es leichter, strategische Unternehmensziele primär durch operative Prozesse zu verfolgen und damit eher auf der technisch-organisatorischen »WAS-Ebene« zu arbeiten. Für eine erfolgreiche Veränderung ist aber auch die emotionale und zwischenmenschliche »*Wie*-Ebene«, also emotionale Intelligenz, notwendig. Zum einen braucht es emotionale Intelligenz im Change Management, weil Veränderungen mit den Menschen zu tun haben. Ganz gleich, welchen Veränderungsbedarf die Organisationen haben – ob in einem Pharmakonzern oder in einer Behörde: Um nachhaltige Transformationen zu bewirken, gilt es, mit den Menschen ins Gespräch zu kommen und zuzuhören. Innovationen oder Veränderungen können (meist) nicht ohne Verluste ein- bzw. durchgeführt werden, aber die wenigsten Firmen können sich den Verlust von guten Mitarbeitenden leisten. Auf der anderen Seite ist emotionale Intelligenz im Change Management wichtig, um strategische Ziele nachhaltig zu erreichen. Nachfolgend sind diese beispielhaft und etwas plakativ entlang der vier Dimensionen der emotionalen Intelligenz dargestellt:

- ohne Selbstwahrnehmung keine Veränderungsfähigkeit,
- ohne Selbstregulation keine Teamfähigkeit und effiziente Zusammenarbeit,
- ohne soziales Bewusstsein keine Kundenorientierung,
- ohne Beziehungsmanagement keine Interaktion mit den Kunden,

- ohne emotionale Intelligenz keine Mitarbeitendenführung und -bindung, insbesondere im Sinne von agiler Arbeitsweise oder sinnorientiertem New Work, und
- ohne emotionale Intelligenz kein Bewusstsein für die Zusammenhänge, in denen agiert wird, und kein integratives, holistisches Denken, was notwendig ist für eine lebensdienliche Wirtschaft.

Damit die Teams und die einzelnen Akteure ihre emotionale Intelligenz und Achtsamkeit nachhaltig weiterentwickeln und nutzen können, braucht es eine emotional intelligente Kultur einer Organisation, quasi als Gewächshaus.

**Abb. 4.1:** Die BANI-Welt erfordert einen emotional intelligenten Umgang, sowohl beim Individuum als auch beim Team. Damit dies nachhaltig gelingt, braucht es eine entsprechende Organisationskultur (vorliegendes Kapitel).

## 4.1 Das Rahmenmodell I-SNAP-I – Emotional intelligenter Kulturwandel verbindet das *Was* mit dem *Wie*

Eine emotional intelligente Organisation entsteht nicht von selbst oder durch Zufall, sondern ist meist Ergebnis eines bewusst angegangenen Kulturwandelprozesses. Kulturwandel bedeutet, eine nachhaltige Verhaltensänderung der Mitglieder in einer Organisation im Rahmen des Change-Prozesses anzustreben (von Hehn, Leßmeister, & Schmökel, 2022, Rauls & von Hehn, 2021b). Sie wird deshalb oft als die psychologische Seite des Wandels beschrieben (siehe z. B. Stolzenberg & Heberle, 2013); hier wird sie mit »*Wie*-Ebene« betitelt. Dabei ist die Erfolgsquote von Change-Programmen nicht ermutigend. Obwohl Wandel heute der Normalfall scheint, zeigt eine aktuelle McKinsey-Untersuchung (Bucy et al., 2021): Nur 31 % der Kulturwandelprojekte sind erfolgreich, der Rest scheitert.

Was also tun, um erfolgreich Veränderung voranzutreiben? Und dies in Richtung emotional intelligenter Kultur? Wie die Gestaltung emotional intelligenter Kultur in der Praxis genau aussehen kann, darum geht es in diesem Kapitel. Kulturwandel kann systematisch entlang des I-SNAP-I-Modells als Rahmenmodell von Veränderungsprozessen durchgeführt werden. Das Modell beinhaltet die konkreten Schritte des Kulturwandels, versehen mit handlungsbegleitenden Fragen, Tipps und Techniken. Es versteht Kulturveränderung als einen iterativen, zirkulären Prozess.

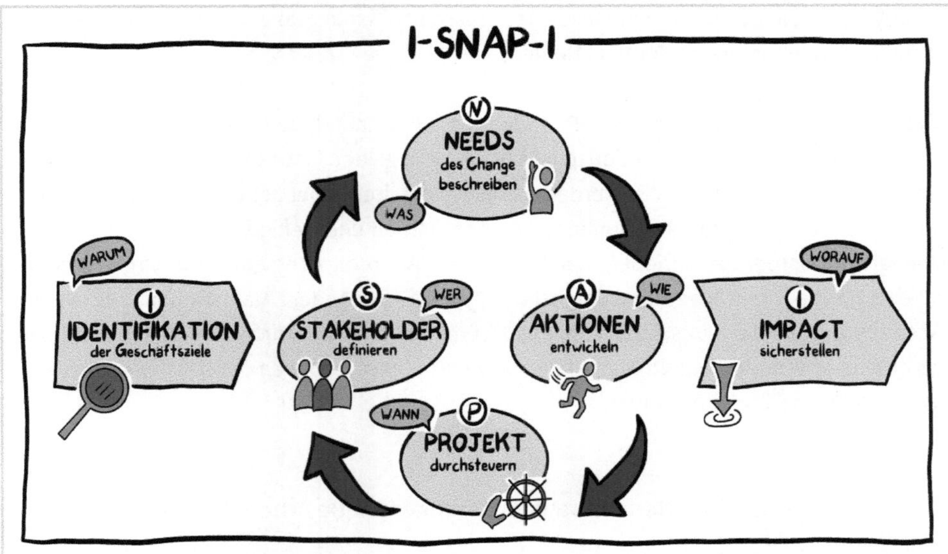


**Abb. 4.2:** Das I-SNAP-I-Modell als Rahmenmodell von Veränderungsprozessen zur nachhaltigen Kulturveränderung (von Hehn, Cornelissen & Braun, 2021).

Wie sehen die konkreten Schritte aus? Zunächst beginnt man mit der **Identifikation (I)** der Geschäftsziele, indem der Frage nachgegangen wird, *warum* eine Organisation sich verändern möchte. Danach erfolgt die Definition der wichtigsten **Stakeholder (S)**: Wer ist beteiligt, wer hat welchen Stellenwert und welche Einstellung zum Wandel? Sind alle relevanten Stakeholder benannt, versucht man mittels offener Fragen die konkreten **Bedürfnisse (N – Needs)** der verschiedenen Akteure zu verstehen. Anschließend geht es darum, mit konkreten **Aktionen (A)** ins Handeln zu kommen. Dazu skizziert man konkrete Gestaltungsinterventionen auf Akteurs- und Kontextebene mit Hilfe des **Akteur-Kontext-Modells** (siehe Kap. 4.1.4). Entlang dieses AkKo-Modells wird ein ausführlicher Überblick über Aktionen zur Gestaltung eines Kulturwandels in Richtung Achtsamkeit und emotionaler Intelligenz gegeben. Die Umsetzung dieser Aktionen erfolgt durch eine strukturelle **Projektsteuerung (P)**. Anhand des **Impacts (I)** wird die Wirksamkeit und der Fortschritt des Kulturwandels evaluiert. Zur Veranschaulichung der Inhalte werden in diesem Kapitel fünf Organisationen aus verschiedenen Branchen mit ihrem Kulturwandel skizziert.

Für einen Kulturwandel von Organisationen gibt es kein Patentrezept, das für alle gleich funktioniert. Aber man kann sagen, dass folgende Maßnahmen zur gezielten Umsetzung von Veränderungsprozessen gehören:

- Bilden Sie ein **Topteam aus Führungskräften**, die als Vorbilder für den Wandel vorangehen (= top-down).
- Suchen Sie sich **Multiplikatorinnen**, die den Wandel großflächig in die Organisation tragen (= bottom-up).
- Erarbeiten Sie eine gut formulierte **Change Story** für eine möglichst breite Unterstützung und Überzeugung in der Organisation.
- Entwickeln Sie gemeinsam mit verschiedenen betroffenen Stakeholdern ein **AkKo-Modell** mit Aktionen für Ihre Ist-Soll-Richtungen.

Im Folgenden wird entlang des I-SNAP-Modells der Fokus auf diese Maßnahmen sowie auf die konkreten Maßnahmen in der Aktionsphase (Kap. 4.1.4) gelegt. Insbesondere die AkKo-Modelle werden ausführlich erläutert: Es werden AkKos für die drei Hebel der emotionalen Intelligenz und Achtsamkeit – mehr Verbundenheit, für mehr Klarheit und weniger Stress – jeweils für verschiedene Industrien beschrieben. Zudem wird ein AkKo für Achtsamkeit in Organisationen und eins für die Öffentliche Hand dargestellt (Kap. 4.1.4.6). Andere Maßnahmen, z. B. die Projektsteuerung, werden nur skizziert, da es sonst den Rahmen des Buches sprengen würde und dies bereits ausführlich in dem Buch *»Kulturwandel in Organisationen«* (von Hehn, Cornelissen, & Braun, 2022) beschrieben wurde.

### 4.1.1 I – Identifikation: Neue Herausforderungen, neue Arbeitsformen

Warum möchte sich eine Organisation verändern? Gründe für einen Kulturwandel gibt es viele. Die Auslöser für Kulturwandel werden meist durch klare Geschäftsziele wie z. B. höhere Gewinne, branchenvergleichbares Wachstum o. a. bedingt. Dazu wirken externe Faktoren auf Unternehmen ein und führen zu Veränderung: Digitalisierung, die Klimakrise im Sinne einer verstärkten Ausrichtung auf Nachhaltigkeit oder zirkuläre Wirtschaft sowie der demografisch bedingte Fachkräftemangel mit dem stärkeren Fokus auf Arbeitgeberattraktivität und dem

Wunsch nach langfristiger Bindung von Mitarbeitenden. Aber auch akute Krisen wie Kriege oder die Corona-Pandemie bestärken einen Kulturwandel in Unternehmen.

Einige Unternehmen wünschen sich auch einen Kulturwandel »von innen heraus« und formulieren Ziele wie »Wir wollen emotional intelligenter oder achtsam im Arbeitsalltag werden«. In diesen Fällen hat zumeist die Unternehmensleitung das Thema Kulturwandel zu den strategischen Zielen auf die Agenda gesetzt. Häufig geschieht dies dann, wenn das Unternehmen wahrgenommen hat, dass für eine andere Form des Wirtschaftens – die mit lebensdienlich (TheDive) oder auch integrativ (Laloux) betitelt werden kann – emotionale Intelligenz notwendig ist. Oder dass eine Veränderung in der Gesellschaft nur mit einem Bewusstsein über die Folgen des eigenen Handelns auch im Job einhergeht. Oder dass Unternehmen kaum Nachwuchskräfte mehr gewinnen können und jüngere Generationen ein Jobangebot nicht annehmen, wenn sie merken, dass Führungskräfte nicht an sich selbst arbeiten und wenig reflektiert agieren. Aber auch das zunehmende Wissen darüber, dass Achtsamkeit und Mitgefühl eine holistische und innovative Denkweise prägen (siehe Kap. 1 Box 1.3), verstärkt das Interesse an einer emotional intelligenten Kultur. In diesen Fällen wird Achtsamkeit oder emotionale Intelligenz ihrer selbst wegen kultiviert und soll zukünftig im unternehmerischen Miteinander praktiziert und gelebt werden (siehe dazu auch das AkKo in Kap. 4.1.4.6.5).

An den folgenden fünf Beispielorganisationen dieses Kapitels wird deutlich, dass die Treiber für einen Wandel sehr unterschiedlich sein können:

- Ein **Sportwarenhandel** plant eine strategische Neuausrichtung. Ziel ist es, als Unternehmen in anderen Ländern zu expandieren und kundenzentrierter zu agieren. Vor diesem Hintergrund plant das Unternehmen eine Dezentralisierung des Managements und Empowerment der Mitarbeitenden: Sie sollen mehr individuelle Verantwortung, Entscheidungsspielraum und Flexibilität bekommen. Damit soll auch die eigene Attraktivität als Arbeitgeber erhöht werden. Anzahl der Mitarbeitenden: ca. 95.000.
- Ein **Pharmakonzern** ist in der Entwicklung von neuer Medizin langsamer als seine Wettbewerber. Grund dafür sind langwierige Prozesse unter Beteiligung verschiedener Akteure (Medizin, Forschung, Marketing) und Schwierigkeiten in der interdisziplinären Zusammenarbeit. So antwortet ein Mediziner z. B. nicht auf E-Mails, wenn er nicht mit seinem Doktortitel angeschrieben wird. Verhaltensweisen wie diese erschweren den Austausch und beeinträchtigen ein produktives Miteinander. Ziel des Konzerns ist es, dem tradierten hierarchischen Silodenken durch den Aufbau projektspezifischer agiler Teams entgegenzuwirken. So soll die Entwicklung neuer Medikamente und Impfstoffe schneller und effizienter als bei den Wettbewerbern werden. Anzahl der Mitarbeitenden: ca. 60.000 in 90 Ländern.
- Eine **Marketingagentur** stellt fest, dass sie auf den für sie relevanten Rankinglisten der Branche nach unten rutschen. Gründe dafür sehen sie in zu wenigen innovativen Ideen, mit denen sie sich von ihren Wettbewerbern abheben, und glauben, dass sie in den aktuellen Digitalisierungsdynamiken nicht genügend Schritt halten. Die Agentur plant daher, Pionierin bei bestimmten digitalen Lösungen zu werden, und avisiert einen höheren Fokus auf digitale Produkte. Anzahl der Mitarbeitenden: ca. 200.

- Eine **Behörde** strebt die schrittweise Digitalisierung an, um sich den zentralen Zukunftsfragen auch der Öffentlichen Hand, wie der Digitalisierung und dem Klimawandel, zu widmen. Die Verwaltung soll digitaler werden, nicht zuletzt um eine kundenorientierte Schnittstelle zu den Bürgerinnen und Bürgern zu sein – so wollen es die Bundesregierung, Länder und Kommunen. Anzahl der Mitarbeitenden: ca. 150.
- Ein **Start-up** möchte sich den globalen Klimaherausforderungen stellen und sich dabei auf globaler Ebene für vulnerable Gruppen einsetzen, wobei es möglichst die Perspektiven der besonders vom Klimawandel betroffenen Länder einnehmen möchte. Das Ziel des Start-ups ist es, alle weltweit bestehenden und angedachten Maßnahmen zum Schutz vor der bevorstehenden Hitze und Überflutung zu evaluieren und zu bündeln. Das Unternehmen möchte auch nach innen gerichtet eine starke »Caring Culture« etablieren, die den Fokus auf Mitgefühl setzt. Dazu werden bestehende Maßnahmen evaluiert und gegebenenfalls erweitert. Die Mitarbeitenden sitzen in verschiedenen Städten und Ländern und stehen dank guter virtueller Zusammenarbeit im engen Kontakt zueinander. Anzahl der Mitarbeitenden: ca. 120.

Jede dieser Organisationen hat mit den verschiedenen Zielvorstellungen eigene Vorgehensweisen für ein Gelingen des Kulturwandels, die im Folgenden immer wieder als konkrete Beispiele herangezogen werden, um die einzelnen Schritte eines Kulturwandels zu veranschaulichen.

### 4.1.2 S – Stakeholder

Die Stakeholder eines Kulturwandels stellen alle beteiligten Personen oder Gruppen der Transformation dar. Dies können Einzelpersonen sein oder auch ganze Gruppen, wie z. B. das Topteam. Die offensichtlichen Mitspieler in den Veränderungsprozessen sind:

- das sogenannte Topteam, welches in der Regel aus Geschäftsführenden und Teamleitungen gebildet wird, die häufig zu den Initiatoren des Wandels gehören, und
- das Transformations- oder Projektteam, welches die Veränderungen vorantreibt.

Die Besetzungen können je nach Größe der Organisation variieren. Auch die Begrifflichkeiten sind unterschiedlich. Um konsistent zu bleiben, wird in diesem Buch von Topteam und Projektteam gesprochen.

Die Einbindung aller relevanten Stakeholder ist von hoher Bedeutung für den Veränderungserfolg, da diese die Transformationsprozesse nicht nur vorantreiben, sondern auch aktiv verhindern können. Vor diesem Hintergrund ist zu Beginn des Change-Prozesses eine umfangreiche Analyse aller Stakeholder sinnvoll, bei der alle beteiligten Akteure aufgelistet und entsprechend der folgenden Kriterien einordnet werden:

- Bedeutung für den Erfolg des Transformationsprozesses
- Wahrscheinliche Einstellung zum Kulturwandel (zwischen positiv/unterstützend und kritisch/verhindernd)

Auf Basis dieser beiden Kriterien können die definierten Zielgruppen in einer Stakeholdermatrix nach ihrer Wichtigkeit eingeordnet werden (siehe Abb. 4.3). Zunächst wird versucht, eine realistische Einschätzung der jeweiligen Einstellung des Stakeholders zur Veränderung vorzunehmen, in negativ, neutral oder positiv auf der X-Achse. Zudem wird seine Bedeutung für den Erfolg des Projektes eingestuft, von hoch über durchschnittlich bis niedrig auf der Y-Achse. Diese Matrix sollte sensibel behandelt werden, damit sie nicht in dritte Hände fällt. Daher eignet sich die Übung eher für eine Durchführung innerhalb des Projektteams auf einem Flipchart etc., um das Ergebnis nach Ende der Übung wieder zu löschen.

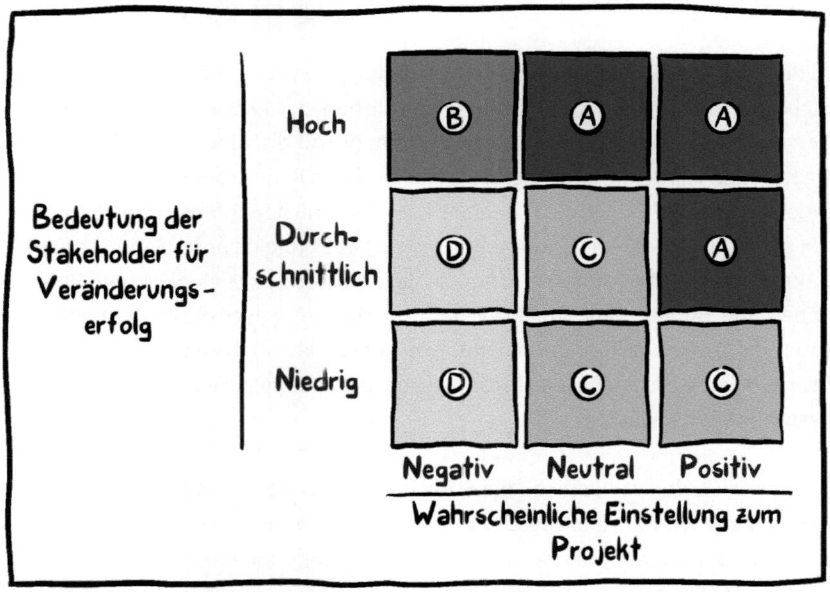


**Abb. 4.3:** Stakeholdermatrix – die Stakeholder werden nach Bedeutung und Einstellung zum Wandel geclustert.

Nehmen wir uns zur Erläuterung der Stakeholdermatrix das Projekt »Einführung einer E-Akte« in einer Behörde vor, dessen Ziel es ist, die gesammelten Dokumente und Akten dieser Behörde ohne Medienbruch in ein digitales Format zu übertragen (siehe Abb. 4.4). Zur Gruppe A gehören diejenigen Stakeholder, die sowohl bedeutsam für den Veränderungserfolg als auch begeisterungsfähig für das konkrete Projekt sind und sich daher als Sponsoren gewinnen lassen. Im genannten Projekt der Behörde werden hier an oberster Stelle die Ministerialdirektorin gemeinsam mit der Sachgebietsleitung (SGL), der IT-Abteilung sowie dem Software-Dienstleister priorisiert. Mitglieder der Gruppe A befinden sich im Rahmen der Organisationsentwicklung bzw. der Veränderungsprozesse in verschiedenen Gremien, z. B. im sogenannten Sounding-Board, dessen Funktion es ist, beratend zu begleiten und Feedback zu geben, oder sind, wenn möglich, direkt im Projektteam integriert. Auch die »Bürgerinnen Pro digital« befinden sich in dieser Gruppe, hiermit sind die jüngeren Arbeitnehmenden gemeint, die der Generation Z und den Millennials angehören (siehe Exkurs Box 4.2).

Der Gruppe B werden die Stakeholder zugeordnet, deren Bedeutung für den Erfolg des Change-Projekts als äußerst hoch eingestuft wird, die jedoch noch von der Relevanz des Projekts und ihrer Rolle darin »überzeugt« werden müssen. Aufgrund der hohen Bedeutung empfiehlt es sich, mit diesen Stakeholdern, wie in diesem Fallbeispiel etwa mit der Referatsleitung, individuelle Gespräche zu suchen. Das gilt auch für den Hauptpersonalrat (HPR) oder Betriebsrat. Wenn solche einflussreichen Gruppen nicht an wichtigen Stellschrauben des Projekts eingebunden werden, könnten sie zur Barriere werden.

Stakeholder mit wahrscheinlich positiver Einstellung zum Projekt, die jedoch eine durchschnittliche bis niedrige Bedeutung für dessen Erfolg haben, werden in die Gruppe C geclustert. Diese Personen und Gruppen können mit wenig Aufwand als »überzeugte Follower« für das Projekt gewonnen werden. Wenngleich ihnen keine aktive Rolle in der Umsetzung des Projekts zugeschrieben wird, ist es hilfreich, sie durch kontinuierlichen Informationsfluss am Projekt teilhaben zu lassen. So können sie die Außenwirkung des Projekts positiv mitgestalten. Im Projekt »E-Akte« etwa werden Teile der Öffentlichkeit – Presse bzw. Medien sowie »Pro-digital« Bürgerinnen und Bürger – als projektrelevante Umwelten gewertet. Auch einzelne Sachbearbeitende und benachbarte Referatsleitungen werden als überzeugte Stakeholder identifiziert. Zwar werden sie nicht Teil des Projektteams, doch können sie das Projekt ideell und als Sparringspartner unterstützen.

In die Gruppe D werden schließlich jene Stakeholder gefasst, deren Einstellung zum Projekt neutral bis negativ ist, während zugleich ihre Bedeutung für den Projekterfolg als gering eingeschätzt wird. Bei diesen Akteuren gilt, sich nicht zu sehr von ihrem Widerstand beeindrucken zu lassen. Im Projekt der Behörde werden dieser Gruppe die überwiegende Mehrheit der Sachbearbeitenden sowie Bürgerinnen und Bürger, die analoge Arbeitsweisen bevorzugen, zugeordnet. Sie mögen nicht überzeugt sein, doch solange sie keine relevanten Sicherheitsbedenken äußern, sollte ihre Einstellung dem Projekt nicht im Wege stehen. Wie verhält es sich mit dem eigenen Projektteam? Sich selbst in der Matrix zu verorten, wird häufig vergessen, obwohl auch im eigenen Team nicht immer alle Mitglieder die gleiche Überzeugung für das Projekt teilen.

Die Matrix dient über den gesamten Projektverlauf dazu, anhand der Gewichtung zu entscheiden, wie die jeweiligen Stakeholder adressiert werden. Es geht weniger darum, eine abgeschlossene Analyse der Stakeholder zu haben – eher sollte sich das Projektteam im Verlauf immer wieder fragen, ob die »richtigen« Stakeholder bearbeitet und eingebunden werden oder eher jene, die besonders »laut« sind. Im Laufe des Veränderungsprozesses ist es hilfreich, sich immer wieder vor Augen zu führen, wer sich in etwa wo in der Matrix befindet, da sich dies während der Kulturwandels ändern kann. Die Matrix ist dynamisch, nicht statisch.

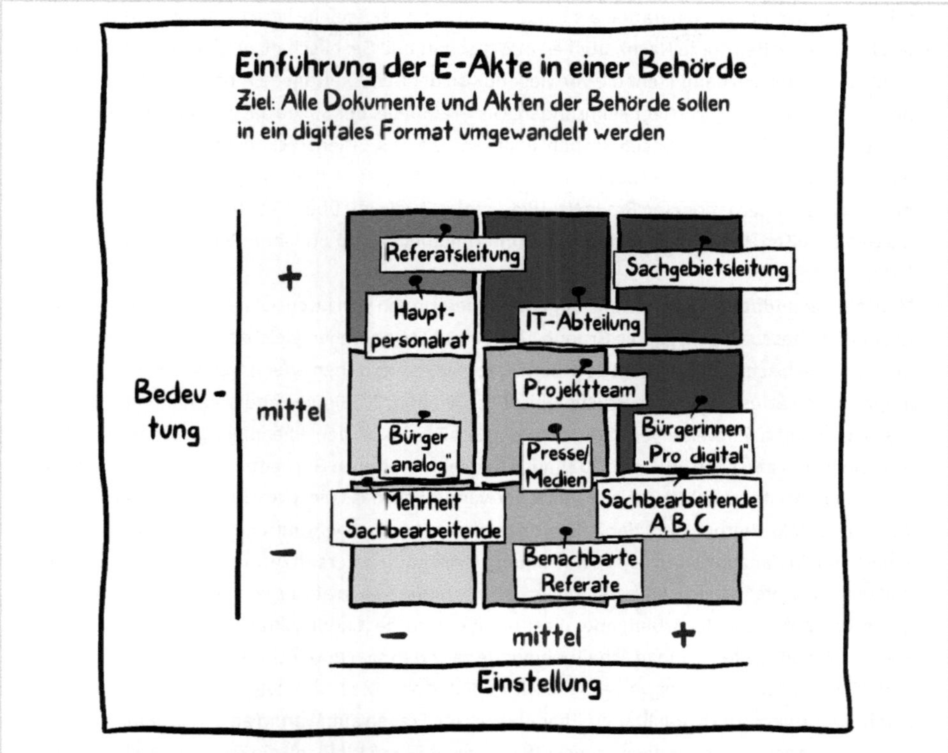


Abb. 4.4: Stakeholderanalyse in einer Behörde: Beispiel Einführung der E-Akte

**BOX 4.2 Exkurs Steigender Anteil von Gen Z und Gen Y als Mitarbeitende – wie die jüngeren Generationen den Arbeitsmarkt verändern**

Es findet ein zunehmender Generationenwandel in Organisationen statt, insbesondere die stetige Durchdringung des mittleren Managements mit Mitarbeitenden, die eine menschenfreundliche Unternehmenskultur und den Sinn der Arbeit als wichtige Faktoren für ihren Lebensstil betrachten. Die nach 1980 Geborenen werden den Millennials (Generation Y, kurz: Gen Y) zugeordnet, die zwischen 1997 und 2012 Geborenen den Post-Millennials, auch Generation Z (kurz: Gen Z) genannt (PEW Research Center, 2019). Diese Generationen werden vielfach vereinfachend und tendenziell stereotyp beschrieben, wobei folgende für den Arbeitskontext relevanten Attribute dabei häufig genannt werden:

- **Geringere Bindung** – Gen Y und Gen Z sind tendenziell weniger bereit, sich auf Lebenszeit an ein Unternehmen zu binden. Nur 20 % der Generation gaben in einer Umfrage an, länger als vier Jahre bei ihrem aktuellen Arbeitgeber beschäftigt bleiben zu wollen (Buffett, 2022). Dies lässt sich zum Teil durch die größere Freiheit in der Berufsauswahl vor dem Hintergrund des zunehmenden Fachkräftemangels erklären. Ob die jungen Generationen länger bleiben, hängt zudem vom vorherrschenden Führungsstil, vorhandenen Corporate-Social-Responsibility-Ansätzen (CSR) und Freiräumen in der Arbeitsgestaltung ab (vgl. Büscher & Schwilden 2014; Ranstad, 2022).
- **Unternehmenswerte** – Anzunehmen ist zudem, dass die Gen Y und Gen Z wesentlich stärker auf Nachhaltigkeit und Zielsetzung von Unternehmen achten. Verdeutlicht wird dies durch die Be-

schreibung der jungen Generation als »Sustainable Natives«, welche bereits mit dem Wunsch aufwachsen, einen Beitrag zu Nachhaltigkeit in Wirtschaft und Gesellschaft zu leisten (Lichtenthaler, 2022). Exemplarisch dafür steht die vorwiegend von der Gen Z getragene »Fridays for Future«-Bewegung. Laut Umfragen legt keine andere Generation bei der Suche nach einem Arbeitgeber so viel Wert auf Corporate Social Responsibility wie die Gen Z (Genzreckoning, 2022). Gemeint ist ein verantwortungsvolles und auf Nachhaltigkeit ausgelegtes Leitbild und Handeln von Unternehmen. Laut der internationalen *Brave New Workplace*-Studie mit über 18.000 Teilnehmenden legt die Gen Z großen Wert auf die Passung von Unternehmenskultur und ihrer Persönlichkeit (Insead, 2017).

- **Mentale Gesundheit** – Während die jüngeren Generationen sich intensiv mit dem Thema mentale Gesundheit beschäftigen, gilt die Gruppe der nach 1997 Geborenen gleichzeitig als jene mit den meisten psychischen Problemen. 91 % berichteten von physischen oder psychischen Problemen aufgrund von Stress (American Psychological Association, 2018). Die Pandemie hat den Fokus auf die Gesundheit noch weiter verstärkt: 81 % der Gen Z (vs. 68 % der Millennials) gaben an, mindestens einen Job zwischen 2019 und 2021 aufgrund ihrer mentalen Gesundheit gekündigt zu haben (Mind Share Partners, 2021). So ist es nicht verwunderlich, dass die Investition in Achtsamkeit ein wirksames Rekrutierungstool der Zukunft zu sein scheint: In einer Umfrage mit über 8.500 Beschäftigten in Kanada waren 69 % der Meinung, Meditation unterstütze ihre mentale Gesundheit und die Work-Life Balance. 58 % der jüngeren Generation gaben an, sie würden Achtsamkeitsangebote nutzen, wenn der Arbeitgeber diese anbieten würde (Caddle, 2021).
- **Flexible Arbeitszeiten** – Junge Arbeitnehmende zeichnen sich durch ein stärkeres Autonomiebedürfnis bei der Gestaltung von Arbeitszeitmodellen aus. Die technologischen Entwicklungen machen eine veränderte Realität greifbar und werfen Fragen auf: Warum an acht Stunden Lohnarbeit festhalten, wenn wir doch immer effizienter arbeiten? Wofür all die technologischen Fortschritte und die immer effizientere Arbeitsweise, wenn nach wie vor die Stunden statt des Impacts gemessen werden? Durch die Beschleunigung des digitalen Strukturwandels während der Corona-Pandemie verliert das Büro als Arbeitsplatz zudem zunehmend an Bedeutung. Nach einer Umfrage des Beratungsunternehmens PwC (2020) legen junge Arbeitnehmende heute mehr Wert auf flexible Arbeitszeiten als auf das Gehalt. Einer weiteren aktuellen Untersuchung des Beratungsunternehmens EY (2021) zufolge würden Millennials doppelt so häufig wie die Generation der Baby Boomer den Job kündigen, wenn die Arbeitszeitgestaltung nicht flexibel ist.

Umfang der Arbeit, Hierarchien und Machtstrukturen werden immer häufiger kritisch in Frage gestellt. So fordern die jüngeren Generationen von Beginn an nicht nur sinnhafte Arbeit, sondern auch ganz konkret Mitsprache und einen dauerhaft ohne gesundheitliche Einbußen zu bewältigenden Arbeitsumfang ein. Für eher traditionell sozialisierte Führungskräfte können diese genannten Erwartungen eine Herausforderung darstellen. Es werden verschiedene Gründe diskutiert, warum Menschen, die weniger Wert auf ihre Freizeit gelegt haben und für die 50-60 Wochenstunden eine Normalität darstellten, es als unangebracht empfinden, wenn einige aus den jüngeren Generationen mit einem anderen Selbstverständnis agieren und neue »Spielregeln« festlegen möchten. Es können das fehlende Bewusstsein über die ungesunden Folgen von Stress, Ärger (»Warum machen sie nicht mit?«), Unverständnis über die Haltung (»Warum wird Arbeit nicht entsprechend priorisiert«) oder auch möglicher Neid (»Warum habe ich das damals nicht gefordert?«) oder andere Faktoren sein.

Die jüngeren Generationen bekommen Rückenwind: Die demographische Entwicklung mit dem zunehmenden Fachkräftemangel sowie das veränderte gesellschaftliche Umfeld mit einem gestiegenen

Bewusstsein und umfangreichen Wissen über die Auswirkungen unseres Wirtschaftssystems auf den Einzelnen sowie auf die Umwelt stützen ihre Forderungen. Unternehmen wird im Wettbewerb um Mitarbeitende wenig Spielraum bleiben, als der neuen Generation zuzuhören, deren Bedürfnissen entsprechend zu begegnen und ihre Führungskräfte im Hinblick auf diese Anforderungen zu qualifizieren, wenn sie am Arbeitsmarkt dauerhaft bestehen wollen.

### 4.1.3 N – Needs: Veränderungsbedarf analysieren

Zur Entwicklung passender Aktionen und Maßnahmen für den Kulturwandel ist eine Analyse des Veränderungsbedarfs der Stakeholder sinnvoll. Grundgedanke ist, einen aktuellen Status (= Ist) und den erwünschten Status (= Soll) auf Verhaltens- und Einstellungsebene einer bestimmten Stakeholder-Gruppe so konkret wie möglich zu definieren. Im Zuge der Ist-Analyse gewinnt man Klarheit über die Ausgangslage und regt eine Diskussion über mögliche Veränderungen an. Die Frage nach den Bedürfnissen (= Needs) der verschiedenen Gruppen steht hierbei im Fokus. Bedürfnisse und Fähigkeiten können je nach Stakeholdergruppe und Art der Organisation sehr unterschiedlich sein.

Anschließend werden zum Ist-Zustand kongruente Ziele (= Soll-Zustand) abgeleitet. Je klarer und spezifischer Ziele formuliert sind, umso leichter lassen sich anschließend Handlungen im AkKo-Modell ableiten. Um konkrete Veränderungsbedarfe zu benennen, eignen sich offene Fragen wie: »Woran würden Sie selbst merken, dass Sie agiler sind? An welchem Verhalten machen Sie dies fest?« Die Ist-Soll-Analyse zahlt auf ein gemeinsames Verständnis des gewünschten Wandels ein und hilft, alle auf eine Linie zu bringen. Darauf aufbauend können konkrete Interventionen im AkKo-Modell definiert werden, um Verhalten gesamthaft, d. h. in der gesamten Kultur, abzubilden.

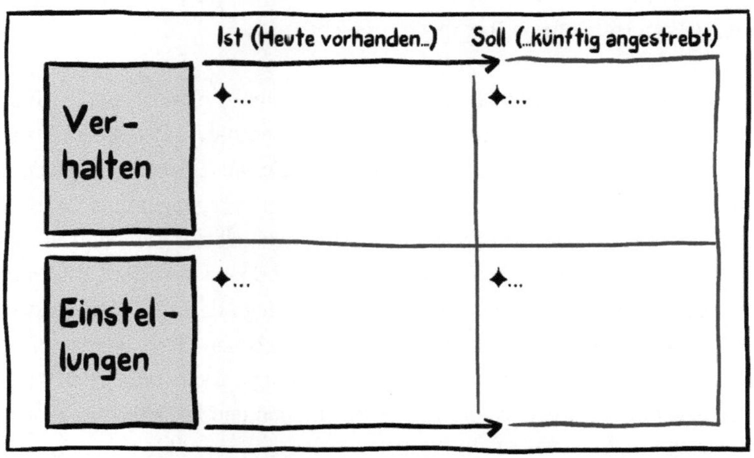


**Abb. 4.5:** Veränderungsbedarf analysieren: Ist – Soll

**Beispiel aus Sicht eines Angestellten im mittleren Management einer Medienagentur**
Von – Zu: von »fehlender Fehlerkultur« hin zu »psychologischer Sicherheit« (das folgende Beispiel ist nur ein Ausschnitt aus dem Ist-Soll).

**Verhalten (was Menschen sagen, tun oder verkörpern)**

- Von *Ist* (heute vorhanden):
  - In den Meetings sprechen die jeweiligen Führungskräfte und tragen Ergebnisse vor. Es wird eher wenig von Problemen und Zusammenhängen gesprochen. Fragen werden von den anderen im Team selten gestellt. Nach dem Meeting unterhalten sich die meisten Kollegen ausführlich.
- Zu *Soll* (künftig angestrebt):
  - In den Meetings sprechen vor allem die, die die Aufgaben operativ durchführen, die Führungskräfte halten sich zurück und stellen Fragen oder kommentieren. Das Meeting-Format ist so, dass zwischen den Agenda-Punkten »Update« – wo es eher ums Informieren geht – und »Problemlösung« unterschieden wird. Beim letzteren werden alle Teilnehmenden dazu eingeladen, laut zu denken, Fragen zu stellen und Hypothesen aufzustellen.

**Mindset (Einstellungen, die nicht sichtbar sind):**

- Von *Ist* (heute vorhanden):
  - »Hier geht es nicht darum, dass jeder was beitragen soll. Die Führungskräfte wissen am besten, was los ist, die Anmerkungen von den anderen führen nur zu Diskussionen, die nicht weiterhelfen. Und da wir so wenig von dem Fach des anderen verstehen, dauert das Ganze dann sehr lange.«
- Zu *Soll* (künftig angestrebt):
  - »Ich bin überzeugt, dass uns die Diskussionen in interdisziplinären Teams weiterbringen. Gerade der Blick von Kolleginnen, die nicht im Operativen eingebunden sind, gibt uns neue Impulse. Dumme Fragen gibt es nicht.«

Für das Ist-Soll in Bezug auf die emotionale Intelligenz kann es hilfreich sein, sich sogenannte »Reifegrade« als Ausgangspunkt vorzustellen. Der grob einschätzbare Reifegrad lässt sich aus 1:1-Gesprächen mit Möglichkeit des gegenseitigen Feedbacks, aus Beobachtungen der Team- und Meeting-Kultur und des Führungsstils sowie aus Mitarbeiterbefragungen und People & Culture-Metriken wie Fluktuation, Absentismus oder der psychischen Belastung ableiten. Auch sogenannte Fokusgespräche mit einem Leitfaden zu diesem Thema können strukturiert mit Mitarbeitenden und dem Topteam geführt werden. Was zeichnet diese Reifegrade aus? Die folgenden Beschreibungen sind als Extrempole von Unternehmenskulturen zu sehen. Diese werden in der Aktionsphase (Kap. 4.1.4) wieder aufgegriffen. Dazu sind nachfolgend die möglichen Ausprägungen emotionaler Intelligenz auf Organisationsebene beschrieben und beziehen anekdotisch Ausprägungen in der Meeting-, Team- und Führungskultur mit ein. Unsere Skizze ist bewusst allgemein gehalten und dient lediglich der Veranschaulichung. Anhand dessen ist eine Quick-Diagnostik auf den drei Hebeln der emotionalen Intelligenz (Klarheit, Verbundenheit und Stressreduktion) möglich, um zu prüfen, wo man als Organisation ungefähr steht. Für eine präzise Einordnung wäre die Entwicklung eines diagnostischen Instruments wünschenswert, was die Determinanten für emotionale Intelligenz auf Organisationsebene umfassend und zuverlässig erfasst.

### Niedriger Reifegrad: anekdotische Beispiele aus der Team-, Meeting- und Führungskultur

*Beispiel aus einer mittelständischen Medienagentur aus Sicht eines Angestellten im mittleren Management*

- **Verbundenheit**:
  - Man wird selten als Mensch, eher als Position gesehen. Emotionen und Bedürfnisse werden ausgeklammert, das Endprodukt hat Priorität.
  - Empathische Gespräche finden höchstens im eigenen Team statt, nicht aber in Meetings mit unterschiedlichen Hierarchien.
  - Der Führungsstil ist tendenziell geprägt von Zeit- und Leistungsdruck.
  - Erfolge wie positives Kundenfeedback werden selten erwähnt, stattdessen überwiegt kritisches Feedback und die Betonung der Schwächen.
  - Die Teammeetings sind geprägt von der Angst, etwas falsch zu machen, und von persönlicher Distanz; man verhält sich angepasst und teilt eher wenig Persönliches.
  - Es mangelt an sozialer Unterstützung durch die Kolleginnen und Kollegen, stattdessen herrscht häufig Konkurrenzdruck untereinander.
  - Es wird viel hinter dem Rücken über andere gesprochen. Man ist sich nicht ganz sicher, ob Kolleginnen zu solidarisch sind.
- **Klarheit**:
  - Es gibt wenig individuelle Planbarkeit und wenig eigenen Handlungsspielraum in der täglichen Arbeitsgestaltung.
  - Arbeitszeitgestaltung ist nur in recht engen Zeitfenstern möglich (z. B. ist nur wählbar, ob man um 8:00 Uhr oder 8:30 Uhr beginnt). Homeoffice ist nur in Ausnahmen trotz vorhandener Möglichkeiten erlaubt.
  - Es gibt häufige Unterbrechungen im Tagesgeschäft und es wird erwartet, dass man zügig auf Anrufe und E-Mails reagiert. Es besteht eine »E-Mail-Flut« und auf alternative Instrumente wie Kanban oder MS-Teams-Kanäle wird verzichtet. Es entsteht das Gefühl, zu wenig Zeit für die eigentlichen Kernaufgaben zu haben, die dann häufig am Abend oder am Wochenende erledigt werden.
  - Die Führungskräfte delegieren Aufgaben mit hoher Verantwortung, bieten aber zur Bewältigung wenig Bestärkung der Autonomie von Mitarbeitenden oder konkrete Hilfestellungen.
  - Aufgaben sind oft unzureichend definiert. Verantwortungsdiffusion durch fehlende Rollenklarheit und fehlende Ansprechpartner ist häufig. Die konkreten Ziele für das Unternehmen erschließen sich nicht immer aus der Aufgabe.
  - Man wird wenig bis gar nicht in Entscheidungsprozesse mit einbezogen.
  - Meetings ziehen sich immer wieder in die Länge, obwohl es keinen Inhalt mehr gibt, oder sie werden überzogen, weil eine klare Agenda fehlt.

- **Stress(reduktion):**
  - In der Folge ist das Stresserleben meist sowohl bei Führungskräften als auch bei Mitarbeitenden recht hoch, z. B. aufgrund des geringen Handlungsspielraums bei gleichzeitig hohem Druck und wenig Ressourcen.

In Kapitel 4.1.4.6.2 ist ein AkKo-Modell für dieses Unternehmen skizziert, um zunächst den Stress zu reduzieren.

### Hoher Reifegrad: anekdotische Beispiele aus der Team-, Meeting- und Führungskultur

*Beispiel aus einem schnell wachsenden Start-up mit 120 Mitarbeitenden aus Sicht einer Mitarbeiterin, die von Anfang an dabei ist*

- **Verbundenheit:**
  - Die Kommunikation ist wertschätzend und findet auch zwischen den Hierarchieebenen auf Augenhöhe statt.
  - Der Führungsstil ist stärkenorientiert. Führungskräfte bemühen sich, ihre Mitarbeitenden ausreichend zu empowern. Sie geben Raum zur individuellen Potenzialentfaltung, indem sie regelmäßig auf die individuelle Sicht eingehen und gemeinsam nach Entwicklungsmöglichkeiten suchen.
  - Es gibt regelmäßiges entwicklungsorientiertes Feedback, welches auf die Stärken fokussiert und Entwicklungspunkte ehrlich und klar vermittelt.
  - Erfolge werden möglichst sichtbar gemacht, größere Erfolge gefeiert. Die Arbeitsatmosphäre ist geprägt von Vertrauen; Lästereien und diskriminierende Sprache werden nicht geduldet. Die Mitarbeitenden unterstützen sich gegenseitig, auch über das eigene Team hinaus.
  - Es gibt Raum für den persönlichen und virtuellen Austausch, der z. B. durch moderierte Meeting-Formate und (virtuelle) Teamveranstaltungen aktiv gefördert wird.
  - Wenn es (zu) viel zu tun gibt, fragen Mitarbeitende rechtzeitig nach Unterstützung.
- **Klarheit:**
  - Die Rollen und Verantwortlichkeiten sind klar definiert und nachvollziehbar.
  - Projekte haben klar definierte Meilensteine.
  - Bei Erreichung der Meilensteine werden konkrete Lernerfahrungen reflektiert.
  - Die Projekt-Teams agieren selbstorganisiert mit individuell festgelegten Kompetenzbereichen der Mitarbeitenden. Die Aufgaben können selbstständig priorisiert werden.
  - Entscheidungsprozesse der Führungsebene werden transparent kommuniziert.
  - Die Meetings bleiben in der Zeit, sind zielführend, gut strukturiert und es wird auf einen fairen Redeanteil geachtet.
  - Bei Fehlern wird offen über diese gesprochen, um aus diesen zu lernen. Man bemüht sich, nicht nach »Schuldigen« zu suchen.
  - Die Arbeitszeiten sind weitgehend an die Bedürfnisse der Mitarbeitenden angepasst.
  - Durch das schnelle Wachstum kommt es immer wieder zu Unklarheiten, die möglichst schnell besprochen und behoben werden.

- **Stress(reduktion):**
  - Das Stresserleben ist phasenweise hoch, doch Teams haben regelmäßige Erholungsphasen. Mini-Sabbaticals (z. B. 4 Wochen unbezahlter Urlaub) können nach Projektbeendigungen genommen werden und sind gewünscht.

In Kapitel 4.1.4.6.5 folgt ein AkKo-Modell für dieses Start-up, um Achtsamkeit noch stärker zu institutionalisieren, da aufgrund des schnellen Wachstums viele neue Mitarbeitende hinzukommen.

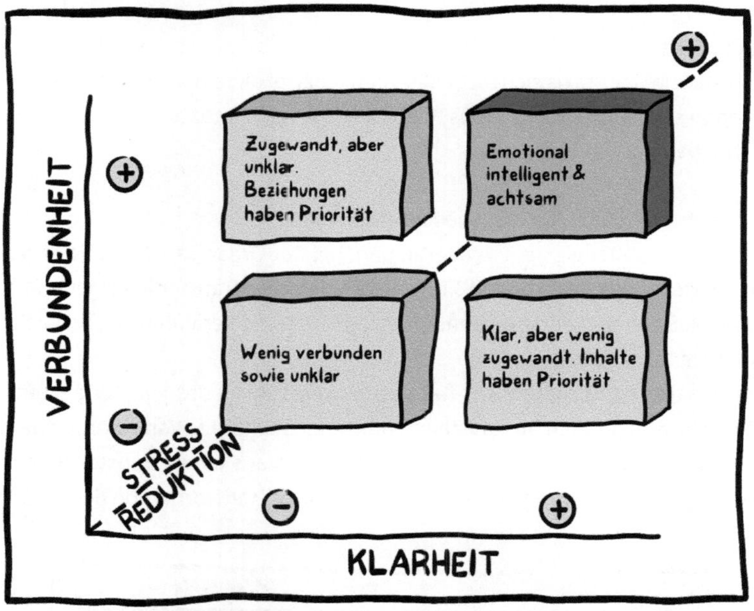


**Abb. 4.6:** Klarheit, Verbundenheit und Stressreduktion – Wo steht die Organisation?

## 4.1.4 A – Aktionen entwickeln: das AkKo-Modell

Im Rahmen des I-SNAP-I-Modells liegt der Fokus auf der Aktionsphase (A), in der es um die praktische Umsetzung von Kulturwandel geht. Vereinfacht gesagt meint Organisationskultur das, »was man in einem Unternehmen darf, will, soll und kann« (Rauls & von Hehn, 2021, S. 1). Anhand dieser vier Ebenen von Verhalten lässt sich nachhaltig Kultur verändern. In der Praxis hat sich das Akteur-Kontext-Modell (Abb. 4.7) (von Hehn, Cornelissen, & Braun, 2022) bewährt, welches konkrete Gestaltungsinterventionen für den Wandel auf »Akteur-« und »Kontext«-Ebene abbildet. Auf der Basis der vier Ebenen oder »Fenster« der Unternehmenskultur bezieht das AkKo das Wissen zur Verhaltensänderung aus der Psychologie mit ein.

## Vier Fenster der Unternehmenskultur: Wollen, Können, Dürfen und Sollen

Der Bereich »Akteur« meint alle Personen, die in den Kulturwandel eingebunden sind. Akteure bilden die AkKo-Fenster »Können« und »Wollen« ab, denn sie bringen Fähigkeiten und Wissen (Bereich »Können«) und Motivation (Bereich »Wollen«) für Verhaltensänderungen ein. Der »Kontext« umfasst formale Mechanismen in Organisationen, die entlang des Fensters »Sollen« das gewünschte Verhalten unterstützen, sowie Rollenvorbilder für emotionale Intelligenz, die über das Fenster »Dürfen« Einfluss auf die Unternehmenskultur nehmen. Anhand dieser vier Fenster lassen sich konkrete Maßnahmen ableiten, die eine achtsame bzw. emotional intelligente Organisationskultur fördern.

Im Folgenden werden eine Reihe von Maßnahmen für jedes Fenster des AkKos an die Hand gegeben, wenn auch in der Praxis sich nicht alle Vorschläge exakt einem Fenster zuordnen lassen. Hierunter finden sich auch »Praxis-Tipps to go«, die – je nach Situation – ohne viel Aufwand als umsetzbar erscheinen.

Für die Umsetzung ist folgendes Vorgehen zu empfehlen:

- **Pick & Choose** – abhängig vom Reifegrad und Ziel der Organisation (siehe dazu Kap. 4.1.1) können unterschiedliche Aktionen sinnvoll sein. Für den Transfer ins eigene Unternehmen sollten die Maßnahmen entsprechend dem individuellen Veränderungsbedarf ausgewählt und andere ignoriert werden.
- **Alle vier Fenster einbeziehen** – es hat sich bewährt, für jedes Fenster ausreichend viele Gestaltungsinterventionen auszuwählen, um eine nachhaltige Veränderung der Kultur auf allen Ebenen zu ermöglichen. Die Maßnahmen allein aus einem Fenster führen selten zu einer Verhaltensveränderung und somit nicht zu einer Transformation der Kultur.

**Abb. 4.7:** Die vier Fenster zur Gestaltung der Unternehmenskultur: das AkKo-Modell

### 4.1.4.1 Akteur: Können – Fähigkeiten und Kompetenzen ausbauen

Im Fenster »Können« schulen Organisationen die Fähigkeiten von Mitarbeitenden und Führungskräften, indem sie verschiedene Formen der Qualifizierung im Bereich Achtsamkeit und emotionale Intelligenz anbieten und ausreichend Raum für diese Themen geben. Dabei ist der Einbezug von möglichst vielen Stakeholdern sinnvoll, statt sich nur auf die Führungsebene zu beschränken. Grundsätzlich sollte das Prinzip der Freiwilligkeit greifen, an geeigneter Stelle gilt es dieses zu reflektieren. Auf der einen Seite ist es oft nicht sinnvoll, Maßnahmen top-down »aufzuerlegen«, auf der anderen Seite besteht die Gefahr, dass freiwillige Angebote aus Gründen von Zeitmangel oder Skepsis nicht im vollen Umfang wahrgenommen werden. Je nach Reifegrad der Organisation ist zu empfehlen, individuell abzuwägen, ob verpflichtende Maßnahmen sinnvoll scheinen.

**Trainings zum Fähigkeitsausbau für emotionale Intelligenz und Achtsamkeit:** Wie beschrieben sind die Perspektivübernahme sowie Empathie zentrale Fähigkeiten für emotionale Intelligenz, z. B. für Verbindungsaufbau oder psychologische Sicherheit (siehe Kap. 3.1). Eine Möglichkeit der Stärkung dieser Fähigkeiten sind daher dedizierte Trainings für emotionale Intelligenz von externen Anbietern, etwa das zweitägige achtsamkeitsbasierte Führungskräftetraining »Search Inside Yourself« zu emotionaler Intelligenz von SIYLI, einer Not-for-profit-Ausgründung von Google. Workshopangebote wie diese können in kurzen Modulen oder auch ein- bis zweitägigen Varianten angeboten werden. Diese sollten auf die Bedürfnisse der Organisation zugeschnitten und wenn möglich nach Karrierelevel- und Funktion gestaffelt sein, anstatt einen »One-size-fits-all«-Ansatz zu verfolgen. Eine beispielhafte, wenngleich recht grobe Trainings-Agenda ist in Abb. 4.8 beschrieben.

| Zeit | Thema |
|---|---|
| 09:00 | Intro und Check-in |
| 09:30 | Emotionale Intelligenz im beruflichen Alltag (typische Situationen) |
| ca. 10:45 | Pause |
| 11:00 | Kundeninteraktionen verstehen & nachhaltig gestalten (Simulationen) |
| 12:30 | Mittag |
| 13:30 | Selbstregulation in schwierigen Situationen |
| 15:00 | Pause |
| 15:30 | Achtsamkeitsbasierte Techniken (u.a. Mitgefühl) |
| 17:00 | Check-out Runde |

**Abb. 4.8:** Beispielagenda für ein kurzes eintägiges Training zur emotionalen Intelligenz

Trainingsbeispiele aus der Praxis sind z. B.:

- Google, SAP, Axel Springer und PwC sowie viele andere Organisationen haben das zweitägige achtsamkeitsbasierte »Search Inside Yourself«-Training zu emotionaler Intelligenz in ihr Ausbildungsportfolio aufgenommen.
- BOSCH hat ein großes Angebot an Resilienz- und Achtsamkeitstrainings.
- Das Chicago Police Department nutzt ein Virtual-Reality-Empathie-Training. Das Training soll den Teams im Einsatz helfen, Krisensituationen zu deeskalieren, indem sie die Situationen auch aus Sicht der Betroffenen in Rollenspielen erleben.

**Nachhaltige Wirkung durch Buddy-Paare, Follow-ups und gezielte Networking-Events für die Trainingsteilnehmenden:**

- In den Trainings tauschen sich die Teilnehmenden typischerweise immer wieder in Kleingruppen oder in 2er-Konstellationen aus. Auf freiwilliger Basis kann man sogenannte Buddy-Paare (engl. für Kumpel, was den informellen Charakter abbildet) festlegen mit der Aufgabe, sich im Anschluss an ein Training z. B. einmal pro Monat zum Austausch zu treffen. So kann man sich gegenseitig motivieren, bei den im Training gesetzten Vorsätzen am Ball zu bleiben.
- Wenn das Training eine Zeit lang zurückliegt, hilft ein kurzes Modul zur Auffrischung als Follow-up, z. B. für zwei Stunden mit einem inhaltlichen Impuls und einer Möglichkeit, Fragen und Erfahrungen auszutauschen.
- Man kann auch ein Follow-up mit Eventcharakter versehen, u. a. zum Networking für alle Teilnehmenden der Seminare zum Thema emotionale Intelligenz und Achtsamkeit.

*Hinweis*: Bei der Auswahl der Trainerinnen oder Achtsamkeitslehrer wird mehr und mehr auf eine ausreichende Zertifizierung und Ausbildung der Person geachtet, denn »Achtsamkeitstrainer« ist kein geschützter Begriff. Zu empfehlen sind Zertifikate wie *MBSR* oder *SIYLI* sowie ein Blick auf die eigene Achtsamkeitspraxis der Lehrenden.

**Multiplikatorinnen ausbilden**: Personen, die Gewohnheiten in Teams neu etablieren können (z. B. im Rahmen eines »Change-Agent-Netzwerkes«), werden in kleineren Lerneinheiten ausgebildet und agieren als sogenannte Multiplikatorinnen in Meetings und Veranstaltungen. Dazu gehört z. B. eine regelmäßige Abfrage im Team, was man bereits gut macht und was man besser machen könnte (Feedbacks entlang einer »Gut/Noch-besser«-Struktur).

**Wissensvermittlung durch weitere, verschiedene Formate (wie Bücher, Apps)**: Es können z. B. bereits bestehende Lernprogramme angepasst und Inhalte zu emotionaler Intelligenz entsprechend in bestehende Trainings integriert und der Zugang zu wissenschaftlichen Fakten bereitgestellt werden. Diese können großflächig allen Mitarbeitenden kostenlos zur Verfügung gestellt werden und sollten möglichst leicht zugänglich sein.

- Blended-Learning-Programme, z. B. zu Stressmanagement, psychischer Gesundheit oder Achtsamkeit im Alltag
- Jahresabo für Meditations-Apps
- Literatur zum Thema, z. B. digital oder in Bibliothek

- Digitale Plattformen für Achtsamkeit im Intranet erhöhen die Präsenz von Achtsamkeit im Unternehmen und ermöglichen einen einfachen Zugang zum Thema. Auf dieser firmeninternen Plattform können Angebote in Form von Videos, Audios, Artikeln oder Q&As zum Thema Achtsamkeit bereitgestellt werden. Über solche Plattformen kann auch Raum für den persönlichen Austausch ermöglicht werden, z. B. in Form eines Team-Channels oder über die Kommentarfunktion.

**Lunch&Learn-Veranstaltungen mit internem Austausch**: Dieses Format ist auch bekannt als Brownbag-Meeting, bei dem in unregelmäßigen Abständen ein gemeinsames Mittagessen oder Frühstück angeboten wird. Das informelle Treffen kann als Webinar oder in Präsenz stattfinden und ist als freiwilliges Format für 5-30 Personen geeignet. Das Treffen soll dazu genutzt werden, Input zu verschiedenen Themen, z. B. den Kulturwandel betreffend, zu geben oder kurze Achtsamkeitsübungen für den Alltag zu lehren. Mitarbeitende können dazu ermuntert werden, selbst Themen einzubringen. Das Essen dient als Anregung zum Austausch und fördert den abteilungsübergreifenden Dialog und die fachübergreifende Vernetzung.

**Neue Impulse in von Form von »Mind Snacks« mit externen Experten**: Eine weitere Möglichkeit, in den Austausch zu kommen, ist die Veranstaltung von Kurzvorträgen. Diese können Vorträge aus der Wissenschaft oder Praxisberichte von Menschen sein, die bereits eine emotional intelligente Kultur implementiert haben. Als Impuls für Innovationen kann man Experten aus fachfernen Industrien einladen, um von ihnen zu lernen. Für unser Beispiel der Werbeagentur können z. B. Mitarbeitende von Pharmaunternehmen wie BioNtech eingeladen werden, um sich über Innovation auszutauschen. Für fachnahe Impulse wiederum lädt die Werbeagentur den ehemaligen Agenturchef ein, der über seine jahrelange Meditationserfahrung spricht und warum diese einen Unterschied für ihn in Bezug auf Kreativität gemacht hat.

**Aufbau eines Coachingprogramms**: Im Rahmen von Personalentwicklungsmaßnahmen eignen sich firmeninterne Coachings für Führungskräfte, um die persönliche Weiterentwicklung zu fördern und gezielt auf Bedürfnisse einzugehen. Coachings können entweder durch externe Dienstleister mit Schwerpunkt emotionale Intelligenz oder aber auch durch organisationsinterne ausgebildete Expertinnen durchgeführt werden.

**Mentoringprogramm für Mitarbeitende und neue Führungskräfte**: Hier gibt es verschiedene Archetypen von Programmen, z. B. werden Mentorinnen frei zugeteilt oder ausgewählt, im besten Fall melden sie sich freiwillig an. Mit dem Mentor bespricht man spezifische Themen, die man in einem formaleren Setting nicht ansprechen möchte. Die Themenfindung erfolgt gemeinsam mit dem Mentor, die Auswahl kann hier breit gefächert sein – vom Umgang mit Veränderung, Herausforderungen im Alltag oder auch die eigene Achtsamkeitspraxis.

**Hospitation oder Secondment (engl. für Entsendung) in eine Firma**: Eine eher selten genutzte, aber sehr wirksame Technik ist es, ausgewählte Mitarbeitende für z. B. eine Woche in einer anderen Organisation, die sich durch einen hohen Grad an emotionaler Intelligenz auszeichnet, hospitieren zu lassen. Äquivalent in einem großen Konzern ist auch eine Rotation in andere Abteilungen sinnvoll (siehe z. B. das *WidenYourHorizon* Programm der Allianz).

**Eine bestimmte Anzahl an Tagen pro Jahr externes Engagement ermöglichen**: Salesforce ist Pionier mit dem Ansatz der *Citizen Philanthropy* – ein neues Modell für mehr Engagement und Empowerment. Beispielsweise erhalten Mitarbeitende jedes Jahr sieben bezahlte Tage für kompetenzbasierte Freiwilligenarbeit (Aziz, 2022).

**Möglichkeit, sich weiterzubilden über das reguläre Angebot hinaus, auch ohne Fachbezug**: Die Lernfähigkeit kann durch die kontinuierliche Förderung von Entwicklung angeregt werden, z. B. durch die Verfügbarkeit von Bildungsurlaub ohne Anerkennung eines bestimmten Anbieters oder einem bestimmten Budget oder Stundenkontingent für Fortbildungen von Mitarbeitenden. Darunter fallen z. B. Kurse zur Mediation und Retreats als auch Bildungsurlaub, die Finanzierung einer Coaching- oder Mediatorenausbildung und das Erlernen von Fremdsprachen.

### Praxis-Tipps »to go«

- **Nach längeren Meetings kurze Retros zu »gut, noch besser«**: Zur Reflexion der Zusammenarbeit kann man z. B. individuelle Redeanteile reflektieren, um allen genügend Raum zu geben und das *hippo*-Prinzip (= *highest paid person's opinion*) zu vermeiden.
- **Als Führungskraft den Mitarbeitenden offene Fragen zu Veränderungswünschen stellen**: Z. B. »Was können wir aus Deiner Sicht tun, um unsere Kultur zu verbessern?«
- **Fragerunden mit individuellen ersten Gedanken zu einer neuen Idee**: Zu Beginn eines Meetings 5-10 Minuten für eine schnelle, wirkungsvolle Check-in-Runde zu reservieren, in der alle einmal zu Wort kommen, involviert die Teilnehmenden und kann eine aktivierende Reflexion auslösen, beispielsweise zu der Frage: »Warum bin ich heute hier?« oder »Was finde ich an dem heutigen Thema interessant?«

#### 4.1.4.2 Akteur: Wollen – Verständnis und Überzeugungen schaffen

Im Bereich »Wollen« geht es darum, ein großflächiges gemeinsames Verständnis der Wichtigkeit der gewünschten Veränderung (im Sinne des Ist-Soll) zu erzeugen und eine Motivation für diese zu schaffen, indem man den Sinn dahinter besser versteht. Ziel ist es, das Verständnis für die Veränderung und für die Relevanz emotionaler Intelligenz sicherzustellen, was je nach Situation unterschiedliche Schwerpunkte haben kann:

- In dem oben genannten Pharmabeispiel geht es bei dem Fenster »Wollen« darum, Verständnis aufzubauen, warum der Aufbau projektspezifischer agiler Teams dem hierarchischen Silodenken entgegenwirkt und warum es bestimmte Facetten von emotionaler Intelligenz braucht, um agiler zu arbeiten.
- Im Falle des Start-up-Beispiels liegt der Schwerpunkt darauf, Verständnis für Achtsamkeit und emotionale Intelligenz per se herzustellen und zu verdeutlichen, inwiefern diese mit dem Arbeitsalltag verbunden sind.

Vereinfacht gesagt geht es darum, einen Pull statt Push zu erzeugen. Stellen Sie sich einen Elefanten vor, den Sie durch einen engen Türspalt bringen wollen. Wir können diesen nicht einfach mit Gewalt hindurchschieben, aber wir können ihm auf der anderen Seite der Tür Erdnüsse anbieten, damit er sich von allein bewegt. Diese Erdnüsse können für jeden etwas anderes sein.

**Aufbau eines »Change-Agent-Netzwerks«:** Für eine nachhaltige Veränderung braucht es Multiplikatorinnen (siehe Box 4.4), die die Veränderung innerhalb der Organisation vorleben und immer wieder aktiv initiieren. Dies sind sichtbare und gut vernetzte Mitarbeitende und Führungskräfte aus möglichst allen Funktionen bzw. Bereichen, die für die Veränderung brennen und sich für die Umsetzung einsetzen. In zahlreichen großangelegten Untersuchungen von McKinsey zeigt sich die signifikante Wirkung eines Netzwerkes dieser Multiplikatorinnen (Bucy et al., 2021), welches unterschiedliche Titel tragen kann, z. B. »Botschafter-Netzwerk« oder »Change-Agent-Netzwerk« oder »Accelerators«. Die Multiplikatorinnen gestalten den Wandel bottom-up, d. h., sie tragen ihn »von unten nach oben« in die Organisation. Es braucht daher nur eine minimale formale Struktur für ein Change-Agent-Netzwerk.

Die Aufgaben der Multiplikatorinnen können als »*Mikrofon und Megafon*« bezeichnet werden:

- Sie halten das *Mikrofon* direkt in den »Maschinenraum« und nehmen Widerstände, Spannungen und Begeisterung auf, um sie im Team zu besprechen und nächste Schritte abzuleiten.
- Sie senden wie mit einem *Megafon* Botschaften in die Mannschaft, um sie informiert zu halten und Missverständnisse – und damit auch Gerüchte – zu vermeiden. Zudem leben sie den Wandel als Vorbild vor und gestalten verschiedene Aktionen und Formate, für die sie ein Budget zur Verfügung haben. Sie arbeiten eng mit dem Projektteam zusammen.

Damit treiben sie den Wandel von innen voran. Sie werden von Mentoren unterstützt, haben einen direkten Kontakt zum Topmanagement und erhalten Ausbildungseinheiten rund um Change Management und emotionale Intelligenz.

**Entwicklung eines authentischen Narrativs (Change Story):** Anhand der Change Story werden die Mitarbeitenden nicht nur informiert, sondern möglichst auch inspiriert und »mitgenommen«. Die Gründe für den Wandel werden möglichst transparent und anschaulich kommuniziert. Dabei wird das Ist-Soll mit den strategischen Zielen der Organisation verbunden und das *Was* mit dem *Wie* gekoppelt. Das Narrativ zielt mit seiner Struktur darauf ab, Klarheit sowie Verbundenheit mit den Vorstellungen und Bedürfnissen der Zuhörenden, also den Mitarbeitenden, zu vermitteln. Damit es mitreißend wird, folgt es den Basistechniken der charismatischen Führung (siehe z. B. Scheungraber, 2019), also u. a. Metaphern zu nutzen, Emotionen anzusprechen, eine Geschichte zu erzählen und Drei-Punkt-Gliederungen zu kommunizieren. Typischerweise gibt man in der jeweiligen Sprache des Unternehmens entweder die Richtung »Kill the dragon« – etwas scheinbar Unüberwindbares besiegen – oder »Kiss the princess« – sich mit etwas sehr Erstrebenswertem zu verbinden –vor. Zudem kann man sich überlegen, ob man eher demonstriert, »auf den Schultern von Riesen« zu stehen – also weiterführt, was andere vor einem bereits begonnen haben – oder ein »Phoenix aus der Asche« zu sein – also die Mannschaft endlich von etwas zu befreien.

Die Leitfragen sind in drei Kapiteln strukturiert:

- Der Grund für die Veränderung: Wo kommen wir her und warum wollen wir uns verändern?
- Der Veränderungswunsch: Wo wollen wir hin und wie schaffen wir das?
- Persönlicher Beitrag und Erwartungen: Was können Sie von uns erwarten? Was sind unsere konkreten nächsten Schritte?

Anschließend kann die Change Story großflächig in die Organisation getragen werden. Am besten eignen sich Events, bei denen ein persönlicher Austausch möglich ist. Ein Beispiel ist die jährliche Weihnachtsfeier, auf welcher die angestrebte Transformation als Gemeinschaftsprojekt vorgestellt wird und wo man über Fragen ins Gespräch kommt und die Belegschaft zur aktiven Beteiligung motiviert wird, anstatt dass die Nachricht lediglich übermittelt wird. Zusätzlich können die Kernbotschaften über verschiedene Kommunikationskanäle wie Newsletter, Rundmails, das Intranet, oder ggfs. Printmedien wie Poster oder Broschüren transportiert werden, um sie im Bewusstsein zu halten. Weitere Details finden sich in Box 4.3.

**Interne Mitarbeitende, die aus eigener Erfahrung berichten**: Mitarbeitende aus der eigenen Organisation, die beispielsweise selbst Erfahrung in Achtsamkeitstechniken wie Meditation haben, wirken überzeugend und nahbar, wenn sie darüber berichten. Sie können entweder Impulsreferate auf internen Konferenzen halten oder auch bei Weiterbildungsmaßnahmen als Multiplikatoren dienen. So tritt beispielsweise ein Geschäftsführer aus einem unserer Beispielunternehmen als Gast in dem Trainingsprogramm auf, in dem Führungskräfte in emotionaler Intelligenz geschult werden, berichtet davon, wie sehr Vertrauensaufbau und Beziehungsmanagement helfen, um mit den Kunden zu arbeiten, und steht hier 45 Minuten Rede und Antwort.

**Einführung eines »Values Day« als internes Firmenevent**: Ein sogenannter Values Day dient einmal im Jahr dazu, die aktuellen Werte zu reflektieren und ggfs. weiterzuentwickeln. Er gibt Raum und Zeit, um sich die Unternehmenswerte vor Augen zu führen und sich mit dem *Warum* zu beschäftigen. Diskussionsrunden können Aufschluss darüber geben, inwiefern diese Werte gelebt werden und welche Bedürfnisse die Teams haben. Um im Anschluss konkrete Maßnahmen für die Organisation abzuleiten, eigen sich Fragen zur Diskussion wie z. B.: »Welche Werte sind für uns relevant? Was können wir als Unternehmen tun, um diese Werte stärker im Arbeitsalltag zu leben? Stimmen unsere Werte mit unserem Verhalten überein?« Das Einladen von externen Personen, die diese Werte vertreten und leben, kann als Inspirationsquelle dienen. Auch Workshops in Kleingruppen, z. B. zu der Frage: »Wer inspiriert Dich und warum?«, geben neue Impulse und zahlen gleichzeitig auf das Gefühl der Verbundenheit ein. Durch regelmäßige Angebote dieser Art wächst das Verständnis, warum emotionale Intelligenz relevant ist. Values Days halten Unternehmenswerte präsent und stärken diese langfristig. Sie dienen zudem der Möglichkeit, bereits umgesetzte Maßnahmen zu evaluieren und weiterzuentwickeln.

**Kunden hautnah erleben**: In regelmäßigen Abständen können relevante Kunden der Organisation im Rahmen eines internen Events eingeladen werden – z. B. die Bürger für das Bürgeramt oder die Sportlerinnen für den Sportwarenhersteller, um deren persönliche Geschichten rund um das Produkt oder den Service zu erleben. So könnte man z. B. unterschiedliche Bürger einladen, denen es sehr geholfen hat, die E-Akte zu nutzen, und sie darüber berichten lassen. Diese »Hautnah«-Erfahrungen öffnen häufig bei den Mitarbeitenden die Augen, wie wertvoll und sinnhaft die neue Arbeit ist (um z. B. den internen Widerstand gegen die E-Akte abzubauen). Ziel dieses Events ist es, dass die Mitarbeitenden erfahren, wie sinnvoll ihre tägliche Arbeit für andere ist.

**BOX 4.3 Wir müssen uns verändern, um die gleichen zu bleiben – Fragmente eines Narrativs**

Die **Change Story** fasst die Kernbotschaften der Organisation zusammen. »Das Narrativ bildet die Kommunikationsgrundlage für den Wandel« (von Hehn, Leßmeister, & Schmökel, 2022) und hilft, das Momentum und »Buy-in« für den Wandel bei einer größeren Gruppe aufzubauen. Voraussetzung ist, sich ausführlich mit den Vorstellungen der Mitarbeitenden auseinanderzusetzen, um diese zielgruppengerecht ansprechen zu können (siehe Kap. 4.1.3 »Needs«). Pläne wie »Wir werden bis Jahr x noch effizienter und erwirtschaften eine Umsatzsteigerung um x %« bewegen selten die Emotionen der Menschen, noch sprechen sie die Sinnhaftigkeit der Veränderung an. Die folgenden Auszüge aus der Change Story des Beispielpharmakonzerns geben einen Einblick, können aber leider nicht konkreter gehalten werden, um die Vertraulichkeit zu schützen; in der Praxis sind Change Stories deutlich konkreter.

1. **Der Grund für die Veränderung**: Wo kommen wir her und warum wollen wir uns verändern?
   *Sie alle kennen wahrscheinlich die Weisheit »Never change a winning team«. Dieser Satz hat sicher seine Berechtigung, aber wir können davon ausgehen, dass er auch im Vorstand von Volkswagen vor dem Abgasskandal oder in den Büros der Lehman Brothers vor der Finanzkrise zu hören war. […]*
   *Warum wollen wir uns verändern? Damit wir so bleiben können, wie wir sind. Wir wollen von Investoren unabhängig bleiben und trotz unseres personellen Wachstums in kleinen Einheiten schlagkräftig und wirksam bleiben und Innovationen hervorbringen.*
   *Was würde herauskommen, wenn wir einen kritischen Blick auf unsere Kultur werfen und uns fragen: Leben wir Innovation? Empowern wir Menschen ausreichend, ihre Ideen einzubringen? Von dem, was ich auch in den Gesprächen mit euch gehört habe, ist die Antwort: Nein.*
2. **Der Veränderungswunsch**: Wo wollen wir hin und wie schaffen wir das?
   *Entwicklung bedeutet Wandel. Ein Überwinden des Status quo. Und zwar nicht erst, wenn wir müssen, sondern weil wir wollen. Es braucht den Wandel von einer Imitations- zu einer Lernkultur. Von einer Wissens- zu einer Feedback-Kultur. Geschützt durch eine Atmosphäre, in der kontroverse Diskussionen nicht persönlich genommen werden. In der Meinungen und Fehler auf Empathie stoßen und neue Ideen zu noch neueren Ideen anregen. Wir wollen ein relevanter, spannender XY-Anbieter am Markt sein, ein Anbieter, der den Unterschied in A und B aufzeigt und liefert und damit Kunden und Mitarbeiter begeistert. Dafür wollen wir C machen (…). Sich selbst und anderen gegenüber offen mit Fehlern umgehen und aus ihnen lernen. Externe und Dienstleister aktiv zu integrieren. Alles zu unterstützen, außer den Stillstand.*

3. **Persönlicher Beitrag und Erwartungen**: Was können Sie von uns erwarten? Was sind unsere konkreten nächsten Schritte?
   *Dabei wollen Y und ich euch unterstützen. Indem wir mutig bei spannenden Opportunities zugreifen, indem wir das Team weiter ausbauen mit Menschen, die neue Blickwinkel mitbringen, und indem wir eure Impulse aufgreifen und fördern. Für digitale Innovationen. Neue Geschäftsfelder. Ein noch stärkeres Team-Gefühl. Mehr Wertschätzung. Frische Impulse von außen. Freude an der Arbeit, auch bei Gegenwind. Wir wollen eine Lern- und Unterstützungskultur. Und die Maßnahmen, die dafür nötig sind, mit euch erarbeiten, verfeinern und verinnerlichen. Mit einem offenen Feedback fängt alles an. [...]*

**BOX 4.4 Das Change-Agent-Netzwerk als Megafon und Mikrofon – Multiplikatorinnen für den Wandel**

**Bilden eines Netzwerkes**: Hier gibt es verschiedene Ansätze, z. B. wird in einem Townhall oder All-Hands-Meeting im Rahmen der inspirierenden Change Story dazu eingeladen, sich zu melden, wenn man die Veränderung mit vorantreiben will. Anlaufstelle ist typischerweise das Project Management Office (PMO). Dies entspricht einem wünschenswerten Prinzip der Freiwilligkeit. Melden sich nur wenige freiwillig, werden im nächsten Schritt gezielt Mitarbeitende angesprochen. Üblicherweise kann man die Führungskräfte in der Organisation fragen, welche geeigneten Personen in ihrem Team hervorstechen, indem sie Dinge umsetzen und sich für Veränderung einsetzen. Zudem entsprechen sie idealerweise folgendem Profil: Sie sind bereits möglichst gut vernetzt; sie gelten als sichtbar und als Menschen, die von anderen gehört werden, und verkörpern bestenfalls bereits die gewünschte Veränderung. Das so entstandene Change Agent-Netzwerk sollte Mitglieder aus möglichst allen Hierarchieebenen einschließen. Eine Nominierung von ca. 8-10% aller Mitarbeitenden ist erstrebenswert, um Wirkung zu erzielen (von Hehn, Leßmeister & Schmökel, 2022).

**Das Netzwerk hält zwei wichtige Funktionen inne**

- Als *Mikrofone* fangen sie die Stimmung in der Organisation in Bezug auf den Wandel ein. Das Netzwerk initiiert Gespräche, fragt nach Ideen und Wünschen und hört aufmerksam zu; dies geschieht viel im indirekten Gespräch mit den Menschen, aber auch z. B. durch die Initiierung von Surveys oder Puls-Checks. Sie können Anfragen auch weiterleiten und eng mit dem Projekt Management Office (PMO) – sofern es vorhanden ist – als eine geeignete Anlaufstelle rund um die Transformation zusammenarbeiten.

- Als *Megafone* treiben sie den Wandel proaktiv voran, z. B. durch verschiedene Aktionen und Formate: Dies können z. B. Poster mit einer Erinnerung an eine Achtsamkeitsübung im Fahrstuhl sein, die Organisation von Lunch&Learn-Formaten (siehe oben) sowie die (Aus-)Gestaltung eines Gemeinschaftsraums, um Raum für Verbindungen zu schaffen. Die Multiplikatorinnen sind in der Ausgestaltung frei und können das entsprechende Budget mit ihrem Mentor besprechen. Sie beschäftigen sich auch mit konkreten Herausforderungen und versuchen, möglichen Hindernissen beim Wandel aktiv entgegenzuwirken. In unserem Beispiel könnte das ein monatliches Treffen mit der Führungsebene sein, um sich über Schwierigkeiten auszutauschen. Zudem agieren sie als Vorbilder und zeigen, wie Achtsamkeit im Arbeitsalltag gelebt werden kann, indem sie z. B. nicht multitasken, im Gespräch nicht aufs Handy schauen, klares Feedback geben etc. Zudem beeinflussen sie den Alltag ihrer direkten Kolleginnen positiv, indem sie z. B. in schwierigen Situationen durchatmen und bewusst und wertschätzend interagieren.

**Befähigung und Unterstützung der Change Agents:**

- Die Change Agents sind in Gruppen eingeteilt, idealerweise mit bis zu sieben Mitgliedern.
- Jede Gruppe bekommt einen Mentor aus dem Topmanagement, der der Gruppe zuhört und sie unterstützt.
- Je nach Budget des Unternehmens bekommt jede Gruppe zum einen ein Budget zur Umsetzung von Aktionen. Zum anderen erhalten sie auch Lerneinheiten rund um Themen wie Change Management, z. B. »Wie beeinflusse ich die Kultur«, oder zu emotionaler Intelligenz. Auch sind Netzwerk-Events für die Change Agents unterstützend.

**Anreize für Change Agents:**

- Gestaltungsmöglichkeit im eigenen Interesse und das der Kollegen; Unternehmertum im Unternehmen ermöglichen.
- Möglichkeit, Beitrag zu leisten zu einer sinnvollen Weiterentwicklung des Unternehmens.
- Zugang zum Topmanagement im Rahmen der Change-Agent-Tätigkeit, z. B. zusätzlich durch ein Change-Agent-Frühstück mit dem Vorstand.
- Netzwerkbildung über eigenen Bereich hinweg mit anderen Change Agents und Personen unterschiedlicher Führungsebenen.
- Zusätzliches Wissen gegenüber Kollegen, wie man Change durch zusätzliche Schulung(en), Aktionen etc. vorantreibt.
- Schöne Events im Rahmen der Compliance-Richtlinien, z. B. ein zweitägiger Kick-off als Möglichkeit zur professionellen Weiterentwicklung.
- Stärkung Employability intern/extern, z. B. mit Vermerk in Personalakte oder durch ein Zertifikat.

## Praxis-Tipps »to go«

- **(Neue) Veränderungswünsche offen und ehrlich mit anderen teilen**: Vertrauen Sie darauf, dass es andere mit ähnlicher Motivation gibt, die etwas verändern wollen. Finden Sie sich ggfs. in selbstorganisierten Gruppen zusammen, die den Veränderungswünschen eine Lobby geben, insbesondere, wenn das Veränderungsprojekt ganz neu ist oder Sie vielleicht selbst eines starten wollen.
- **Skeptiker einladen oder imitieren**: Beim Aufbau des Change-Agent-Netzwerks sowie bei der Ausgestaltung der Change Story kann man darauf achten, bewusst Teammitglieder zu Wort kommen zu lassen, die der Veränderung skeptisch gegenüberstehen. Regen Sie zudem Personen gezielt an, die Rolle des »advocatus diaboli« zu übernehmen, um so auch mögliche Hindernisse zu benennen und ernst zu nehmen.
- **»Ask me anything«-Sessions veranstalten**: Dies kann als interaktives, niedrigschwelliges Format genutzt werden, um Fragen in einem informellen Setting zu klären und über eventuelle Vorbehalte in den Austausch zu kommen.
- **Sich an geeigneter Stelle bei Beteiligten bedanken und dies mit einer Botschaft verbinden**: Im Unternehmen kann z. B. bei Großveranstaltungen der Raum genutzt werden, um sich für die Beteiligung am Kulturwandel zu bedanken – ähnlich wie Eckhard von Hirschhausen, der im öffentlichen Nahverkehr in Berlin per Audiobotschaft den Fahrgästen dankt, dass sie einen Beitrag zur Klimakrise leisten.

#### 4.1.4.3 Kontext: Dürfen – Vorbildfunktionen leben

Menschen imitieren, meist unbewusst, das Verhalten der »relevanten anderen«, also vor allem der Kolleginnen und direkten Führungskräfte – wir sind »homo imitans«. Das Fenster »Dürfen« umfasst deshalb Rollenvorbilder, die emotionale Intelligenz verkörpern und diese in der Organisation vorleben und sichtbar machen. Zu den sichtbarsten Rollenvorbildern gehören das Topteam, alle Führungskräfte, das Projektteam und alle Multiplikatorinnen, die ggfs., in einem Change-Agent-Netzwerk organisiert sind. Denken Sie z. B. an das Fahrradfahren: Wir sind eher bereit, einen Helm zu tragen, wenn das entsprechende Umfeld und unsere Freunde dies vorleben. Übertragen auf den Kulturwandel ist die Bedeutung des Verhaltens der Führungskräfte von hoher Relevanz, denn die Wahrscheinlichkeit für erfolgreiche Transformationsprozesse ist laut einer groß angelegten Untersuchung von McKinsey viermal höher, wenn Führungskräfte aktiv in den Kulturwandel einbezogen werden (Keller & Schaninger, 2019). Für einen nachhaltigen Kulturwandel bedarf es auf den Führungsebenen einer Lernbereitschaft und eines Bewusstseins über eigene Mindsets, also die eigenen Einstellungen und Haltungen. Meist braucht es eine Transformation von häufig unbewussten Verhaltensweisen und Gewohnheiten.

Im Folgenden wird vom Topteam gesprochen, die Interventionen eignen sich aber auch für eine Gruppe von Führungskräften, die nicht auf der Top-Ebene sind; Voraussetzung ist allerdings, dass deren Führungskräfte ebenfalls diesen Prozess durchlaufen und Vorbildverhalten zeigen. Befinden sich Menschen in den obersten Ebenen, die konträr zur gewünschten Kultur agieren, wird das den Wandel stark gefährden.

**Das Topteam zur Reflexion über die eigene Signalwirkung anregen**: Dazu eignen sich Reflexionsrunden, in der sich gemeinsam als Team kritisch mit Fragen auseinandergesetzt wird wie: »Leben wir als Topteam das, was wir auch von den anderen sehen wollen?«, »Ermöglichen oder verhindern wir psychologische Sicherheit?«, »Was sind unsere Bedürfnisse und handeln wir nach diesen?« Hilfreich sind auch Feedbacks von anderen zum Verhalten, z. B. durch 360-Grad-Reports.

**Das Topteam zu Vorbildern machen**: Die Entwicklung des Topteams hin zu Vorbildern des Wandels entsteht typischerweise in einem Programm, dessen Ziel es ist, dass die Teilnehmenden sowohl inhaltlich in die gleiche Richtung gehen – in Bezug auf *was* gemacht wird – als auch formal – in Bezug auf *wie* sie arbeiten. Alle Topteam-Mitglieder sollten von Beginn der Transformation an eingebunden werden. Um den Raum für Offenheit und Ehrlichkeit zu erschließen und somit als Team arbeitsfähig zu werden, ist Vertrauensaufbau untereinander unerlässlich, z. B. indem gemeinsam über eigene Werte und ihre Intention reflektiert wird. Die einzelnen Workshops finden idealerweise fern vom Arbeitsalltag in einem »Offsite« statt. Im Folgenden wird eine beispielhafte Architektur eines Topteam-Prozesses für ein Veränderungsprogramm in dem oben vorgestellten Pharmakonzern skizziert (Abb. 4.9).

Üblicherweise dauert der Topteam-Entwicklungsprozess mehrere Monate. Zur Vorbereitung des Prozesses werden zunächst Interviews mit allen Mitgliedern des Topteams und Vertreterinnen aller Bereiche durchgeführt sowie – wenn möglich – eine Umfrage mit allen Mitarbeitenden des Unternehmens. Zusätzlich erfolgt die Planung eines Kick-offs, das den Veränderungsprozess anstoßen soll. In einem eintägigen Kick-off-Workshop wird dann eine erste gemeinsame Vision über »Ist-Soll«-Paare entwickelt, die anschließend in einer Poster-Vernissage dargestellt wird. Das zweite Kernelement des Kick-offs bilden Teambuilding-Einheiten wie Werteübungen, Feedbacks entlang einer »Gut/Noch-besser«-Struktur oder eine Diskussion über die Art des Austausches während des Prozesses. In der darauffolgenden Feldphase trifft sich das Topteam zur weiteren Erarbeitung der »Ist-Soll«-Paare. Der anschließende eintägige Topteam-Workshop dient der Erarbeitung von konkreten Aktionen anhand der vier Fenster des AkKos (Können, Wollen, Sollen, Dürfen). Die Change Story wird ebenfalls in diesem Workshop erarbeitet. Es folgen weitere Teambuilding-Elemente zur Stärkung des Vertrauens. Außerdem wird ausreichend Raum für Feedback gegeben, sodass das Topteam im Modus der Offenheit und Ehrlichkeit bleibt. In der darauffolgenden Feldphase trifft sich das Topteam (ggfs. auch einzelne Mitglieder), um die im Workshop erarbeiteten Interventionen voranzutreiben. Nach Bedarf werden in dieser Zeit Einzelcoachings mit externen Coaches für die einzelnen Topteam-Mitglieder durchgeführt, um ihre eigene Rolle noch weiter zu stärken. Im abschließenden anderthalbtägigen Topteam-Auffrischer-Offsite werden die relevanten Themen des Veränderungsprogramms hinsichtlich des *Was* und des *Wie* noch einmal betrachtet. Um nachhaltig die Veränderung sicherzustellen, werden der Fortschritt durch einen 10.000-Meilen-Check nach 6-18 Monaten eruiert und Interventionen gegebenenfalls intensiviert oder neu definiert.

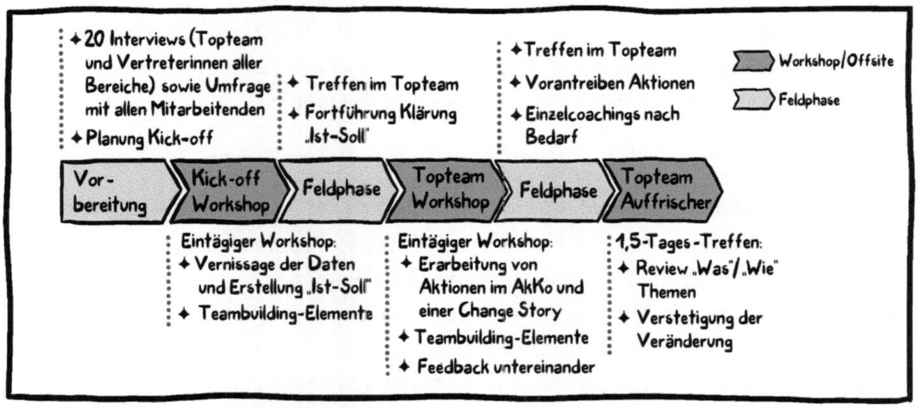


**Abb. 4.9:** Architektur Topteam-Prozess: Beispiel eines Pharmakonzerns

**Konkrete Verhaltensweisen anregen:** Die bisherigen Verhaltensweisen werden reflektiert und anschließend werden diese mit dem wünschenswerten Verhalten (im Sinne des Ist-Soll) abgeglichen, sodass konkrete verhaltensbasierte Vorhaben, sogenannte Commitments, abgeleitet werden können. Diese Commitments werden in einer Team-Runde (z. B. im Rahmen der oben dargestellten Workshops oder auch im Jour fixe) thematisiert. Die Vorhaben haben eine stärkere Wirkung, je konkreter sie sind, beispielsweise:

- Bewusst keine Nachrichten an den Wochenenden schreiben, um Stress zu reduzieren.
- Darauf achten, das eigene Team nicht mit starken Emotionen anzustecken, und eigenen Ärger regulieren.

**Achtsamkeit in der Organisation sichtbarer machen**: Durch die Gründung einer (virtuellen) Achtsamkeits-Community über eine Kollaborationsplattform sowie einer Seite im Intranet können in der Organisation über die Relevanz von Achtsamkeit gesprochen und entsprechende Kommunikationswege sowie Angebote geschaffen werden. Auch Plakate in Aufzügen oder Büros eignen sich, um dem Thema mehr Aufmerksamkeit zu verschaffen. Eine entsprechende Sichtbarkeit von Achtsamkeit weckt Neugierde für das Thema und bestärkt Mitarbeitende in ihrer Praxis. Weitere Beispiele aus Unternehmen, die Achtsamkeit fördern sind:

- **Raum der Stille**: Einen Raum als Rückzugsort anbieten, um in Ruhe meditieren zu können und den Kopf frei zu bekommen (z. B. bei SAP, Google, ThyssenKrupp).
- **Achtsamkeit als Jahresgesundheitsthema**: »Achtsam durch den Tag« mit Informationen, Vorträgen, Workshops und Aktionen zu Ernährung, Bewegung, Entspannung und Stressbewältigung (z. B. bei Deutsche Bank, Bauer Verlag).
- **Achtsamkeitscenter**: Begegnungsort für Mitarbeitende, um sich zu sammeln, zu entspannen, für wöchentliche Aktivitäten und zum gegenseitigen Lernen (z. B. bei Aetna).

**Einen guten Umgangston vorleben und einfordern**: Der Umgangston trägt zu einem vertrauensvollen Arbeitsklima bei, in dem sich alle sicher fühlen. In dafür passenden Teammeetings kann vereinbart werden, dass man als diskriminierend zu interpretierende Verhaltensweisen wie frauenspezifische Witze oder das Sprechen über Dritte direkt ansprechen soll und sich so gegenseitig bewusst machen kann, dass dies nicht passend erscheint. Eine Möglichkeit ist auch, ein Sparschwein aufzustellen, falls Kraftausdrücke fallen oder jemand verbal ausfällig wird.

**Emotionale Intelligenz in der Feedbackkultur (z. B. 360-Grad Feedback) implementieren**: Die Feedbackkultur kann zum einen durch die Art und Weise, wie Feedback gegeben wird, und zum anderen durch den Inhalt emotional intelligent gestaltet werden:

- Das heißt, Feedback in Form von klaren, entwicklungsorientierten Rückmeldungen zu geben, aber Kritik nicht ohne Ausdruck von Wertschätzung stehenzulassen. Die Intention sollte dabei immer sein, das Gegenüber unterstützen zu wollen. Entsprechende Feedbackschulungen sollten für alle Mitarbeitenden verpflichtend angeboten werden.
- Werden 360-Grad-Feedbacks durchgeführt, kann emotionale Intelligenz hier als (neues) Kriterium Berücksichtigung finden. Laut einer Capgemini-Studie sind 69 % der Angestellten bereit, an ihrer emotionalen Intelligenz zu arbeiten, wenn sie dazu auch Feedback bekämen. Doch nur 26 % der Organisationen berücksichtigen diese Aspekte bisher in Feedbackprozessen (Crummenerl et al., 2019).

**Veranstalten symbolischer Aktionen**: Diese machen den Wandel spürbar und haben eine sichtbare Signalwirkung nach außen. Dazu eignen sich z. B. das Drucken von Erkennungszeichen wie T-Shirts, das Aufhängen von Postern in Aufzügen und Büros oder lustige Sticker, wie gesehen in der BOSCH Achtsamkeitskampagne *»Zeit für mich«* (Bosch BKK, 2022).

**Praxis-Tipps »to go«**

- **Eine (digitale oder analoge) Fotowand gestalten**: Als Hilfsmittel auf dem Weg zur gewünschten Veränderung kann mit allen Beteiligten eine Fotowand gestaltet werden, auf der z. B. symbolisch alle Führungskräfte unterschreiben und ihr persönliches Vorhaben im Sinne eines Commitments zum Ausdruck bringen (»Ich mache mit«).
- **Die Gruppenleiterin meldet sich als Erste zu einer der Aktionen an**: Die Anmeldung einer Führungsperson z. B. zu einem neu eingeführten Achtsamkeitstraining kann im Intranet oder einem Blogeintrag mitgeteilt werden.
- **Hashtags auf Social Media oder im Intranet erstellen**: Einflussreiche kulturelle Strömungen wie *#BlackLivesMatter* haben die Nutzung von Hashtags in den letzten Jahren verstärkt. So können Mitarbeitende online eingeladen werden, unter einem firmenspezifischen Hashtag ihre Gedanken zur Kultur oder Erlebnisse während der Arbeit zu teilen. Etablierte Hashtags sind z. B. *#ZapposCulture*, unter dem Mitarbeitende Arbeitserfahrungen und Teamausflüge posten, oder Starbucks *#TobeAPartner*, der Mitarbeitende weltweit miteinander verbindet.

#### 4.1.4.4 Kontext: Sollen – Systeme und Strukturen anpassen

Es braucht formale Mechanismen, die einer Kulturveränderung systematisch den Weg bereiten. Formelle Strukturen und Prozesse können dazu beitragen, Gewohnheiten zu etablieren. Kontinuierliche Feedbacks können beispielsweise zu einer gewohnheitsmäßigen Kommunikation führen, in der Feedback als normal angesehen wird. Rituale sowie zentrale Prozesse können in einer Kultur effektive Stellschrauben sein.

**Achtsame Rituale in der Unternehmenskultur verankern**: In den Tagesablauf fest installierte Achtsamkeitsmomente sind hilfreich als klares Signal ihrer Integration in die Organisationskultur. Es ist sinnvoll, möglichst viele niedrigschwellige Maßnahmen anzubieten. Vielfältige Ideen zu etablierten achtsamkeitsbasierten Routinen, die auch in Organisationen angewendet werden können, finden sich in Kapitel 2 und 3.

**Talent- und Performance-Management Prozesse, die auf den vier Dimensionen von emotionaler Intelligenz basieren**: Die Ausrichtung der Prozesse rund um People & Culture bietet einen starken Hebel zur Förderung einer emotional intelligenten Kultur. Die vier Dimensionen – Selbstreflexion und -management, soziales Bewusstsein und Beziehungsmanagement – können gezielt in die Unternehmenskultur einbezogen werden, beispielsweise an folgenden Stellen:

- Firmenspezifische Recruiting-Kanäle und Auswahlprozesse können auf die vier Dimensionen hin angepasst werden (siehe vertiefende Box 4.5).
- Onboarding, in dem gewünschte Verhaltensweisen ausdrücklich hervorgehoben werden, z. B. in Form eines Code of Conducts.

- Beschäftigten eine kontinuierliche Weiterentwicklung in emotionaler Intelligenz und Achtsamkeit zu ermöglichen, z. B. über regelmäßige Trainings und Fortbildungen (s. o.); Achtsamkeitstechniken als festen Bestandteil der Führungskräfteentwicklung integrieren, wie z. B. bei SAP geschehen.
- Die bestehenden Trainings mit Inhalten der emotionalen Intelligenz anreichern oder neue Programme dazu anbieten (wie in Kap. 4.1.4.1 bereits beschrieben).
- Einführung von Incentives in Form von Zertifikaten oder ggfs. Reward-Programmen für Mitarbeitende, die an Trainings teilnehmen.
- Einfordern des Vorbildverhaltens, auch mit Hilfe des Einsatzes von 360-Grad-Feedback.
- Performance Reviews mit den Kriterien der emotionalen Intelligenz vervollständigen, z. B. mit spezifischen Fragen oder Kategorien, die genauso wichtig sind wie »What-KPIs«.
- Bei Nachfolgeplanung und Beförderungen gezielt auf Kompetenzen rund um emotionale Intelligenz achten. In E-Mails die Beförderung an alle kommunizieren und diesen Teil (ebenfalls) herausstellen.

**Beförderung zu Führungskräften mittels Kriterien**: Mitarbeitende werden tradiert wegen langer Betriebszugehörigkeit oder Expertise zu Führungskräften befördert, nicht aber wegen ihrer vorhandenen Führungsqualitäten oder der Motivation, diese auszubauen. Um strukturell die Bedingungen hin zu einer achtsamen Führung zu verbessern, können Organisationen daher auch an der Gestaltung von Prozessen dahingehend ansetzen. Im Kontext von Karrierepfaden können Organisationen z. B. stärker die Passung von Fähigkeiten und Anforderungen an eine Führungsrolle berücksichtigen. Für Expertinnen, die nicht explizit eine Führungsposition anstreben, können dann bspw. alternative Rollenprofile mit ähnlichem Gehalt und Sichtbarkeit geschaffen werden (z. B. Webster, 2022).

**Die Rolle des Chief Sustainability Officers (CSO) mit Macht bekleiden**: Damit Nachhaltigkeit kein Feigenblatt wird, bedarf es einer oder eines CSO »mit gestalterischer Macht, geliehen direkt von einer CEO mit einer klaren Nachhaltigkeitsagenda«, wie es Egon Zehnder beschreibt: »Manche Unternehmen verknüpfen die Rolle des CSO mit dem Einkauf. Auf diese Weise erhält Nachhaltigkeit Gewicht in der gesamten Lieferkette. In anderen Organisationen führen CSOs zugleich die Personalabteilung oder einen wesentlichen Geschäftsbereich, oder sie verantworten als CFOs die Finanzen. In einer solchen Funktion diskutieren sie mit anderen Entscheidungsträgern auf Augenhöhe und können im Zweifel ihr Veto einlegen« (Zehnder, 2022).

**BOX 4.5 Personalauswahlprozesse, die emotionale Intelligenz mit einbeziehen**

Die Auswahl und Förderung von Beschäftigten sollte heute nicht mehr nur nach »Hard skills« wie Noten oder Fachkenntnisse erfolgen, sondern auch Skills der emotionalen Intelligenz miteinschließen, da die meisten Top-Fähigkeiten laut des World Economic Forums heute auf emotionaler Intelligenz basieren (World Economic Forum, 2020), z. B.:

- Interesse an eigener Persönlichkeitsentwicklung und allgemeine Lernbereitschaft
- Fähigkeit zur Selbstwahrnehmung und Selbstreflexion
- Offenes, neugieriges Mindset

- Persönliche Werteorientierung
- Empathie
- Flexibilität
- Persönlicher Bezug zu Achtsamkeit

Zur Ermittlung emotionaler Intelligenz im Auswahlgespräch ist es sinnvoll, zunächst die Interviewenden ausreichend zu schulen. Im Gespräch können sie u. a. die folgenden Fragen nutzen, um sich den oben genannten Kriterien zu nähern:
- Was machen Sie, um sich weiterzuentwickeln?
- Welche überfachlichen Kenntnisse oder Fähigkeiten würden Sie gerne erlernen?
- Wie steht es um Ihre Erfahrung bzgl. der Arbeit in diversen Teams?
- Wer hat Sie in ihrem Leben inspiriert?
- Worauf baut Ihr bisheriger Erfolg auf?
- Gab es Situationen, in denen Dinge schiefliefen? Wie sind Sie damit umgegangen?
- Welche Erwartungen haben Sie an Ihr zukünftiges Team? Was ist Ihnen besonders wichtig?
- Was macht für Sie ein erfolgreiches Team aus? Welchen Beitrag leisten Sie selbst dafür?
- Wann mussten Sie sich das letzte Mal an neue Rahmenbedingungen anpassen? Was fiel Ihnen dabei besonders leicht, was eher schwer?
- Was würden Sie als Ihre Werte bezeichnen? Wo zeigen sich diese in Ihrem Leben?
- Wie würde Sie Ihre beste Freundin/Ihr bester Freund beschreiben?

Weitere Möglichkeiten, emotionale Intelligenz in der Auswahlstrategie sichtbarer zu machen, sind
- das Durchführen von Gruppeninterviews,
- das Veranstalten von Rollenspielen mit simulierten Situationen, z. B. zum Umgang mit einem Konflikt,
- Mitarbeitende stärker in den Auswahlprozess mit einbeziehen, z. B. im Rahmen eines divers besetzten Panels.

Ein Beispiel aus der Praxis ist die Hotelkette *Four Seasons* mit über 50.000 Mitarbeitenden weltweit: Die Personalauswahl erfolgt hier gezielt nach emotionaler Intelligenz und persönlicher Haltung. Leitfragen des Auswahlprozesses sind hier: Ist die Bewerberin lernbereit? Begeistert sie sich für die Arbeit mit Menschen? Wenn ja, warum? (Chang, 2019).

**Die Gatekeeper-Rolle der Aufsichtsräte**: Die Verantwortung der Aufsichtsgremien ist es, die gelebte Kultur nach innen und außen zu vertreten. Ist diesen die Relevanz von emotionaler Intelligenz für die Kultur im Unternehmen bewusst, so können sie im Sinne eines Gatekeepers die Organisation vor Stakeholdern in Schutz nehmen, die insgesamt durch einen niedrigen Grad an emotionaler Intelligenz auffallen. Dabei kann der Aufsichtsrat eine wichtige Rolle spielen, um die Organisation in der Entwicklung von emotionaler Intelligenz voranzutreiben. Möglichkeiten, wie Aufsichtsräte sich für eine Kulturveränderung einsetzen können, sind z. B.:

- **Vorbildverhalten für Veränderung im Vorstand sicherstellen:** Aufsichtsräte können prüfen, ob der Vorstand als Vorbild für das Unternehmen agiert und den gewünschten Wandel selbst lebt (z. B. anhand von Exit-Interviews oder 360-Grad-Feedbacks über die Kultur und Führung im Unternehmen). Denn die Kultur im Vorstand hat starke Auswirkungen auf den Rest des Unternehmens.

- **Kultur-»Fit« bei der Wahl der Vorstandsmitglieder:** Neben den fachlichen Voraussetzungen stärker die Ausprägung der persönlichen emotionalen Intelligenz als Auswahlkriterium berücksichtigen.
- **Kritische Reflexion der Organisationskultur:** Anhand von Fragen wie: »Sehen wir die Menschen bei uns mit ihren Bedürfnissen?«; »Was sagt die Generation der Zukunft über uns und unsere Art zu arbeiten?«, kann der Aufsichtsrat eine Auseinandersetzung mit der aktuellen Kultur anregen und dem Thema Aufmerksamkeit schenken.

Notwendige Voraussetzung dafür ist wiederum, dass Aufsichtsräte selbst einen hohen Grad an emotionaler Intelligenz aufweisen. Diese Thematik wurde bereits in einem Artikel differenziert betrachtet (von Hehn, 2022).

**Diversität und Perspektivenvielfalt erhöhen**[35]: Homogene Teams treffen schlechtere Entscheidungen, sind weniger innovativ und machen mehr Fehler, wie in einer Vielzahl an Studien festgestellt wurde, z. B. von McKinsey & Co (Hunt et al., 2018, Dolan et al. 2020). Diversität in Organisationen entsteht meist nicht durch Zufall, sondern wird strukturell in relevanten Prozessen berücksichtigt, z. B. über verbindliche Diversity-Policies in Personalauswahlprozessen. Um diese auszubauen und Chancengerechtigkeit zu fördern, bedarf es eines kritischen Blicks auf alle Ebenen der Organisation. Insbesondere Führungskräfte und das Personalmanagement sollten u. a. folgende Fragen reflektieren:

- Wie vielfältig ist die Zusammensetzung unserer Teams?
- Welche Maßnahmen ergreifen wir zur Sicherstellung von Diversität und Chancengleichheit?
- Sind unter den von uns eingeladenen Expertinnen auch marginalisierte Gruppen vertreten?
- An welchen Kriterien orientieren wir uns bei der Festlegung der Gehälter?

Darüber hinaus Veranstaltungen zu Diversität im Team zu zelebrieren, schenkt dem Thema die nötige Aufmerksamkeit und untermauert die Bedeutung von Vielfalt für die Unternehmenskultur, wie z. B. bei Porsche am jährlichen »Diversity-Tag«. Auch die Teilnahme und Unterstützung von Pride Days setzt ein wichtiges Zeichen für Offenheit und Toleranz.

**Angebot flexibler Arbeitszeitgestaltung**: Modelle zur Erhöhung der Flexibilität bei der Arbeitszeit- und Ortgestaltung – auch für diejenigen, die weniger mobil sind oder Kinder haben – werden aktuell diskutiert: Das Konzept einer Vier-Tage-Woche bei vollem Lohn oder »Workation«[36]-Modelle fallen darunter. Auf diese Weise sollen Stellen für viele Menschen attraktiver und das Stresserleben reduziert werden (Bundesanstalt für Arbeitsschutz und Arbeitsmedizin,

35 Es mag in diesem AkKo nicht immer augenscheinlich klar sein, warum manche Aktionen auf Themen wie Innovation oder den Umgang mit Veränderung einzahlen. Aktionen wie das Fördern von Diversität stärken das Gefühl von Zugehörigkeit und psychologischer Sicherheit. Holistisch betrachtet schlägt sich dies wiederum im Betriebsklima und in einer Kultur nieder, in der sich Menschen sicher und wertgeschätzt fühlen, unterschiedliche Perspektiven Berücksichtigung finden und neue Ideen eingebracht werden (Details siehe Kap. 3.1).

36 Der Begriff setzt sich aus *work* (dt. Arbeit) und *vacation* (dt. Urlaub) zusammen. Bei diesem Arbeitsmodell können Mitarbeitende den Arbeitsort frei wählen und in einem (Urlaubs-)land ihrer Wahl arbeiten.

2020). Das Gesundheitsunternehmen GoodRx erlaubt Mitarbeitenden z. B., von überall in den USA zu arbeiten, und beauftragt ein externes Unternehmen, auf Anfrage Ad-hoc-Büros bereitzustellen, wenn Raum zum Arbeiten benötigt wird (Krueger, 2022).

**Gemeinwohl-orientierte Kriterienkataloge hinzuziehen**: Um die Organisation mehr in die Richtung emotionaler Intelligenz zu gestalten, kann die Perspektive auch auf ethisches Wirtschaften insgesamt geweitet werden. Hierzu kann man bereits bestehende Kriterienkataloge nutzen, z. B. die »Gemeinwohl-Bilanz« oder »Certified B Corporation«. Diese Gütesiegel für lebensdienliches Wirtschaften stellen das Wohl von Mensch und Umwelt in den Vordergrund und können erlangt werden, wenn Organisationen nachvollziehbar berichten, dass und wie sie mit ihren geschäftlichen Aktivitäten gesellschaftliche Verantwortung übernehmen. Die allesamt messbaren Kriterien umfassen Menschenwürde, Solidarität, Transparenz, Sinnhaftigkeit, Diversity, Nachhaltigkeit in Bezug auf die Produkte, die Prozesse sowie die interne und externe Zusammenarbeit. Es gibt hier bereits zahlreiche zertifizierte Unternehmen, ein bekanntes Beispiel ist der Outdoor-Kleidungshersteller Vaude.

**Verfolgen von ESG-Kriterien**: Kriterien aus dem Bereich Umwelt (Environmental), Soziales (Social) und verantwortungsvolle Unternehmensführung (Governance) werden von immer mehr Firmen in ihrer Geschäftstätigkeit berücksichtigt. Die Berücksichtigung von ESG-Kriterien zeigt eine Bereitschaft, veränderte Anforderungen als Chance zu verstehen und aktiv an einer nachhaltigen Wirtschaft zu arbeiten. Dazu verfolgen Unternehmen über die gesetzlichen Anforderungen hinaus nachhaltige Zukunftspläne, z. B., indem sie Gebäude mit Ökostrom versorgen, Zugang zu Elektromobilität und öffentlichem Nahverkehr gewährleisten, Gewinne nachhaltig investieren, soziale Projekte fördern, Produkte inklusiver gestalten u. v. m. Entsprechende Maßnahmen und Ergebnisse können z. B. in bestehende Reporting-Systeme integriert und nachverfolgbar kommuniziert werden.

**Gefährdungsbeurteilung psychischer Belastung in regelmäßigen Abständen**: Im Rahmen des betrieblichen Arbeitsschutzes sollten unter Einbezug von Fachpersonal (z. B. Betriebsärztin, Psychologe etc.) die arbeitsbedingten Belastungsfaktoren, wie etwa eine zu hohe Arbeitsmenge, zu lange Arbeitszeiten, häufige Unterbrechungen oder destruktives Führungsverhalten, für die verschiedenen Arbeitsbereiche erfasst werden. Auf Basis dieser Beurteilungen werden erforderliche Maßnahmen zur Reduzierung der Belastungsfaktoren ermittelt. Auch wenn die Erfassung der psychischen Belastung im Rahmen des Arbeitsschutzes gesetzliche Pflicht ist, stehen viele Unternehmen hier noch am Anfang (Details siehe Bundesanstalt für Arbeitsschutz und Arbeitssicherheit, 2023).

**Zusätzliche »relief days« in besonders belastenden Zeiten**: Mit Rücksicht auf besonders belastete Mitarbeitende kann man in besonderen Situationen die persönlichen Bedürfnisse des Einzelnen berücksichtigen, indem z. B. die Anzahl der freien Tage nach einer Beerdigung eines nahen Familienmitglieds über den gesetzlichen Rahmen erhöht wird. Unternehmen wie Bumble, Nike und Mozilla gaben ihren Mitarbeitern im Zusammenhang mit der Corona-Pandemie eine Woche frei, um sich von Burnout und dem zusätzlichen Stress der Pandemiezeit zu erholen (Knowles, 2021; Makortoff, 2021; Youn, 2021).

### Organisationsstrukturen anpassen hin zu mehr Selbstorganisation

Form follows function: Wenn sich die Arbeitsweisen der Teams, die innere Haltung zur (Zusammen-)Arbeit der Individuen und die Umwelt, in der die Organisation agiert, so stark verändern, wie es momentan der Fall ist, bleibt es nicht aus, dass sich die Organisationsstruktur ebenfalls wandelt. Es ist daher eine Veränderung von Organisationen in Richtung Selbstorganisation zu beobachten. Denn es stellt sich derzeit die Frage, wie in einer BANI-Welt ein einzelner oder einige wenige »oben an der Spitze« der Komplexität und Geschwindigkeit gerecht werden können, während die Menschen, die in ihren Bereichen arbeiten, viel schneller und durchdachter Entscheidungen treffen können. Von Paradigmenwechsel in den Organisationen ist die Rede (siehe z. B. Göpel, 2020 und Interview mit Jörn Apel in Kap. 4.1.4.5). Teams oder Unternehmen als selbstorganisierte Systeme zu betrachten, ist nichts Neues (siehe z. B. von Foerster, 1995), findet aber heute eine andere Resonanz. Hier sind Laloux (2015), der Spiral Dynamics (Wilber, 2001) aufgegriffen hat (siehe nachfolgende Box 4.6), und der »Loop-Approach[37]« von TheDive (Klein & Hughes, 2019) zu nennen.

**BOX 4.6 Die Organisation der Zukunft ist emotional intelligent gestaltet – auch in der Organisationsstruktur**

Gesellschaften bewegen sich auf verschiedenen Bewusstseins- und Entwicklungsebenen. Auf diesem Kerngedanken fußt die integrale Theorie mit dem Konzept der *Spiral Dynamics*, das 2013 von Don Beck und Cowan auf einer Grundlage der Theorien von Clare W. Graves entwickelt wurde. Beschrieben werden darin neun Stufen, auf denen sich der Mensch bzw. die Gesellschaft von einem durch Instinkte und Grundbedürfnisse geprägten Verhalten hin zu einem reflektierten, respektvollen Verhalten allen Lebewesen gegenüber bewegt. Frederic Laloux (2015) hat diesen Gedanken auf Organisationen übertragen, wonach viele Organisationen heute das Ziel verfolgen, eine »höhere Stufe« zu erreichen, um ihre Anpassungs- und damit ihre Zukunftsfähigkeit zu steigern. Gleichwohl sei angemerkt, dass Laloux Organisationen keineswegs als statische Gebilde versteht, die sich einheitlich einer Stufe zuordnen lassen. Auch ein einzelner Mensch ist in der Regel nicht mit allen seinen Dimensionen – kognitiv, moralisch, psychologisch, sozial, spirituell etc. – auf einer Entwicklungsebene (Laloux, 2015). Zwar ist bei den einzelnen Stufen von zunehmender Komplexität die Rede, doch betont Laloux, dass jede Stufe für einen bestimmten Kontext angemessen sein kann.

Aufbauend auf Laloux hebt Jörn Apel in einer vereinfachten Form des integralen Modells (Abb. 4.10) hervor, dass aktuelle Organisationen sich gut in fünf der neun Bereiche einordnen lassen: die ersten vier beschreiben Stärke, Ordnung, Fortschritt und Verbundenheit; der fünfte Bereich – Integration – bedeutet, das Beste aus »allen Welten« zu verbinden. Bei den Organisationen ist typischerweise **ein Bereich** dominant ausgeprägt, niemals jedoch singulär.

37 Der Loop-Approach bezeichnet eine Methode, um das System von Organisationen hin zu mehr Agilität zu führen. Dabei fokussiert der Transformationsprozess auf die Teams, die sich – im Sinne eines »Loops« (dt. Schleife) – immer wieder neu reflektieren und weiterentwickeln.

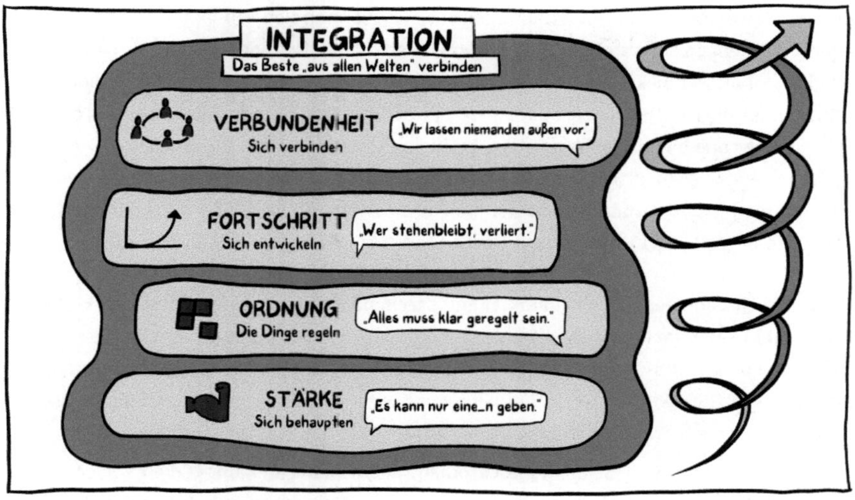


**Abb. 4.10:** Integrales Modell – »Das Beste ›aus allen Welten‹ verbinden«, in Anlehnung an Jörn Apel (Kap. 4.1.4.5) und an Laloux (2015) sowie Klein & Hughes (2019)

- Der erste Bereich der »**Stärke**« läuft unter dem Motto »Es kann nur eine_n geben«. Hier geht es darum, dass typischerweise Einzelpersonen sich gegenüber allen anderen behaupten und von diesen loyal unterstützt werden. Durchsetzungsstärke und persönliche Machtausübung sind gefragt. Dabei gilt es, Autorität auszustrahlen bzw. sich dieser unterzuordnen, es dominiert hier eine zweistufige Hierarchie: Führer und Geführte. Beispiele in der Wirtschaft sind traditionelle gründergeführte Unternehmen ohne weitere Führungsebenen.
- Der zweite Bereich der »**Ordnung**« folgt der Maxime »Alles muss klar geregelt sein«. Um Abläufe geordnet zu regeln, stehen klare, oft starre Strukturen im Vordergrund. Treibende Kraft ist dabei der Wunsch nach klarer Regelung (als Antwort auf die dominante Stärke Einzelner). Exemplarisch hierfür stehen Verwaltungen, die im Weberschen »Bürokratie-Modus« operieren, oder auch Unternehmen, die sich von der Gründerfigur und der machtorientierten Führung freischwimmen wollen und an deren Stelle zunächst geordnete Strukturen herstellen, um z. B. zentrale Macht dezentraler zu verteilen.
- Der dritte Bereich des »**Fortschritts**« ist geleitet durch die Annahme: »Wer stehen bleibt, verliert.« Hier dominiert das leistungsorientierte Streben nach Wachstum, nach hoher Profitorientierung und Entwicklung durch Innovation. Diese wird erreicht durch tatkräftige Mitarbeitende, die sich den Bedingungen des Wettbewerbs anpassen und wie Unternehmer im Unternehmen handeln. Repräsentativ für diesen Bereich ist die Start-up-Welt im Bilde des Silicon Valley, klassische Unternehmensberatungen (»up or out«) und ein anglo-amerikanisch geprägtes Konzernverständnis von stetigem, kompromisslosem Profitstreben.
- Der vierte Bereich der »**Verbundenheit**« legt den Fokus darauf, »niemanden außen vorzulassen.« Dafür spielt die Partizipation aller Beteiligten eine zentrale Rolle. Ihnen wird mit Empathie begegnet. Die nach innen gerichtete Mitarbeiter- und Menschenorientierung steht hoch oben auf der Tagesordnung, aber auch die Frage der sozial-ökologischen Auswirkungen unternehmerischen Handelns. Diese Kräfte entfalten sich (ideal-)typisch in Organisationen der sozialen oder Umwelt-Arbeit oder auch in Organisationen, die durch einen ausgeprägten Teamgedanken ein Gegengewicht zu der in großen Teilen als menschenverachtend empfundenen Wettbewerbsorientierung setzen wollen.

- Die »**Integration**« entscheidet sich schließlich nicht für ein »Entweder-oder«, sondern bleibt bewusst im »Sowohl-als-auch«. Integrale Organisationen können sich kontinuierlich anpassen und weiterentwickeln, in einer stetigen Balance von Innen- und Außenorientierung. Sie nehmen zudem eine globale Perspektive mit holistischem Denken ein, das sich durch eine Orientierung hin zu einem Daseinsgrund (Purpose) auszeichnet. Dieser transzendiert die Interessen des eigenen Unternehmens und beinhaltet beispielsweise ökologische und soziale Gerechtigkeit. Diese Form von Organisation zeichnet sich durch einen hohen Reifegrad an emotionaler Intelligenz aus – also auch an Mitgefühl und Verbundenheit (4. Bereich), dies aber in guter Verbindung mit den Tugenden der Stärke (1. Bereich), des Fortschritts (3. Bereich) und der Ordnung (2. Bereich).

Diese fünf Bereiche sind dem Modellcharakter entsprechend als Idealtypen zu verstehen und in dieser Reinform nicht in der organisationalen Realität aufzufinden, d. h., es gibt nicht *die* »Stärken-Organisation« oder *die* »Fortschritts-Organisation«. Vielmehr dienen diese Bereiche als Reflexionsbrille für Fragen rund um Regeln, Strukturen, Werte, Verhaltensmuster und Symbole, Meetings, Führungsstil und andere zentrale Elemente rund um Zusammenarbeit.

Relevant ist dieses Modell und die damit beschriebene Entwicklung im Kontext dieses Buches insbesondere deshalb, weil die verschiedenen Ebenen unterschiedliche, tendenziell steigende Anforderungen an die emotionale Intelligenz der Mitarbeitenden und Führungskräfte stellen.

## Praxis-Tipps »to go«

- **Achtsamkeit und Dialogqualität in Meetings fördern**: Dazu eignen sich Regeln wie »no electronics«, durch die per se schon mehr Kontakt mit den anderen gefördert wird, weil man nicht in E-Mails versunken ist. Auch das Anpassen der Sitzstrukturen in einen Kreis zur Förderung einer entspannten Atmosphäre kann in manchen Gruppen hilfreich sein. In größeren Gruppen eignen sich moderierte Formate wie *Dynamic Facilitation*[38] oder *Open-Space-Technology*[39], in denen Achtsamkeit als ein zentrales Element des Austauschs gefördert wird.
- **Perspektivwechsel durch Veränderung der Sitzplätze**: Zur Anregung von Perspektivwechsel kann die Sitzplatzwahl bewusst verändert werden, z. B. kann man direkt nach einer Pause dazu aufrufen, einen anderen Sitzplatz zu wählen, oder bei Büros mit festen Sitzordnungen anregen, die Sitzordnungen der festen Arbeitsplätze – z. B. einmal im Halbjahr – rotieren zu lassen.
- **Eine Wild Card für das Recruiting**: Mitarbeitende bekommen je eine sogenannte Wild Card, mit der sie aus ihrem persönlichen Netzwerk Bewerberinnen empfehlen können, die ggfs. durch das »Raster« der Organisation gefallen wären; dies kann die Diversität in Teams erhöhen (siehe Kap. 3).
- **Meeting im Stehen statt im Sitzen (im Sinne eines Stand-ups)**: Um die Geschwindigkeit in Meetings zu erhöhen, können diese im Stehen stattfinden, was einen positiven Effekt auf

38 Methode der Gruppenmoderation, bei der ein offener Raum für Ideen und das Miteinander aktiv gefördert werden.

39 Format für Konferenzen und Großgruppen, bei der Teilnehmende in kurzer Zeit offene, komplexe Fragestellungen gemeinsam bearbeiten.

die Selbstreflexion (im Sinne von: Bin ich klar und prägnant genug?) haben kann, weil kaum jemand gerne lange steht

- **»Balkon-Momente« in Workshops oder Meetings**: Momente zur kurzen Reflexion, z. B. hinsichtlich eines abschweifenden Verlaufs der aktuellen Diskussion, können in Interaktionen eingebaut werden.
- **Prototyping**: Prinzipiell sind die Interventionen in kleineren Einheiten »auszuprobieren« und zwar im Sinne eines Prototyping statt eines langgeplanten Ausrollens in die komplette Organisation. Solche Testphasen vereinfachen die Planung und kurzfristige Umsetzung von Ideen, welche normalerweise mit größerem Aufwand verbunden wären.

#### 4.1.4.5 Interview mit Dr. Jörn Apel, Berater und (Mit-)Gründer TheDive GmbH und remotly GmbH

### Was bedeutet die Einführung von Agilität und New Work für die Unternehmenskultur?

**Zur Person:**

Jörn ist Pionier zu agilem Arbeiten & New Work und Unternehmer im Bereich Kulturentwicklung. Gestartet ist er als Ingenieur in der Technik- & Konzernwelt. Als Berater, (Mit-)Gründer der Unternehmen TheDive GmbH und remotly GmbH widmet er sich seit über 15 Jahren der Frage, wie es gelingen kann, die Menschen in Unternehmen an teils unterschiedlichen Orten in kurzer Zeit nachhaltig auf eine neue Stufe der Zusammenarbeit zu heben, um so auch gesellschaftliche Weiterentwicklung anzustoßen. Jörn lebt mit seiner Lebenspartnerin in Berlin.

### Wieso ist agiles Arbeiten so aktuell?

Es gibt eine grundlegende transformative Bewegung in der Arbeitswelt. Ein neues Verständnis von Miteinander, Arbeit und Leistung wird sichtbar. Wir merken generell, dass sich Unternehmertum vom reinen Profitgedanken ablösen wird und dass es zunehmend wichtig ist, dass Menschen, Sinn und auch die planetaren Grenzen stärker in den Fokus von Entscheidungen rücken. Mehr und mehr Menschen in Organisationen stellen die Frage: Wofür das alles, und was haben die Menschen davon? Nimmt man das als Überschrift, so ist agiles Arbeiten ein kleiner Teil dieses neuen Paradigmas. Ursprünglich wurde das Konzept in dem Bereich Softwareentwicklung geboren, um Umgang mit Komplexität zu managen, wird aber mittlerweile auf unzählige Kontexte außerhalb der Technologiewelt angewendet. Die Welt ist so komplex geworden, dass andere Denk- und Verhaltensmuster nötig werden – hier hat sich die agile Praxis sehr bewährt und ist mit Modellen wie SCRUM, Holokratie und Derivaten davon sehr detailliert beschrieben. Übrigens ist dieses neue Paradigma in dem integralen Modell[40], das auf der Arbeit von Laloux und anderen basiert. mit »Integration« beschrieben.

### Und was ist mit New Work?

New Work ist ebenfalls Teil dieses neuen Paradigmas, aber im Gegensatz zum Agilen ist es viel breiter angelegt und weniger eindeutig definiert. Ursprünglich meinte Frithjof Bergmann mit New Work: Die Gesellschaft schafft einen Rahmen, in dem der Mensch sich nach seiner eigenen intrinsischen Motivation steuert, und »jede:r macht, was er oder sie wirklich, wirklich will«. Heute gilt New Work eher als ein Sammelbegriff für alles, was mit weniger Hierarchie, mehr Empowerment, mehr Eigenverantwortung und vielleicht auch mit mehr Verantwortung oder Vertrauen zu tun hat. Diese Facetten eines Wertewandels werden unter New Work gelabelt.

Nach meinem Verständnis ist bei New Work der zentrale Gedanke die Abschaffung oder jedenfalls Flexibilisierung der sogenannten Pyramide: Weit verbreitet war bisher die Kommandostruktur, bei der unterstellt wird, dass »oben« jede:r weiß, wie es geht, und »unten« ausgeführt wird. Wir gehen jetzt zu etwas über, bei dem wir anerkennen, dass Individuen die tatsächlichen Sensoren in der Welt sind und ihre Wahrnehmungen einbringen, nach Lösungen suchen und eigenverantwortlich Ideen beisteuern. Die Pyramide wird durch ein Netzwerk intelligenter Individuen ersetzt, die eigenverantwortlich arbeiten, aber alle gemeinsam unter einem gemeinsamen Nordstern.

### Was sind häufige Missverständnisse beim agilen Arbeiten und New Work?

Eines der häufigsten Missverständnisse ist meines Erachtens, dass die Idee von New Work und Selbstorganisation darin besteht, Organisationsstrukturen abzuschaffen und stattdessen

40 Abbildung 4.10 in Box 4.6.

alle Entscheidungen in der Tendenz basisdemokratisch zu treffen. Bei New Work geht es aber eher darum, sich von der traditionellen Struktur einer Machtpyramide zu lösen, bei der immer eine Person an der Spitze entscheidet und der Rest mehr oder weniger fraglos folgt, und stattdessen die Pyramide als flexibles Ordnungssystem zu begreifen, das die Arbeit von Menschen organisiert. Weiterhin, als Richtungsgeber weniger eine Befehls- oder Kommandostruktur zu installieren, sondern den Sinn (engl. purpose) und die Ziele, die der Organisation dienlich sind, in den Mittelpunkt zu stellen. Damit wird die Machtpyramide zu einer »Sinnpyramide« – es gibt eine ganz klare gemeinsame Richtung und weiterhin ein ganz klares »Das machen wir« und »Das machen wir nicht«. Den Rahmen gibt also diese strategische Pyramide, anhand derer dann geprüft wird, wie sich die Menschen so einsetzen können, dass einerseits das Ziel erreicht werden kann und gleichzeitig die Rollen, die zur Erreichung des Ziels benötigt werden, und die Fähigkeiten der Mitarbeiter so gut wie möglich zusammenpassen. Es gibt also immer noch klare Strukturen, aber diese sind viel feingliedriger und können sich viel flexibler an die Bedürfnisse des Marktes und der Menschen anpassen. Und die Idee ist, dass sich die Mitarbeitenden in dieser Struktur viel flexibler bewegen können, während es gleichzeitig eine klare gemeinsame Ausrichtung gibt. Ein weiteres Missverständnis ist, dass viele denken, wenn man die Struktur verändert, verändert sich schon alles andere. Aber nach meiner Erfahrung ist es eigentlich andersrum. Die Struktur folgt neuen Werten, einer neuen, gelebten Haltung und einer neuen Idee von Miteinander. Form follows function, nicht umgekehrt.

**Gibt es Unternehmen, die die neue Arbeitswelt verkörpern? Und was ist mit den anderen?**

Es gibt bereits eine Menge Unternehmen, die in diesem Bereich wirklich gut arbeiten. Ich könnte zum Beispiel spontan 15-20 Unternehmen aus dem Segment der vornehmlich purpose-orientierten Start-up-Welt nennen. Aber auch viele Mittelständler haben Erstaunliches zu Wege gebracht, noch lange bevor New Work zum Hype wurde. Für mich gibt es nicht das eine Unternehmen, das schon in allen Bereichen perfekt ist, und man darf auch nicht vergessen, dass auch weniger Sympathie tragende Unternehmen, wie z. B. Netflix, Tesla, Amazon und Google, Teilaspekte besonders gut beherrschen, von denen man viel lernen kann.

Gleichzeitig gibt es natürlich auch eine rein ökonomische und profitorientierte Sicht auf New Work: wenn Unternehmen sehr stark von der Idee getrieben sind, möglichst schnell wieder für ein Vielfaches verkauft zu werden und sich nur mit ihrer Unternehmenskultur beschäftigen, um noch schneller wachsen zu können. Wenn es nur ein Mittel zum Zweck ist, um auf diese Weise gute Talente zu finden. Es wirkt dann sehr oft hohl und unauthentisch, wenn solche Unternehmen sagen, dass sie es mit der Kultur der Menschen wegen wirklich ernst meinen. Wenn es wirklich nur darum geht, das Geld zu vervielfachen – und dazu muss man kein Antikapitalist sein –, dann wird das nicht zum gewünschten Ergebnis in der Kultur führen.

Ich halte es außerdem für wichtig, dass man nicht vorschnell urteilt und die Menschen in »wandlungsfähig« und »von gestern« kategorisiert. Gerade im Zusammenhang mit dem Thema emotionaler Intelligenz habe ich die Erfahrung gemacht, dass die Führungskräfte, die als hartleibig und rational gelten, sehr aufgeschlossen sind, wenn man sie richtig anspricht. Wenn ich beispielsweise einen Konzernlenker dazu einlade, darüber nachzudenken, wie er sich die Welt seiner Enkelkinder vorstellt und wie diese über sein heutiges Handeln denken werden, können selbst hartgesottene Leute einen Impuls zum Umdenken mitnehmen. Das bedeutet natürlich nicht, dass sie direkt am nächsten Tag ihr Unternehmen anders führen, aber ich glaube auch nicht, dass es sinnlos ist, mit diesen Themen an die Menschen heranzutreten, die dazu neigen zu sagen: »Emotionale Intelligenz ist uninteressant, die Aufgabe von Wirtschaft ist es, die Aktionäre zufriedenzustellen.«[41]

**Wie lernt man agiles Arbeiten?**

Bewusstseinsbildung entsteht nicht nur durch das Verstehen, sondern auch durch das Tun. Aus meiner Sicht braucht es für einen nachhaltigen Wandel die eigene Erfahrung, dass die Verhaltensänderung gar nicht so schlecht, sondern vielleicht sogar besser ist, z. B. merke ich erst, wie gut es mir tut, weniger Fleisch zu essen, wenn ich es eine Zeit lang ausprobiert habe! Gerade bei deutschen Unternehmen und Behörden beobachte ich viele intellektuelle Diskussionen, statt den Mut, es einfach zu machen. Die agile Haltung, die dieser Abwehrhaltung gegenübersteht, lautet: better done than perfect. Wir westlich geprägten Menschen wollen Dinge durchdenken und glauben, dass es ausreicht, wenn wir sie verstanden haben. Wohingegen in der fernöstlichen Weisheitstradition viel mehr Zeit dem stetigen Üben gewidmet wird, also der Wiederholung, der Perfektionierung **durch das Tun**. So ist es mit dem agilen Arbeiten und New Work auch: Die Teams können einfach ausprobieren, wie es ist, anders miteinander umzugehen. Das neue Arbeiten lernen, indem sie es tun, und nochmal tun, und immer weiter tun. Und erst aus dieser Erfahrung heraus daraus die Erkenntnis zum Wesen des Wandels ziehen.

Wenn wir die Welt verändern wollen, benötigen wir Bewusstseinsbildung, kontinuierliches Ausprobieren, konsequentes Umsetzen und Üben des Gelernten sowie eine achtsame Reflexion darüber, was dies bewirkt hat. Und aus dieser Kombination ergeben sich neue Dinge, neue Sichtweisen und eine neue (Arbeits-)welt. Das ist, was mir Freude macht und Hoffnung gibt.

#### 4.1.4.6 Beispielhafte AkKo-Modelle

Im Folgenden werden Praxisbeispiele für die vorangehend dargestellten Organisationen vorgestellt, die je einen der Hebel – mehr Verbindung, mehr Klarheit oder weniger Stress – angehen wollen. In jedem AkKo werden für jedes der vier Fenster zwei Maßnahmen dargestellt, die das Team in der Organisation bereits priorisiert hat. Dabei werden bereits benannte Ideen wiederholt und um neue, stark auf das jeweilige Unternehmen zugeschnittene Ideen erweitert. Ziel

41 Die Friedman-Doktrin, auch Aktionärstheorie genannt, ist eine normative Theorie der Geschäftsethik, die vom Ökonomen Milton Friedman aufgestellt wurde. Sie besagt, dass die Hauptverantwortung eines Unternehmens bei seinen Aktionären liegt (Wikipedia, 2023).

dieser Darstellung ist es, zu zeigen, wie konkrete Kulturwandelmaßnahmen entlang des AkKos je nach Reifegrad in der Praxis aussehen können.

#### 4.1.4.6.1 AkKo für mehr Verbundenheit

**Organisationsbeispiel Pharmakonzern**

Ein Pharmakonzern möchte die langwierigen Prozesse in der Produktentwicklung effektiver gestalten. Dafür sollen primär die interdisziplinäre Zusammenarbeit und das kollegiale Miteinander verbessert werden. In diesem Zusammenhang sollen agile Teams gebildet werden, die auf Augenhöhe zusammenarbeiten und die klassisch hierarchisch geprägten Strukturen auflockern.

**Hintergrund zur Kultur: niedriger Reifegrad**

- **Können – Fähigkeiten und Kompetenzen ausbauen**
  - **Trainings zur emotionalen Intelligenz mit Schwerpunkt Empathie:** Alle Führungskräfte nehmen am 2-Tages-Training »Search Inside Yourself« teil.
  - **Mentoring-Programm:** Zum Onboarding erhalten alle neuen Mitarbeitenden eine Mentorin, die sie im ersten halben Jahr intensiv begleitet. Alle Mentoren werden dafür in Basistechniken zum Coaching (z. B. aktives Zuhören, offene Fragetechniken, systemische Fragetechniken) geschult.
- **Dürfen – Vorbildfunktionen leben**
  - **Sogenannte Walki-Talkies mit einem Losverfahren initiieren:** Alle Mitarbeitenden werden randomisiert durch eine App einer Führungskraft der höheren Ebenen zugeordnet und sind eingeladen, einen gemeinsamen »Spaziergang« zu machen, entweder in Präsenz oder gemeinsam per Telefon. Sie werden angehalten, Fragen aus dem Bereich »Deep talk« zu stellen, wie z. B. »Welche Werte sind Dir wichtig?« (siehe Kap. 2.3.4). Die Organisation hat es »Walki-Talkie« genannt, als Gegenmaßnahme zum virtuellen Videotreffen.
  - **Bestehende 360-Grad-Feedback-Fragen werden angereichert mit Fragen aus dem Bereich emotionaler Intelligenz:** Der bestehende Fragebogen wird in einer Arbeitsgruppe überarbeitet und anschließend in einem Bereich ausprobiert, um ihn verpflichtend zum festen Bestandteil der Entwicklungsmaßnahmen zu machen.
- **Wollen – Verständnis und Überzeugung schaffen**
  - **Multiplikatorinnen, die Erfahrungen mit agilen Methoden haben, als interne Coaches einsetzen:** In einem Bereich werden agile Coaches eingesetzt, die nicht aus externen, sondern internen Mitarbeitenden rekrutiert werden, welche on-the-job direkt am Schreibtisch den Kolleginnen nicht nur das Wissen zu agilen Methoden vermitteln, sondern auch den konkreten Bezug zu bisherigen Prozessen herstellen. Dabei liegt der Fokus auf agilen Methoden, die auf Verbundenheit einzahlen, z. B. Retrospektiven, Persona und spannungsbasiertem Arbeiten (Details zu den Methoden siehe Kap. 3.4.2.1).
  - **Interdisziplinäre Teams zwischen Bereichen, die bisher eher wie Silos agiert haben:** Es werden kleine, cross-funktionale Teams gebildet, die gemeinsam an der Entwicklung

neuer Produkte arbeiten. Die Lernerfahrungen aus diesen Teams werden in offenen Lessons-Learned (siehe Kap. 3.4.2.1) diskutiert und messbare Erfolge werden für das gesamte Unternehmen sichtbar.

- **Sollen – Formale Mechanismen anpassen**
  - **Im Bereich »People & Culture« Kriterien aus dem Bereich emotionaler Intelligenz für die Auswahl, Beförderung sowie für die Jahresend-Boni einsetzen**: Für die Errechnung der Boni wird nicht nur die Zielerreichung, sondern auch das Verhalten von Führungskräften nach Kriterien in Bezug auf emotionale Intelligenz gemessen; ein Führungsstil, der einem niedrigen Reifegrad entspricht, wird dementsprechend nicht belohnt. Zudem werden bei der Auswahl von neuen Mitarbeitenden und für die Beförderung Kriterien hinsichtlich emotionaler Intelligenz einbezogen.
  - **Raum für Emotionen, um Verbindung zu schaffen**: Als Ritual werden Check-ins in den größeren wöchentlichen Jour fixes eingeführt, in denen neben den organisationalen Themen wie »Was liegt heute an« die Teammitglieder nach »der persönlichen Wetterlage« gefragt werden (Techniken dazu siehe Kap. 3.4).

#### 4.1.4.6.2 AkKo für weniger Stress

### Unternehmensbeispiel Marketingagentur

Eine Marketingagentur möchte innovative Ideen auf dem digitalen Markt vorantreiben. Die Mitarbeitenden in der Agentur leiden aber bereits jetzt unter Konkurrenz- und Zeitdruck. Für die langfristige Neuausrichtung sollen zunächst die Strukturen, die zu Stress führen, angepasst und Mitarbeitenden mehr Freiraum in der Gestaltung ihrer Arbeit eingeräumt werden.

**Hintergrund zur Kultur: niedriger Reifegrad**

- **Können – Fähigkeiten und Kompetenzen ausbauen**
  - **Niedrigschwellige Einführungskurse zu Achtsamkeit**: Diese dienen dazu, Meditation als Technik zu erlernen, den wissenschaftlichen Hintergrund zu verstehen und Mitarbeitenden einen Eindruck von Achtsamkeitstechniken zu vermitteln, die sie im stressigen Arbeitsalltag für sich nutzen können.
  - **Führungskräfte ausbilden, um Stressoren zu minimieren**: Im Rahmen von Einzel- und Gruppencoachings kann ein gesundes Stressmanagement erarbeitet werden, welches anschließend im Team vorgelebt wird. Dazu gehört das Einhalten von Pausen, das Vermeiden von Überstunden, keine ständige Erreichbarkeit außerhalb der Arbeitszeit etc. Aufbauend auf das Coaching können Führungskräfte in gezielten Gesprächen mit dem Team gemeinsam erarbeiten, wie das Stresserleben noch weiter gesenkt werden kann, z. B. durch eine sinnvolle Reduktion der E-Mails oder durch Senken der Antwortrate.
- **Dürfen – Vorbildfunktionen leben**
  - **In der Führungsebene eine positive Fehlerkultur fördern**: Aufgrund des hohen Konkurrenzdrucks werden Fehler selten zugegeben und Energie auf Schuldzuweisungen verschwendet. Daher wird ein Change-Agent-Netzwerk gebildet. In Meetings nehmen die Change Agents die aktive Rolle eines Moderators ein, der die Teams stärkt, lösungs-

statt problemorientiert zu agieren (und somit auf Schuldzuweisungen zu verzichten), sowie neue Formate einführt, mit deren Hilfe offene Fragen ohne Gesichtsverlust gestellt werden können. Zudem werden langjährig bestehende Teams »aufgebrochen«, indem jeweils ein bis zwei Mitarbeitende mit dem Auftrag rotieren, bestehende Prozesse in Frage zu stellen bzw. von außen betrachtet widerzuspiegeln.
- **Langjährige Kreativ-Direktoren berichten in bestehenden Trainings sowie auf internen Veranstaltungen über ihre Strategien, Stress zu reduzieren:** Als Vorbilder beschreiben die Führungskräfte gegenüber den Mitarbeitenden offen die Gründe für ihren erlebten Stress und wie sie mit diesem umgehen.

- **Wollen – Verständnis und Überzeugung schaffen**
  - **Die psychosozialen Belastungen erfassen und reduzieren:** In einer anonymen Personalbefragung z. B. mithilfe des *COPSOQ*-Fragebogens[42] werden die primären Stressquellen erfasst. Darauf aufbauend können in Zusammenarbeit mit dem People & Culture-Team der Agentur Maßnahmen für deren Bekämpfung abgeleitet werden.
  - **Interesse wecken für Gesundheit am Arbeitsplatz:** Mit einem Projekttag zur mentalen Gesundheit am Arbeitsplatz, zu dem externe Expertinnen eingeladen werden, um über die Folgen von chronischem Stress zu berichten, wird der Diskurs dazu angeregt.
- **Sollen – Formale Mechanismen anpassen**
  - **Aufträge wenn möglich reduzieren und stärker priorisieren:** Es sollen nur noch Projekte angenommen werden, die dem strategisch definierten Produktportfolio entsprechen. In den Teams wird die Frage geklärt, wozu auch »Nein« gesagt werden kann, um die Mitarbeitenden nicht zu überlasten und eine klare Rollenverteilung sicherzustellen. Hierfür werden klare Kriterien aufgestellt und gemeinsam in den Teams Aufgaben priorisiert, um den Weg für die Transformation zu den neuen Kernkompetenzen zu ebnen und gleichzeitig ausreichend Erholungszeiten zu ermöglichen.
  - **Bessere Rahmenbedingungen für Erholungszeiten festlegen:** Dazu gehört u. a. das klare Kommunizieren von arbeitsfreien Zeiten. In diesem Zuge wird der E-Mail-Server der Agentur täglich nach 19 Uhr sowie am Wochenende heruntergefahren. Der Freitag wird durch die Führungskräfte offiziell zum meetingfreien Tag erklärt. Mini-Sabbaticals (z. B. vier Wochen unbezahlter Urlaub) können bei Bedarf nach Projektbeendigungen genommen werden.

#### 4.1.4.6.3 AkKo für mehr Klarheit

##### Unternehmensbeispiel Sportwarenhandel

Der Sportwarenhandel möchte international expandieren und neue kundenorientierte Filialen aufbauen. In diesem Zuge sollen die Angestellten stärker mit Verantwortlichkeiten ausgestattet und das Management dezentralisiert werden.

42 Der *Copenhagen Psychosocial Questionnaire* ist ein wissenschaftlich validierter Fragebogen zur Erfassung psychischer Belastungen und Beanspruchungen. Details zum Fragebogen finden sich bei Nübling et al. (2005).

**Hintergrund zur Kultur: mittlerer Reifegrad**

- **Können – Fähigkeiten und Kompetenzen ausbauen**
  - **Mitarbeitende in (Expansions-)Entscheidungen einbeziehen**: Stärkenorientiert befragt die Geschäftsführung nicht nur wie sonst üblich das zentrale Strategieteam, sondern einen breit gefächerten Kollegenkreis auch in den Ländern, wo Expansionen geplant sind (»Worauf habt ihr Lust?«, »Wo würdet ihr einen Laden finden wollen?«).
  - **Kriterien zur Produktauswahl schärfen**: Neue Ideen für Produktangebote mit dem »Future Press Release« erarbeiten: Bei der Suche nach neuen Produkten wird als erster Schritt der Press Release bereits so formuliert, als hätte das Produkt schon gelauncht. Dies bringt Klarheit über neue Ideen für den Sporthandel und regt zum Austausch über zukünftige Produkte an.
- **Dürfen – Vorbildfunktionen leben**
  - **Führungskräfte leben klare Kommunikation vor**: Pointierte Top-down-Kommunikation und die Unterscheidung zwischen »Update/Information« und »Problemlösung« werden in jedem Meeting angewendet; zuvor werden die Führungskräfte darin ausgebildet. Führungskräfte geben zudem nach jedem Top-Management-Termin in einem Regeltermin mit ihrem Team die relevanten Informationen direkt weiter, um die Transparenz zu stärken.
  - **Symbolische Aktion im Townhall**: Im Wandel zeigt die CEO mehr Transparenz als erwartet, z. B. sagt sie sehr klar, was bei der Expansion aktuell noch nicht erfolgreich ist, statt um den heißen Brei herumzureden.
- **Wollen – Verständnis und Überzeugung schaffen**
  - **Change Story**: Ein Narrativ, in dem deutlich wird, warum Klarheit hilfreich ist (siehe Box 4.3), wird erarbeitet und kommuniziert.
  - **Values Day**: Insbesondere zu den Werten, die für Klarheit stehen (Offenheit und Transparenz), findet in intakten Teams eine Diskussion dazu statt, was man schon gut macht und was man anders machen könnte (siehe Kap. 4.1.4.2).
- **Sollen – Formale Mechanismen anpassen**
  - **Entscheidungsprozesse beschleunigen**: Der bisherige Stil, die Dinge bis zum gemeinsamen Konsens auszudiskutieren, wird ersetzt durch einen Konsent und integrativen Entscheidungsprozess (siehe dazu Kap. 3.4.2.1).
  - **Bei jedem Kick-off wird eine Stakeholder-Matrix angelegt**: Zu den Projekt-Kick-offs werden die Stakeholder aufgeführt (siehe Kap. 4.1.2) und mit einer Persona rund um die jeweiligen Bedürfnisse beschrieben. Diese Diskussionen bringen eine Übersicht aller Beteiligten und die jeweiligen Erwartungshaltungen zum Projekt.

### 4.1.4.6.4 AkKo für die öffentliche Hand

**Beispiel Behörde**

Die Verwaltung einer Behörde soll digitaler werden und sich den zentralen Zukunftsfragen der Öffentlichen Hand stellen. Ein innovationsfreundlicheres Umfeld soll gestaltet werden. Der Fokus liegt dabei auf einer Steigerung der Selbstwirksamkeit und Partizipation sowie dem Aufbrechen starrer Strukturen.

**Hintergrund: niedriger Reifegrad**

- **Können – Fähigkeiten und Kompetenzen ausbauen**
  - **Themen- und Projektverantwortlichkeiten erarbeiten:** Diese werden nicht mehr top-down verteilt, stattdessen erfolgt die Aufteilung in enger Absprache mit den jeweiligen Mitarbeitenden. So können sich z. B. Personen zusammenfinden, die die Digitalisierung als Projektteam vorantreiben wollen. Die selbst ausgewählten Verantwortlichkeiten fördern das selbstorganisierte Arbeiten und das Kompetenzerleben.
  - **Verpflichtende Schulungen zum Umgang mit digitalen Tools:** Es werden Trainings zur Einführung in die E-Akte, zur Nutzung des Outlook-Kalenders oder von Kanban-Boards angeboten und von internen Change Agents begleitet, die als Ansprechpartner auch über die Schulung hinaus zur Verfügung stehen.
- **Dürfen – Vorbildfunktionen leben**
  - **Wertschätzende 360-Grad Feedbackschleifen etablieren:** Sowohl Führungskräfte als auch Mitarbeitende geben sich regelmäßig gegenseitig Feedback. Die Führungskräfte ihrerseits werden so stärker dazu angehalten, die Selbstwirksamkeit und kontinuierliche Entwicklung von Mitarbeitenden zu fördern und mit diesen stärker in einen Austausch auf Augenhöhe zu gehen.
  - **Innovationen sichtbar machen und Erfolge feiern:** Dazu geeignete Anlässe, z. B. bei Projektabschluss, über das Jahr hinweg nutzen und alle Beteiligten in Wertschätzungsrituale einbinden, wie z. B. eine »Erfolge feiern«-E-Mail im Team, Blumen für besondere Anlässe oder ein gemeinsames Frühstück.
- **Wollen – Verständnis und Überzeugung schaffen**
  - **Entscheidungsprozesse vereinfachen:** Mitarbeitende werden stärker in Entscheidungsprozesse eingebunden und es werden neue Wege der Entscheidungsfindung erprobt. Z. B. wird in Teams das Prinzip des Konsents eingeführt (Kap. 3.4.2.1).
  - **Vor der Einführung der E-Akte skeptische Stimmen zu Wort kommen lassen:** In jeder Abteilung offen nach Einwänden hinsichtlich der Digitalisierung fragen, z. B. »Welche Zweifel gibt es noch?«, ebenso wie nach vorhandenen Ressourcen: »Wieso könnte es diesmal funktionieren?« Auf diese Weise wird die Skepsis gegenüber Maßnahmen der Digitalisierung in der jeweiligen Abteilung besprochen, sodass mögliche Widerstände frühzeitig überwunden werden können.
- **Sollen – Formale Mechanismen anpassen**
  - **Meetings partizipativ gestalten:** Dies fördert den offenen Ideenaustausch. In diesem Zusammenhang werden z. B. Gesprächsformate bewusst so moderiert, dass alle Teammitglieder zu Wort kommen und die Sitzformation z. B. zu einer U-Form ohne Tische angepasst wird– dies fördert die Aufmerksamkeit und den Dialog.
  - **Prototyping für agile Methoden einführen:** Beschäftigte finden sich in kleinen Pilotgruppen zusammen, um neue digitale Tools (z. B. Kanban Boards) oder neue Methoden der Zusammenarbeit (z. B. Sprint-Methode, rollenbasiertes Arbeiten) auszuprobieren, die sie ansprechend finden und von denen sie sich eine Vereinfachung ihrer bisherigen Vorgehensweise versprechen. Nach kurzen Anwendungszyklen werden Vor- und Nachteile diskutiert und die Lernerfahrungen anderen zur Verfügung gestellt.

#### 4.1.4.6.5 AkKo für mehr Achtsamkeit

**Unternehmensbeispiel Start-up**

Das Unternehmen möchte seine »Caring Culture« ausbauen und setzt dafür primär auf den Aufbau von Achtsamkeit und Mitgefühl in der Mitarbeiterschaft. Dies soll eine gute Zusammenarbeit über verschiedene Länder hinweg ermöglichen und den Einbezug verschiedener Perspektiven stärken.

**Hintergrund: hoher Reifegrad**

- **Können – Fähigkeiten und Kompetenzen ausbauen**
  - **Großflächige Trainings mit allen Mitarbeitenden, gefolgt von Follow-ups in intakten Teams als Prototypen**: Allen Teams wird ein zweitägiger Achtsamkeits-Workshop sowie eine Achtsamkeits-App angeboten. Darauffolgend treffen sich fünf intakte Teams bei einem eintägigen Follow-up. Hier werden Maßnahmen wie meetingfreie Vormittage oder eigene Zoom-Meditationsgruppen für jedes Team individuell erarbeitet (weitere Tools für Teams finden sich in Kap. 3.4). Nach einer mehrwöchigen Phase der Umsetzung der Maßnahmen in den Teams folgen Follow-ups in regelmäßigen Jours fixes. Darin diskutieren die Teams kontinuierlich, wie sie die Maßnahmen leben und wie diese präzisiert werden können, sodass sie großflächig im gesamten Unternehmen angewandt werden können. Nach einer abschließenden Evaluation aller Maßnahmen des Prototyps werden passende Strukturen auf das gesamte Unternehmen ausgerollt.
  - **Mitgefühls-Meditation**: Jeden Morgen wird live online eine Meditation von 8:00-8:30 Uhr angeboten, an der auf freiwilliger Basis teilgenommen werden kann. Der Fokus liegt auf Mitgefühl und Freundlichkeit mit sich selbst, da der Job emotional sehr anspruchsvoll ist (Anleitung siehe Kap. 2).
- **Dürfen – Vorbildfunktionen leben**
  - **Kontinuierliche Feedbackschleifen**: Sogenannte »Achtsamkeits-Loops« werden installiert, die die Selbstreflexion zur Frage »Bin ich die Veränderung, die ich bei anderen sehen will, in Bezug auf Achtsamkeit?« anregen. Feedbackgeber sind Kolleginnen im Team, mit denen man eng zusammenarbeitet.
  - **Eigene Gewohnheiten hinterfragen mit Buddies**: Mit einem Teammitglied aus dem großflächigen Training trifft man sich einmal im Monat eine halbe Stunde – auch außerhalb des Unternehmens, was jedoch als Arbeitszeit vorgesehen wird –, um gewünschte Gewohnheiten zu besprechen und sich einander daran zu erinnern, was man sich vorgenommen hatte.
- **Wollen – Verständnis und Überzeugung schaffen (in Bezug auf Achtsamkeit)**
  - **Externe Impulse**: Ähnlich wie *TED Talks* oder *Talks at Google* werden regelmäßig externe Speaker mit wissenschaftlichem Hintergrund zu Achtsamkeit und emotionaler Intelligenz eingeladen sowie Podcasts empfohlen.
  - **Zugang zu einem Dashboard von kooperierenden Organisationen**: Auf diesem finden sich Aussagen von Mitarbeitenden zu dem Impact, den diese durch die Arbeit des Start-ups sehen. Zudem wird das Dashboard mit konkreten Bildern zum Vorher-Nachher-

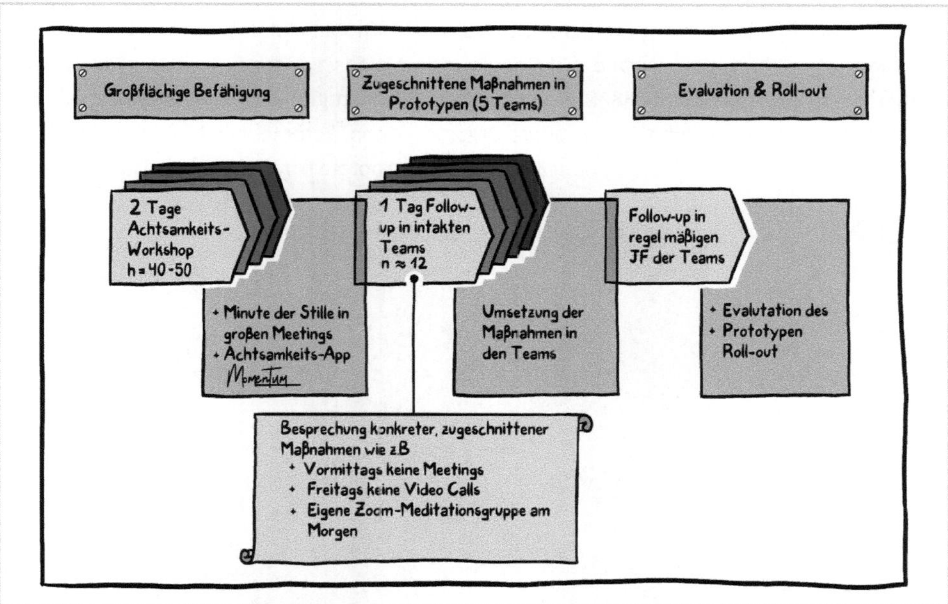


**Abb. 4.11:** Beispielhafter Ablauf von Achtsamkeitstrainings und der Umsetzung von Maßnahmen in intakten Teams

Effekt und persönlichen Erfahrungen von Kunden aus den verschiedenen Regionen gespeist, die beraten wurden. Es werden auch Online-Patenschaften mit Mitarbeitenden aus den involvierten Ländern geschlossen, um die Sinnhaftigkeit und die Wirkung der eigenen Arbeit sichtbar zu machen. Dies stärkt die persönliche Überzeugung und das Miteinander im Team.

- **Sollen – Formale Mechanismen anpassen**
  - **Achtsame Rituale in den Teams**: Nach Abschluss der großflächigen Trainings werden große Meetings gemeinsam mit einer achtsamen Minute der Stille begonnen, sodass dies zur Selbstverständlichkeit wird. Auch wird individuell regelmäßig die Achtsamkeits-App *MOMENTUM* genutzt.
  - **Workation-Modelle und Mini-Sabbaticals ermöglichen**: Im Sinne von New Work werden allen Mitarbeitenden des Start-ups ortsunabhängige Arbeitsformen freigestellt, um deren individuellen Bedürfnissen für die Arbeitszeitgestaltung gerecht zu werden und somit Stress zu reduzieren (siehe Kap. 3.2).

### 4.1.4.6.6 Interview mit Peter Bostelmann, Chief Mindfulness Officer bei der SAP

#### »Unternehmen von innen heraus zu verändern braucht Geduld«

**Zur Person:**

Peter Bostelmann ist Chief Mindfulness Officer (CMO) bei der SAP SE, dem weltweit größten Anbieter von Unternehmenssoftware mit mehr als 105.000 Mitarbeitenden in 130 Ländern. Der Wirtschaftsingenieur mit über 20-jähriger internationaler Managementerfahrung ist Executive

Coach, »Search Inside Yourself«-Trainer sowie Leiter der »Global Mindfulness Practice« bei SAP. 2013 führte Peter nach dem Vorbild von Google erstmals das zweitägige Achtsamkeitstraining »Search Inside Yourself« bei der SAP ein und entwickelte ein globales Programm daraus. Seit 2017 bringt SAP Achtsamkeit auch in andere Organisationen. Peter lebt seit mehr als 15 Jahren halb im Silicon Valley in Kalifornien, dem Zentrum der Corporate Mindfulness, und halb in Berlin.

**Was ist Dein persönlicher Antrieb, Dein *Warum*?**

Mein Antreiber ist es, Achtsamkeit in Unternehmen zu etablieren und diese von innen heraus verändern zu wollen. Die Praxis von Achtsamkeit führt mit sich, dass man sich seiner Psyche gewahr wird, d. h., seine mentalen Gewohnheiten klarer versteht und sich mit ihnen auseinandersetzt. Durch das gewonnene Bewusstsein lernt man das sogenannte »Leaning In« – herausfordernden Situationen bewusst zu begegnen und mit diesen umgehen zu können. Die Achtsamkeitspraxis bietet also einen Weg zu mehr Freiheit. Dieses erlangte Verständnis von Achtsamkeit möchte ich weitertragen und nachhaltig in Unternehmen bringen.

**Warum arbeitest Du dafür in Organisationen und wirst nicht Therapeut?**

Von den 150 größten Volkswirtschaften der Welt sind etwa die Hälfte Unternehmen. Diese Großunternehmen haben einen größeren Umsatz und somit einen größeren Hebel als ganze Länder. Der Gedanke dahinter ist, dass man ein Unternehmen einfacher verändern kann als ein Land und viel mehr erreichen kann als mit der Arbeit mit einzelnen Menschen: Wir haben gerade den Meilenstein von 15.000 trainierten Mitarbeitenden erreicht, und unser Team besteht mittlerweile aus sechs Vollzeitkräften, mehr als 90 Achtsamkeitsbotschafterinnen- und Botschaftern an mehr als 50 Standorten und 30 Ländern, 75 zertifizierten Trainerinnen und Trainern, womit wir weltweit in Großunternehmen relevant sein können. Durch diese große Wirkungskraft empfinde ich es nahezu als Verpflichtung, im Unternehmenskontext zu bleiben.

### Sollten Achtsamkeitstrainings in Unternehmen verpflichtend sein?

Bei Achtsamkeitstrainings kreieren wir einen transformativen Raum, in dem die Menschen ein Gefühl von psychologischer Sicherheit bekommen sollen. Diese Sicherheit im Raum kann durch die zwangsverpflichtende Teilnahme von Mitarbeitenden mit starkem Widerstand gegen Achtsamkeit verloren gehen. Deswegen sollten tiefergehende Kurse auf freiwilliger Basis angeboten werden. Verpflichtend hingegen kann eine Teilnahme bei einer kurzen Einführung in das Thema Achtsamkeit sein, nach welcher Mitarbeitende frei entscheiden, ob sie an einem vollständigen Training teilnehmen möchten oder nicht. Wir wollen niemanden missionieren. Manche Menschen haben auf Achtsamkeit keine Lust – und das ist in Ordnung.

### Ist Achtsamkeit, wenn wir den Business Case als Argument nehmen, nicht auch wieder utilitaristisch?

Das Bild, was ich gerne nutze, ist: Unsere erste Aufgabe besteht darin, in dem bestehenden Denken des Systems das Interesse zu erwecken, dafür rollen wir ein trojanisches Pferd ins Unternehmen. Dieses bringt dann auch nicht offenliegende positive Nebeneffekte wie Mitgefühl und Ethik mit sich. Wie heißt es so schön im Englischen: »Der Wurm am Haken muss dem Fisch schmecken und nicht dem Angler.« Der Dalai Lama antwortete einst auf die Frage, ob es auch falsche Achtsamkeit gibt, dass jeder kleine Schritt ein Schritt in die richtige Richtung ist. Meine Hoffnung ist, dass, wenn man Achtsamkeit in Unternehmen bringt, sich langfristig auch ethisches Handeln verstärkt.

### Welche Schwierigkeiten siehst Du bei der Etablierung von Achtsamkeit in Organisationen? Wie geht man am besten mit Widerständen um?

Es gibt viele Missverständnisse rund um das Thema Achtsamkeit und somit auch viele Skeptiker. Ein Knackpunkt ist es, diese Skeptiker zumindest neugierig zu machen, damit die Bereitschaft wächst, sich das Thema näher anzuhören. Der zweite Knackpunkt ist, mit Widerständen gelassen umzugehen, ohne dabei zu missionieren. Das kann auch bedeuten, im Zweifel akzeptieren zu müssen, wenn die Zeit noch nicht reif ist. Ein Satz von Ghandi beschreibt es schön: »First they ignore you, then they laugh at you, then they fight you, and then you win.« Und das wiederholt sich laufend über die Jahre. Das kann hart sein – deswegen bleiben auch nicht viele Coaches langfristig in Unternehmen.

### Wie stehst Du zu der Kritik, die spirituelle Praxis der Achtsamkeit werde heutzutage zu sehr monetarisiert?

Das ist ein wichtiges Spannungsfeld, welches man nicht außer Acht lassen darf. In der klassischen Lehre wurde Achtsamkeit als ohnehin unbezahlbares Geschenk angesehen. Deswegen bieten wir es bei SAP auch intern als Geschenk für die Mitarbeitenden an. Dieser Hintergrund schließt aber nicht aus, dass man damit nicht auch Geld verdienen darf. Der Ursprung von Achtsamkeit durch Bettelmönche im Buddhismus fand in einem anderen Wirtschaftskontext statt. Der Achtsamkeitslehrende heute darf und soll auch gut für seine Arbeit bezahlt werden. Wenn ich zum Facharzt oder Therapeuten gehe, erwarte ich auch, dass dieser gut ausgebildet ist und dementsprechend ein angemessenes Gehalt erhält. Entscheidend ist die Intention des Achtsamkeitslehrenden und dass diese sowohl die Kraft der gedanklichen Fokussierung als auch der gleichzeitigen Herzensbildung umfasst.

**Wie reagierst Du auf den Vorwurf, Achtsamkeit werde als Legitimation für belastende Arbeitsbedingungen genutzt und zu einem »Produktivitätstreiber« instrumentalisiert?**

Bei einem weltweiten Versandservice gibt es in einem der großen Verteilzentren eine Achtsamkeits-Kabine, die bei hohem Stressempfinden für drei Minuten genutzt werden darf, um kurz innezuhalten und sich abzuschirmen vor dem Stress um einen herum. Das ist ein Extrembeispiel, bei dem es nicht um Achtsamkeit geht, sondern um reine Linderung. Ich finde es falsch, Mitarbeitende aufgrund ihrer Achtsamkeitspraxis als willenlose Rädchen zu betrachten. Vielmehr erlebe ich, dass sich Mitarbeitende durch die Achtsamkeitspraxis klarer ausrichten, mehr ins Handeln und Verhandeln kommen und auch eher den Schritt wagen, ein Unternehmen mit schlechten Arbeitsbedingungen zu verlassen.

**Wo siehst du Achtsamkeit in 10 Jahren?**

Vielleicht wird es an der Oberfläche abflachen, z. B. durch zu viele Meditations-Apps, denke ich. Aber ich bin überzeugt, dass sich die stille Revolution[43] unter der Oberfläche weiter fortsetzen wird. Achtsamkeit hilft Menschen dabei, sich ihre mentale Gesundheit zu bewahren und besser mit den Unsicherheiten unserer VUCA-Welt umzugehen. Sie wird vor allem für Führungsfähigkeit essenziell sein. Dazu gibt es Studien von Goleman und anderen, die schon früher gezeigt haben, dass man zwar aufgrund von klassischen kognitiven Fähigkeiten den Job bekommt, aber erst mit emotionaler Intelligenz zum Top-Leader wird. Gleichzeitig werden die unethischen, korrupten und von emotionalen Mustern getriebenen Führungskräfte langfristig scheitern. Wenn wir uns anschauen, wie wir im Mittelalter miteinander umgegangen sind und wie wir heute miteinander umgehen, dann sieht man eine Linie, die sich fortsetzen wird. In Unternehmenskontexten werden Achtsamkeit und Mitgefühl größer und größer, wenn man die Menschen wirklich erreicht.

### 4.1.5 P – Projekt durchsteuern

Der Kulturwandel wird wie jedes andere Projekt gesteuert und im besten Fall hoch priorisiert. Auf die konkrete Steuerung von Projekten wird an dieser Stelle nicht eingegangen: Sicherlich

43 Referenz zum Buch und gleichnamigen Titel des Dokumentarfilmes Bodo Janssen (2016) »*Die stille Revolution*«.

nutzen Sie bereits Methoden, um Projekte zu steuern, und wissen am besten, welcher der vielen Projektmanagementansätze für Ihre Organisation geeignet ist.

### Ausblick zur Kulturveränderung

Für welche der im Buch genannten Maßnahmen auch immer Sie sich begeistern oder welche Sie davon letztendlich anregen und umsetzen – das eigene Mindset, die eigene Haltung ist entscheidend: Mit einer neugierigen und offenen Haltung kann Veränderung entstehen. Wenn genügend Individuen und Teams dieses Mindset verkörpern, wird sich die Organisation zwangläufig verändern. Wenn Sie aber merken, dass Sie oder Kolleginnen zynisch werden, ist dies ein Zeichen, dass Sie auf dem Wege sind, sich von Gefühlen wie Frustration, Unsicherheit oder Abwehr anstecken zu lassen – Gefühle, die ein System im Wandel auch immer wieder hervorbringt. Dies nicht als Problem, sondern als Teil der Situation und als Etappe des Kulturwandels zu sehen, kann helfen, weiterzugehen.

### Praxis-Tipps »to go«

**Die eigene Haltung ist entscheidend**

- Begeben Sie sich immer wieder auf den **mentalen »Balkon«**, um Abstand zu gewinnen und den Arbeitsalltag mit dem Blick eines neugierigen Beobachters zu betrachten. Fragen Sie sich möglichst neutral »Wie sieht gerade unser Arbeitsalltag aus? Was würde uns jetzt wirklich helfen?«
- Betrachten Sie alle Akteure stets mit einem **offenen, freundlichen Mindset**, ohne diese zu verurteilen, und suchen Sie regelmäßig den Austausch.
- **Verkörpern Sie selbst die Veränderung**, die Sie bei anderen sehen wollen.

## 4.1.6 I – Impact sicherstellen

Woran lässt sich nachhaltiger Erfolg beim Kulturwandel festmachen? Anders als bei anderen Projekten ist es bei einem Kulturwandel schwieriger, hier das Ende zu bestimmen. Denn Wandel braucht Zeit und ist als fortwährender Lernprozess auf den Ebenen Individuum, Team und Organisation zu betrachten. Um Veränderungen auf diesen Ebenen – und damit Fortschritte im Wandel – sichtbarer zu machen und beteiligte Beschäftigte entsprechend zu würdigen, kann man erreichte Meilensteine feiern. Dies erhöht nicht nur die Motivation, weiterzumachen, sondern stärkt auch das Gemeinschaftsgefühl. Retrospektiven nach Abschluss von Aktionen bieten die Möglichkeit, innezuhalten und die Wirksamkeit der Maßnahmen zu reflektieren.

Um Achtsamkeit und emotionale Intelligenz noch sichtbarer in der Kultur zu verankern, können diese in Key Performance Indikatoren (KPIs) übersetzt werden. Je nach Reifegrad sind unterschiedliche Faktoren passend: von »Haben wir Inhalte der emotionalen Intelligenz in unseren regulären Trainingsangeboten?« bis hin zu »Dürfen unsere Mitarbeitenden in der Arbeitszeit pro bono Projekte verfolgen?«. Aus den Reifegraden des Kapitels 4.1.3 sowie aus Kapitel 4.1.4 (AkKo), insbesondere aus dem Abschnitt »Sollen«, können KPIs abgeleitet werden – auch die klassischen KPIs, die sich auf die Anzahl von Interventionen beziehen, die im Sinne der Kultur getätigt wurden. Im Folgenden werden diese und weitere aufgelistet:

- **Anzahl der angebotenen Stunden Training:** pro Jahr für jeden Mitarbeitenden während der Arbeitszeit.
- **Anzahl von Achtsamkeits-Ritualen:** pro Quartal oder Tertial (z. B. Minute der Stille, Freitagsmeditation).
- **Anzahl durchgeführter 360-Grad-Feedbacks:** mit Elementen aus der emotionalen Intelligenz.
- **Anzahl freier Tage:** für Mitarbeitende bei einem persönlichen Schicksalsschlag, z. B. nach einer Beerdigung eines nahen Angehörigen.
- **Ergebnis-Report:** aus dem Assessment der Gemeinwohl-Ökonomie.
- **Verfolgung von ESG-Kriterien:** aus den Bereichen Umwelt (Environmental), Soziales (Social) und verantwortungsvolle Unternehmensführung (Governance).
- **Anzahl positiver Berichte in den Medien oder auch auf den Portalen zur Bewertung des Arbeitsgebenden** (z. B. auf *Glassdoor, kununu*): Diese werden besonders von jungen Talenten immer häufiger bei der Jobauswahl hinzugezogen. Die externe Wahrnehmung der Kultur zeigt, dass das Unternehmen seine Bemühungen nach außen trägt.
- **Ergebnisse aus den Mitarbeitergesprächen und -befragungen rund um Teamkultur:** in Bezug auf Verbindung, Klarheit und Stressreduktion, z. B. zu den Fragen bezüglich Teamklima und psychologischer Sicherheit; Anzahl Möglichkeiten, selbstorganisiert zu arbeiten etc.
- **Ergebnisse aus den Mitarbeitergesprächen und -befragungen rund um Meetingkultur:** in Bezug auf Verbindung, Klarheit und Stressreduktion, z. B. Prozent der Meetings, die effizient und effektiv gelaufen sind; Prozent der Meetings, die als überflüssig wahrgenommen wurden etc.
- **Ergebnisse aus den Mitarbeitergesprächen und -befragungen rund um Führungskultur:** in Bezug auf Verbindung, Klarheit und Stressreduktion, z. B. Anzahl der Möglichkeiten der Partizipation bei Entscheidungen; Anzahl der Mitarbeitenden, die sich entweder aktiv in den Entscheidungsprozess eingebunden oder sich gut informiert fühlen; Möglichkeiten, selbstorganisiert zu sein; Gesundheitsindikatoren bzgl. Absentismus, Krankenstand, Burnout und über das Jahr erfasste Daten zum Wohlbefinden.

Weitere denkbare KPIs, die bisher nur in wenigen Unternehmen zu finden sind und auf ein hohes Engagement für emotionale Intelligenz im Unternehmen hinweisen:

- **Verhältnis der Vergütungen**: Dies meint das Verhältnis von der Vergütung der Top-Führungskräfte zu den Angestellten, die am geringsten verdienen. Das Median-Einkommen von CEOs ist 2021 laut Forbes im Schnitt 324-mal höher als das der Mitarbeitenden (Saul, 2022) und teilweise sogar 1.500-mal höher. Unternehmen, die beispielsweise festlegen, dass das maximale Verhältnis 1:10 ist, leisten einen Beitrag zu Fairness, Transparenz und gesellschaftlicher Verantwortlichkeit.
- **Meditationszeit während der Arbeitszeit**: Meditationszeiten können bspw. wöchentlich oder täglich auf 15 Minuten gesetzt werden; denkbar auch für sportliche Aktivitäten.

- **Anzahl Tage, die für Pro-bono-Arbeit genutzt werden dürfen**: In einem Jahr können beispielsweise 2-3 Tage für selbstgewählte Pro-bono-Zeit eingesetzt werden.
- **CO2-Bilanz**: Um einen Beitrag zur dringend benötigten Klimaneutralität zu leisten, unterstützen zahlreiche Anbieter dabei, die CO2-Bilanz des jeweiligen Geschäftsjahres zu berechnen (z. B. der CO2-Rechner des Umweltbundesamtes) und die Emissionen durch Spenden bspw. an klimafreundliche Aufforstungs- oder Renaturierungsprogramme zu kompensieren. Häufig vergeben die Anbieter für den Einsatz auch Zertifikate, wobei darauf geachtet werden sollte, dass diese die Mindestanforderungen zur Wahrung der Klimaintegrität erfüllen (Gold Standard CER, Gold Standard VER, MoorFutures etc.).

# 5 Achtsamkeit – Wissenschaft und Nutzen

## 5.1 Wirkungsweisen von Achtsamkeit

Manche verstehen Achtsamkeit heute als reine Entspannungsübung. Achtsamkeit hilft auch sehr gut gegen Stress, kann aber noch viel mehr: Sie birgt zahlreiche, wissenschaftlich dokumentierte Vorteile. Die positive Wirkung von Achtsamkeit auf Innovation, Problemlösefähigkeit und offenen Umgang mit Veränderungen wurde bereits in Kapitel 1 näher ausgeführt. In diesem Kapitel geht es darum, einen Überblick über die sogenannte robuste Forschung zu bekommen, wobei nicht nur vereinzelte Studien betrachtet werden, sondern ein ganzer Forschungskorpus. Herangezogen werden hier sowohl Metaanalysen – sog. systematische Übersichtsarbeiten – als auch Publikationen, die dem *Goldstandard*[44] der Forschung entsprechen und aus den Fachgebieten der Neurowissenschaften sowie der Gesundheits-, Arbeits- und Organisationspsychologie stammen.

Unter Berücksichtigung dieser Kriterien werden nach Sichtung der aktuellen Studienlage (2002-2022) erstmals sechs evidenzbasierte Bereiche der Achtsamkeit hervorgehoben:
1. Fokus und Konzentration
2. Umgang mit Ärger und Stress
3. Gedächtnisfunktionen
4. Immunsystem
5. Wohlbefinden
6. Soziale Verbindung

Eine gute Nachricht aus der Forschung gleich vorweg: Bereits mit wenigen Minuten täglicher Achtsamkeitspraxis können Sie für sich eine Menge in diesen sechs Bereichen bewirken!

44 Das heißt, diese Studien erfüllen höchste wissenschaftliche Kriterien. Dazu gehören neben dem Peer-Review-Prozess der Fachzeitschriften u. a. der Einbezug einer Kontrollgruppe als Vergleichsgruppe in die Datenerhebung, die Randomisierung (d. h. zufällige Zuordnung) von Versuchspersonen zu Experimental- und Kontrollgruppen sowie der Einsatz von reliablen Messverfahren, wie z. B. standardisierte Fragebögen.

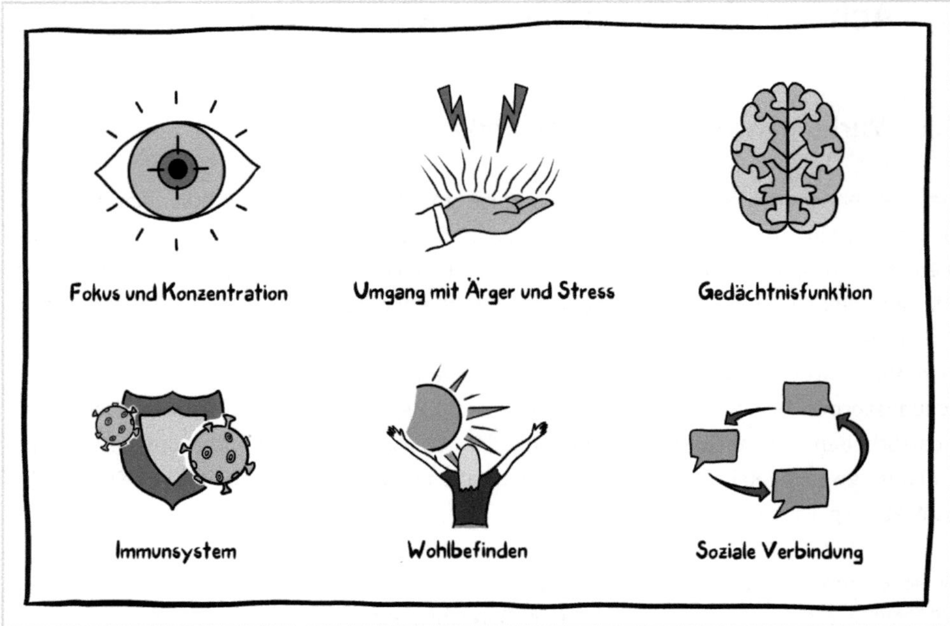


**Abb. 5.1:** Die sechs Evidenzbereiche der Achtsamkeit (2002-2022)

### 5.1.1 Verbesserter Fokus und Konzentration

*Kennen Sie das?*

- *Nach einem langen Arbeitstag fällt es Ihnen schwer, sich noch auf irgendetwas anderes als auf elektronische Geräte, die der Zerstreuung dienen, zu konzentrieren?*
- *Ihre To-do-Liste ist lang, aber Ihre Gedanken sind trotzdem ständig beim letzten oder schon beim nächsten Wochenende?*

Aus Sicht der Forschung trainiert Achtsamkeit vor allem drei Komponenten der Aufmerksamkeit, die auf Fokus und Konzentration einzahlen: die **selektive Aufmerksamkeit**, das **Gedankenwandern** und das **Aufmerksamkeitsblinzeln**. Die selektive Aufmerksamkeit bezeichnet die Fähigkeit, den Fokus auf bestimmte Merkmale der Umwelt zu setzen und dabei irrelevante Reize auszublenden. Dies ist ein aktiver Prozess, der eine hohe Leistung des Arbeitsgedächtnisses erfordert. Der Begriff des Gedankenwanderns (siehe Kap. 1) beschreibt das gedankliche Abschweifen im Alltag. Achtsamkeit hilft, sich dessen bewusst zu werden und die Gedanken zurück in die Präsenz zu holen. Das Phänomen des Aufmerksamkeitsblinzelns (*attentional blink*) bezeichnet ein kurzes Aufmerksamkeitsdefizit nach Eintreffen eines Reizes. Unsere Aufmerksamkeit »blinzelt«, um die neue Information zu verarbeiten. Dieses Aufmerksamkeitsdefizit wird durch Achtsamkeit ebenfalls verringert. Achtsamkeitstechniken bewirken nachweislich eine Verbesserung in diesen drei Bereichen der Aufmerksamkeit. Grund dafür ist einer Metastudie zufolge das aktive Training exekutiver Funktionen bei der Meditation (Im et al., 2021).

Aufmerksamkeit und Konzentration sind aus unserer Sicht erwünschte Nebeneffekte von Achtsamkeit; sie sind nicht mit Achtsamkeit gleichzusetzen (vgl. Kap. 1). Eine Auswahl robuster Studien ist in nachfolgender Übersicht zusammengestellt.

### Forschung zu Fokus und Konzentration

- **Selektive Aufmerksamkeit**: An der University of California nahmen Personen an einem acht-minütigen Kurs zu achtsamer Atmung teil, während die Kontrollgruppe eine Zeitung las oder entspannte. Eine bessere selektive Aufmerksamkeitsleistung hatte anschließend nur die Meditationsgruppe (Mrazek et al., 2012). Ähnliche Effekte hatte ein Achtsamkeitstraining mit Berliner Sportschülern im Jahr 2022. Je intensiver die Teilnehmenden Achtsamkeit praktizierten, desto besser war ihre Fähigkeit, Aufmerksamkeit selektiv zu fokussieren (Kittler et al., 2022).
- **Gedankenwandern**: Ein systematischer Review über 15 Studien beschreibt Achtsamkeit als effektive Technik zur Reduzierung von Gedankenwandern. Dabei helfen vor allem die Prozesse der Meta-Aufmerksamkeit (siehe Kap. 1) und Akzeptanz, mehr im Moment zu sein (Turkelson & Mano, 2021). Achtsamkeit reduziert Gedankenwandern, indem es die Hirnaktivität des Default-Mode-Networks reduziert, was ein Forschungsteam aus Yale nachweisen konnte (Brewer et al., 2011).
- **Aufmerksamkeitsblinzeln**: 2011 wurde im Rahmen einer Studie ein dreimonatiges Achtsamkeits-Retreat mit 30 Teilnehmenden durchgeführt. Nach Ende des Retreats konnte das Team von Neurowissenschaftlern eine signifikante Reduktion des Aufmerksamkeitsblinzelns nachweisen (MacLean et al., 2010). Aktuelle Studien bestätigen diesen Effekt für verschiedene Meditationsformen (siehe Klopsis, 2020; Roca & Vazquez, 2020).

## 5.1.2 Ruhiger bei Stress und Ärger

*Kennen Sie das?*

- *Während einer Videokonferenz bereiten Sie parallel schon das nächste Meeting vor oder beantworten dringende E-Mails anstatt zuzuhören?*
- *Am Ende des Tages fühlen Sie sich erschöpft, können aber trotzdem nicht abschalten?*
- *Sie fragen sich freitags meistens, wo denn schon wieder der Rest der Woche geblieben ist?*
- *Sie haben nach einer Auseinandersetzung mit der Chefin das Gefühl, schon bei Kleinigkeiten an die Decke zu gehen?*

Solche Tage sind frustrierend und führen zu Unzufriedenheit und Stress. Achtsamkeit hilft, besser mit Ärger und Stress im Alltag umzugehen. Aus wissenschaftlichen Studien geht hervor, dass Achtsamkeit auf eine Reihe von Mechanismen, die unseren Alltag ausmachen, Einfluss nimmt. Der Einfachheit halber kann man diese aufteilen in die Ebene des **Körpers**, die Ebene der **Emotionen** und die Ebene der **Gedanken**. In der Praxis sind diese eng miteinander verzahnt, bedingen sich bei Ärger und Stress zirkulär und verstärken sich gegenseitig (siehe auch Kap. 2.4).

Es sind also auch die internen Ebenen, derer man sich gewahr werden sollte. So ist es möglich, mit Achtsamkeit den Körper, die Emotionen und die Gedanken zu beobachten – genauso wie die zuvor genannten Züge –, um uns bewusst zu machen, was gerade los ist, und so den »Pausenknopf« zu drücken. Wie man das macht, wird anhand einer Reihe von Techniken in Kapitel 2 beschrieben.

#### 5.1.2.1 Körper-Ebene: Achtsamkeit wirkt beruhigend auf den Körper

Achtsamkeit begünstigt Entspannung, d.h. die physische Erholung und Regeneration von Ärger und Stress. Zum einen geschieht das durch die Aktivierung des Vagusnervs, dem sog. »Ruhenerv«, der während der Meditation aktiv ist. Er ist Teil des parasympathischen Nervensystems und kann als Gegenspieler zur Stressreaktion verstanden werden (Singer et al., 2016). Erste objektive Belege für ein reduziertes Stresslevel durch regelmäßige Meditation erbrachten Forscherinnen am Max-Planck-Institut (Puhlmann et al., 2021). Anhand von Haarproben, in denen sich das Stresshormon Cortisol ablagert, konnte eine Reduktion des Stresshormons um 25% nachgewiesen werden, nachdem die Teilnehmenden über sechs Monate regelmäßig für 30 Minuten an sechs von sieben Tagen meditiert hatten.

Darüber hinaus wirkt Achtsamkeit auch aktiv einer körperlichen Stressreaktion entgegen, die von unserem Gehirn aus gesteuert wird. Dank der Techniken modernster Hirnforschung machte Dr. Britta Hölzel (siehe Interview in Kap. 2.4.1) erstmals strukturelle Veränderungen im Gehirn, die durch Achtsamkeit hervorgerufen wurden, sichtbar (Hölzel et al., 2011). Diese Veränderungen erklären den besseren Umgang mit Stress aufgrund von Achtsamkeitstechniken auf neurowissenschaftlicher Ebene. Auf die wichtigsten drei Areale – die Amygdala, den Hippocampus und den anterioren cingulären Cortex – wird nachfolgend Bezug genommen. Zusammenfassend kann man feststellen: Meditation wirkt beruhigend und stressverringernd auf Körper und Gehirn.

**Achtsamkeit und Stress aus Sicht der Neurowissenschaften in vereinfachter Form**

- **Amygdala – ruhiger unter Stress und Ärger**: Die Amygdala ist an Angst und Stress beteiligt (siehe Kap. 2.4) und sorgt im Alltag für eine Ausschüttung von Stresshormonen, sobald wir uns bedroht fühlen oder uns ärgern. Sie hat sozusagen die Funktion eines Rauchmelders inne. Bereits achtwöchige Achtsamkeitstrainings führen zu einer nachweisbaren Volumenminderung der Amygdala (Desbordes et al., 2012; Hölzel et al., 2010; Kral et al., 2018; Taren et al., 2013). In der Praxis bedeutet dies: Das Gehirn interpretiert Informationen nicht sofort als »Gefahr«, was voreiligen Stressreaktionen vorbeugt.
- **Hippocampus – Verarbeitung von Stressoren**: Der Hippocampus ist nicht nur der Arbeitsspeicher unseres Gehirns, er spielt auch eine essenzielle Rolle für die Entstehung von Stress. Es deutet vieles darauf hin, dass er für die Abspeicherung von Stresssituationen verantwortlich ist, um uns zukünftig vor Stressoren besser warnen zu können. Deshalb ist er von Rezeptoren umgeben, die das Stresshormon Cortisol ausschütten (Congleton

et al., 2015). Je emotionaler die Amygdala eine Situation bewertet – vereinfacht gesagt –, desto bedrohender behält der Hippocampus diese in Erinnerung. Es kann sogar Gewebe absterben, wenn wir dauerhaft zu viel Stress ausgesetzt sind (McEwen & Gianaros, 2011). Personen mit Depressionen oder anderen psychischen Erkrankungen haben oft ein hohes Stresserleben und weisen deshalb häufig ein kleineres Volumen hippocampaler Strukturen auf (Sheline, 2003). Dagegen nimmt die Dichte der grauen Substanz des Hippocampus bei regelmäßiger Meditation zu und trägt zu einer gesunden Verarbeitung von Stresserleben bei (Hölzel et al., 2011).

- **Anteriore cinguläre Cortex (ACC) – bessere Selbstregulation und mentale Flexibilität:** Der ACC ist Teil des präfrontalen Cortex, dem Zentrum für exekutive Funktionen. Er ist an Prozessen der Impulskontrolle und der Emotionsregulation beteiligt und hilft uns, kognitiv flexibel zu bleiben – d. h., unsere Gedanken und Verhalten an neue Ereignisse anzupassen (Congleton et al., 2015). Wissenschaftlerinnen gehen davon aus, dass der ACC auch bei der Reaktion auf Unsicherheiten eine wichtige Rolle spielt. Menschen, die Achtsamkeit praktizieren, weisen im Vergleich zu Personen ohne Meditationserfahrung eine erhöhte Aktivität in diesem Bereich des Gehirns auf (Hölzel et al., 2007).

**BOX 5.1 Exkurs: Achtsamkeit und ihre Rolle beim (Ein-)Schlafen**

Nach einer repräsentativen Studie der DAK geben 80 % der Arbeitnehmenden in Deutschland an, von Schlafproblemen betroffen zu sein – Tendenz steigend (DAK, 2017). In den letzten Jahren mehren sich die Belege für die Wirksamkeit von Achtsamkeit als Behandlungsmethode von Schlafproblemen (Hülsheger et al., 2015; Rusch et al., 2019). Der aktuelle Forschungsstand zeigt positive Effekte von Achtsamkeit auf die Schlafqualität. Eine aktuelle Metastudie des amerikanischen Institute of Health hat die Effekte von Achtsamkeit auf Schlafprobleme in 18 Goldstandard-Studien mit 1.654 Teilnehmenden untersucht (Rusch et al., 2019). Die Ergebnisse sind vielversprechend:

- Achtsamkeitsübungen verbesserten die Schlafqualität signifikant[45] für Menschen mit einer ganzen Reihe von Diagnosen (u. a. Übergewicht, Krebs, Angststörungen, akute Schlafstörungen).
- Die Länge der Achtsamkeitsmeditationen hatte dabei keinen Einfluss auf die Schlafqualität; bereits kurze Meditationen für wenige Minuten zeigten positive Effekte.
- Die Achtsamkeitsübungen waren effektiver als nicht-spezifische Übungen zum Einschlafen.
- Die Effekte blieben auch nach einem Jahr stabil.

#### 5.1.2.2 Emotions-Ebene: Achtsamkeit ermöglicht das Betrachten von Emotionen, ohne von ihnen davongetragen zu werden

Die positiven Einflüsse von Achtsamkeit auf das wertfreie Wahrnehmen und Regulieren der eigenen Emotionen gelten in der Forschung heute als gut belegt. Diese Fähigkeiten begünstigen emotionale Intelligenz, indem sie zu einem sicheren Umgang mit den eigenen Gefühlen

45 D. h. statistisch bedeutsam.

beitragen. Ein systematischer Review über 27 Studien erklärt die Effekte von Achtsamkeit auf eine bessere emotionale Kontrolle folgendermaßen (Leyland et al., 2019):

- Achtsamkeit reduziert die Anspannung bei negativen Emotionen, da diese besser zugelassen, akzeptiert und eingeordnet werden können. Dies erhöht das Gefühl emotionaler Kontrolle.
- Achtsamkeit verbessert die bewusste Aufmerksamkeitssteuerung hin zur Gegenwart, wodurch gespeicherte Emotionen aus der Vergangenheit oder antizipierte Emotionen hinsichtlich der Zukunft eine untergeordnete Rolle spielen und dem Hier und Jetzt mit mehr emotionaler Klarheit begegnet werden kann.
- Achtsamkeit reduziert gedankliches Ruminieren (d. h. das andauernde Grübeln über negative Ereignisse oder Probleme), was die Präsenz und das Kontrollgefühl über die eigenen Emotionen erhöht.

Um diese Art der Regulation zu erlangen, bedarf es einer regelmäßigen, nachhaltigen Achtsamkeitspraxis.

**Wertfreies Wahrnehmen von Emotionen**

- Überblicksarbeiten beschreiben die Funktion von Achtsamkeit als Befähiger, um in belastenden Situationen bewusst einen Schritt zurückzutreten und durch die gewonnene Distanz eine objektivere Perspektive einzunehmen (Adair et al., 2018; Glomb et al., 2011; Sedlmeier et al., 2012). Den Fokus bewusst vom Stressfaktor zu lösen und diesen neu zu bewerten, hilft Stress zu reduzieren. Neben der Wahrnehmung der eigenen Emotionen wird so eine gesunde, wertungsfreie Haltung gegenüber diesen ermöglicht und Informationen können objektiver und weniger auf sich selbst bezogen interpretiert werden (Adair et al., 2018).
- Eine einflussreiche Forschungsarbeit von Bishop und Kollegen (2004) legt dar, dass Stressoren aufgrund von Achtsamkeit weniger als Bedrohung erlebt werden. Dies erklärt das Forschungsteam folgendermaßen: Achtsamkeit führe zwar zu mehr Aufmerksamkeit im Moment, dabei wird aber ein Betrachten der Situation ohne die direkte Bewertung oder Reaktion möglich. Dies trägt in der Folge zu einer Reduzierung des Stressempfindens bei.

#### 5.1.2.3 Gedanken-Ebene: Gelassener durch Achtsamkeit

Auf der Ebene der Gedanken fördert eine kontinuierliche Achtsamkeitspraxis eine entspannte Grundhaltung und Akzeptanz, was ebenfalls zu einem bewussteren und gelasseneren Umgang mit Ärger sowie Stress beiträgt. Nach der »Monitor and Acceptance Theory« (Lindsay & Creswell, 2017) reduziert sich das Stresslevel, in dem sowohl Situationen achtsam beobachtet werden als auch diesen mit einer akzeptierenden Haltung begegnet wird (ebenda). Dadurch fällt es leichter, rechtzeitig bewusst den Pausenknopf zu drücken. Achtsam zu sein heißt aber nicht, in die Gleichgültigkeit zu gehen oder »aufzugeben«. Akzeptanz bedeutet, mit dem Geschehen sein zu können, welches sich in den Weg stellt, ohne in einen Widerstand zu gehen, da dieser die Angelegenheit normalerweise noch verschlimmert. In Kapitel 2 finden sich Techniken, um diese gelassene Haltung auszubauen. Eine Auswahl an wissenschaftlichen Befunden, die diese Aussagen untermauern, sind nachfolgend skizziert:

- Ein Forschungsteam ließ Menschen ohne Vorerfahrungen im Bereich Achtsamkeit über acht Wochen täglich meditieren. Bereits nach wenigen Wochen berichteten Teilnehmende, zunehmend gelassen auf tägliche Herausforderungen zu reagieren. Das Spannende: Eine Meditation zeigte dabei ähnlich positive Effekte wie ein Urlaubstag (May et al., 2020).
- In einer aktuellen Studie (Hilcove et al., 2021) durfte zufällig ausgewähltes Pflegepersonal an wöchentlichen achtsamkeitsbasierten Angeboten teilnehmen. Nach sechs Wochen erhöhte sich nicht nur die Gelassenheit, auch das Stresslevel der Teilnehmenden reduzierte sich signifikant im Vergleich zur Kontrollgruppe.
- Ähnliche Effekte fanden auch Lindsay und Kollegen (2018): Personen reagierten nach der Teilnahme an insgesamt 15 Achtsamkeitssessions mit mehr Gelassenheit auf Stressoren. Sie berichteten weniger wahrgenommenen Stress im Vergleich zu den Kontrollgruppen (die ein anderes Training erhielten). Diese Berichte deckten sich auch mit den physiologischen Markern: Die Teilnehmenden hatten ein geringes Stresslevel im Blut und es konnte ein gesunkener Blutdruck festgestellt werden.
- Umfangreiche Übersichtsarbeiten (z. B. Esch, 2014; Ott, 2010) sehen die positive Wirkung einer regelmäßigen Achtsamkeitspraxis vor allem in einer verbesserten Wahrnehmung der eigenen Gedanken und einer Verschiebung der Selbstwahrnehmung hin zu weniger bewertenden Denkmustern.

Bereits kurze Achtsamkeitsübungen helfen, ruhiger unter Stress und Ärger zu bleiben. In verschiedenen Studien zeigt sich: Bereits zwischen 10 bis 30 Minuten Meditation pro Tag reichen aus, um das wahrgenommene Stresslevel wirksam zu senken und im Alltag gelassener zu reagieren.

- Nach nur zehnminütigen Meditationen über vier Wochen berichteten die Teilnehmenden einer Studie von Zollars und Kollegen (2019) ein geringeres Stressempfinden im Alltag.
- Klinikpersonal, welches zehn Minuten täglich meditierte, berichtete bereits nach einem Monat signifikant weniger wahrgenommenen Stress sowie weniger erlebte Erschöpfung im Arbeitsalltag (Xu et al., 2021).
- In einer Studie am Massachusetts General Hospital (Hölzel et al., 2010) meditierten Personen durchschnittlich ca. eine halbe Stunde über acht Wochen und berichteten ein nachhaltig gesunkenes Stresslevel über mehrere Monate hinweg, was auch neurophysiologisch nachweisbar war.

### 5.1.3 Verbesserte Gedächtnisfunktionen

*Kennen Sie das?*

- *Eine nicht endende To-do-Liste und eine Vielzahl an Terminen und Deadlines bereiten Ihnen manchmal Angst, dass etwas Wichtiges »herunterfallen« kann?*
- *Sie vergessen ständig, wo Sie Ihre Schlüssel hingelegt haben oder was Sie gerade noch erledigen wollten?*

In der Forschung gilt Achtsamkeitspraxis bereits seit einigen Jahren als effektives Tool zur Erweiterung der Gedächtniskapazitäten wie Aufnehmen von Informationen sowie das Verarbeiten, Speichern und Erinnern. Regelmäßige Achtsamkeitspraxis kann unser Gehirn buchstäblich umformen. Die bedeutende Rolle von Achtsamkeit bei Gedächtnis- und Lernprozessen erklären Wissenschaftlerinnen primär anhand der dadurch gesteigerten Präsenz im Alltag. Sie gilt als essenziell für ein gut funktionierendes Arbeitsgedächtnis, um die Aufnahme neuer Informationen zu gewährleisten und das Verfolgen komplexer Gedankengänge zu ermöglichen. Die Menge an Studien, die die Effekte von Achtsamkeit auf die Lern- und Gedächtnisfunktion beschreiben, ist im letzten Jahrzehnt stark gewachsen. Ein paar beispielhafte Studienergebnisse aus der Forschung:

- Ein intensives Achtsamkeitstraining mit sechs Stunden Meditation pro Tag verbesserte das Arbeitsgedächtnis von Studierenden bereits nach zwei Wochen täglichem Training – das zeigte eine Studie an der University of California (Mrazek et al., 2012). Außerdem berichteten die Teilnehmenden bessere akademische Erfolge: Sie steigerten ihre Ergebnisse im Leistungstest für eine Hochschulzulassung im Schnitt um ganze 16 % im Vergleich zur Kontrollgruppe.
- Eine Studie an der University of Mississippi (Austin & Loprinzi, 2019) ließ Personen eine Liste mit Wörtern auswendig lernen. Die Gruppe, die zuvor zehn Minuten meditiert hatte, konnte die Performance des Arbeitsgedächtnisses signifikant erhöhen und schnitt bei der Abfrage der Wörter deutlich besser ab.

### 5.1.4 Stärkeres Immunsystem und biologische Fitness

*Kommt Ihnen das bekannt vor?*

- *Sie sehnen sich einem entspannten Urlaub entgegen, doch direkt am ersten Urlaubstag werden Sie plötzlich krank?*
- *Sie haben gar nicht das Gefühl, unter Strom zu sein, aber ihr Körper scheint Erkältungsviren magisch anzuziehen, sodass Sie über längere Strecken immer wieder leicht krank sind?*

Grund dafür ist oft – auch unbemerkter – Stress und ein Immunsystem, das unter Druck auf Hochtouren läuft. In den letzten Jahren wurden vermehrt Studienergebnisse publiziert, welche die Wirkung von Achtsamkeit auf physiologische Marker dokumentieren. Die Effekte reichen von einer gestärkten Immunabwehr bis hin zu geringeren Entzündungswerten im Blut:

- Ein renommiertes Forschungsteam u. a. mit Davidson und Kabat-Zinn (2003) zeigte erstmals in einer bahnbrechenden Studie eine verbesserte Immunantwort für Personen, welche am achtwöchigen MBSR-Kurs teilnahmen. Nach einer Grippeimpfung wiesen die Teilnehmenden signifikant mehr Antikörper als die Kontrollgruppe auf. Als Grund dafür vermutet das Forschungsteam eine erhöhte Aktivität von Gehirnarealen bei der Meditationsgruppe, die zu mehr positiven Gefühlen und weniger ängstlichen und depressiven Verstimmungen beiträgt.
- Einer umfangreichen Metastudie nach trug die regelmäßige Achtsamkeitspraxis zu sinkenden Entzündungswerten bei und verbesserte die Immunantwort des Körpers (Black

& Slavich, 2016). Das Spannende: Marker für Entzündungswerte werden bereits nach etwa 30 Stunden Achtsamkeitspraxis reduziert (Goleman & Davidson, 2018).

- In einer Studie mit über 1.110 Probanden führte Achtsamkeitspraxis zu einer schnelleren Erholung nach einer Chemotherapie. Die Forschungsgruppe verglich Krebspatienten, die regelmäßig Achtsamkeit praktizierten, mit einer Patientenkontrollgruppe. Vermutlich war die stressreduzierende Wirkung von Achtsamkeit für reduzierte Entzündungsmarker verantwortlich und trug so zu einer schnelleren Regeneration des Immunsystems bei (Sanada et al., 2017).
- Bei einer Gruppe arbeitssuchender Personen führte ein dreitägiges Achtsamkeitstraining zu einer signifikanten Abnahme der Entzündungswerte. Achtsamkeit war dabei gegenüber reinen Entspannungstechniken überlegen. FMRT-Scans[46] lieferten die Erklärung für diesen Effekt: Die Abnahme von Zytokinen (= entzündungsfördernde Zellen) ging mit einer verbesserten Verbindung zwischen den präfrontalen Regionen mit dem Default-Mode-Netzwerk (s. o.) einher. Destruktive Gedanken konnten dadurch besser kontrolliert werden und waren weniger belastend (Creswell et al., 2016).
- Achtsamkeit ist nicht nur kurzfristig wirksam, sondern trägt einer weiteren Studie zufolge sogar noch Monate später zum Abbau der Zytokine bei (Walsh et al., 2016).

### 5.1.5 Wohlbefinden

*Seien Sie ehrlich ...:*

- *Wann haben Sie sich das letzte Mal beim Aufwachen frisch und ausgeruht gefühlt?*
- *Wann haben Sie auf die Frage nach Ihrem Befinden aus vollem Herzen »Richtig gut!« gesagt?*
- *Wann haben Sie das letzte Mal laut gelacht und sich einfach froh und guter Laune gefühlt?*

Vereinfacht kann Wohlbefinden als Vorhandensein positiver Gefühle in Abwesenheit von Beschwerden beschrieben werden (Seligmann, 2011). Wissenschaftliche Untersuchungen bringen Achtsamkeit mit Wohlbefinden in Verbindung, denn Achtsamkeit trägt zum Erleben positiver Gefühle bei, hilft, negative Gefühle zu regulieren und fördert Gelassenheit (s. o.). Nachfolgend wird eine Auswahl aktueller Studien aus dem Bereich Wohlbefinden skizziert. Der Zusammenhang von Achtsamkeit und Glück wird auf der Basis von beachtlichen Erkenntnissen aus den Neurowissenschaften aktuell zunehmend diskutiert (Details siehe Box 5.2).

- Mehreren Metastudien zufolge ist jemand, der regelmäßig meditiert, besser in der Lage, sich von negativen Gefühlszuständen zu distanzieren. Durch den Fokus auf den gegenwärtigen Moment kultiviert Achtsamkeit außerdem eine Haltung von Gelassenheit, Akzeptanz und Dankbarkeit. Dies reduziert Gedankenschleifen und begünstigt positive Emotionen und Wohlbefinden (Glomb et al., 2011; Good et al., 2016). Diese Effekte von Achtsamkeit finden sich auch im Arbeitskontext (für einen Überblick siehe Vonderlin et al., 2020).

46 Abkürzung für funktionelle Magnetresonanztomographie, ein bildgebendes Verfahren, um physiologische Funktionen im Inneren des Körpers darzustellen.

- In einer Studie (Howells et al., 2016) meditierten die Teilnehmenden über zehn Tage jeweils für zehn Minuten täglich. Im Anschluss berichtete die Meditationsgruppe weniger depressive Symptome und eine gesteigerte Stimmung. 2019 wurden ähnliche Effekte auch in einer Präsenzstudie bestätigt (Zeng et al., 2019).
- Eine spanische Arbeitsgruppe hat die Prädiktoren von Glück untersucht. Dabei zeigte sich ein direkter Zusammenhang von Achtsamkeit und Selbstmitgefühl mit Glücksgefühlen. Je höher die Achtsamkeit und das Selbstmitgefühl der Teilnehmenden, desto glücklicher waren diese (Campos et al., 2016)

**BOX 5.2 Exkurs: Glücklich sein kann man lernen – Tipps von einem buddhistischen Mönch**

Glück kann man lernen, und zwar durch Meditation. Das zeigt der 77-jährige Matthieu Ricard, ein buddhistischer Mönch und Doktor der Molekularbiologie. Ricard hat mehr als 40.000 Stunden Meditationserfahrung. Der Neurowissenschaftler Dr. Richard Davidson und sein Team analysierten deshalb umfangreich Ricards Gehirnstrukturen und fanden Beeindruckendes: Der zentrale linke Frontalcortex scheint bei Ricard bedeutend stärker ausgeprägt zu sein als bei Menschen ohne Meditationserfahrung. Dieser Teil des Gehirns ist mit Glücksgefühlen assoziiert und vereinfachend lasst sich sagen: Je stärker er ausgeprägt aktiv ist, desto besser fühlen wir uns.

Ricard wuchs in Frankreich auf und widmete sich nach Studium und Promotion dem Buddhismus. Seit 1978 ist er Mönch. Ricard selbst sagt, er verbringe seither ganze Tage mit Meditation. Sein Rezept für ein glückliches Leben: Achtsamkeit, Altruismus und Wohlwollen. »Wenn ihr euren Geist mit Wohlwollen und Güte füllt, mit Begeisterung und Solidarität, dann ist das ein sehr gesunder Zustand für euren Geist. [...] Es liegt einfach daran, dass es erstickend ist, den ganzen Tag über sich selbst nachzudenken. Und es ist schlecht, weil man die restliche Welt als Bedrohung ansieht oder nur in Bezug auf sich selbst wahrnimmt.« Regelmäßige Achtsamkeitspraxis ist nach Ricard der langfristige Schlüssel zum Wohlbefinden: »Wenn ich trainiere, werde ich vielleicht nicht Olympiasieger, aber ich kann vermutlich einen Marathon laufen. Ob man Übung hat, macht einen riesigen Unterschied. Wohlwollen, Achtsamkeit, emotionale Ausgeglichenheit und Widerstandsfähigkeit sind Eigenschaften, die wir trainieren können. Insofern kann man sagen, dass Ihr Glücklichsein trainieren könnt« (Lenke & Shontell, 2016; Interview im Business Insider, 2016). Davidsons Studien bestätigen Ricards These: Schon 20 Minuten Meditation täglich erhöhen nachweislich das Glückserleben.

Seine Bücher und Videos finden Sie unter https://www.matthieuricard.org/en/.

### 5.1.6 Stärkere soziale Verbindung

*Kennen Sie das?*

- *Einem Arbeitskollegen geht es schlecht, aber Sie wissen nicht, wie Sie reagieren sollen?*
- *Nach der Arbeit fällt es Ihnen schwer, der Partnerin oder den Kindern gegenüber aufmerksam und zugewandt zu sein?*

Harmonische soziale Beziehungen gelten als eine der fundamentalen Ressourcen inner- und außerhalb des Arbeitskontexts: Menschen mit einem guten sozialen Netzwerk berichten ein höheres Wohlbefinden, weniger erlebten Stress und effizienteres Arbeiten (Holt-Lunstad,

2018). Achtsamkeit unterstützt den Aufbau und Erhalt von sozialen Beziehungen dadurch, dass das Training derselben auf die zwei Dimensionen der emotionalen Intelligenz einzahlt (Details siehe Kap. 1):

1. Soziales Bewusstsein – Achtsamkeit bedingt dieses, indem es die Wahrnehmung der Emotionen anderer fördert und die Fähigkeit zur Perspektivenübernahme steigert. Vereinfacht gesagt heißt das: Emotionen des Gegenübers können besser eingeordnet, nachvollzogen und es kann diesen emotional intelligent begegnet werden.
2. Beziehungsmanagement – Achtsamkeit steigert prosoziales Verhalten und ein positives Teamklima, was in Studien u. a. durch eine höhere Fürsorge, Großzügigkeit, Teamfähigkeit und bessere Konfliktmanagementfähigkeiten deutlich wird. Nachfolgend ist dazu eine Auswahl an Studien zusammengestellt.

### Soziales Bewusstsein: Perspektivenübernahme und Empathie

- Ein systematischer Review bestätigt die beschriebenen Mechanismen: Achtsamkeit steigerte in den betrachteten Studien die Empathie, indem sie zu einer besseren Perspektivenübernahme und dem Beobachten und Einordnen der Emotionen anderer beitrug (Lamothe et al., 2016).
- Eine umfangreiche Metaanalyse aus Harvard mit über 26 Studien (Luberto et al., 2018) zeigte bereits nach 8 bis 12 Wochen Praxis eine signifikante Erhöhung des Mitgefühls sowohl durch Mitgefühls- als auch durch Achtsamkeitsmeditationen. Die konnte zum einen durch psychosoziale Faktoren, z. B. weniger wahrgenommenen Stress, und zum anderen durch das Erleben von mehr positiven Emotionen erklärt werden.
- Eine Studie aus dem Schulkontext ließ Lehrpersonal an einem mehrwöchigen Achtsamkeitstraining teilnehmen. Die emotionalen Kompetenzen der Belegschaft steigerten sich dahingehend, dass diese anschließend mehr Verständnis für das Befinden der Kinder äußerten und stärker um ein positives Klassenklima bemüht waren (Garner et al., 2018).

### Beziehungsmanagement: Erfolgsorientierte Zusammenarbeit

- 2020 zeigte eine Studie erstmals, wie Achtsamkeit zu einem besseren Umgang mit Konflikten im Team beiträgt (Kay & Skarlicki, 2020). Dazu ließ das Forschungsteam Mitarbeitende aus dem Gesundheitssektor einen Monat lang Achtsamkeit praktizieren. Die Teilnehmenden waren nach Abschluss des Programms u. a. besser in der Lage, Konfliktsituationen offen zu begegnen und diese objektiv zu betrachten.
- Achtsamkeit reduziert die Wahrscheinlichkeit für antisoziales Verhalten (Liang et al., 2018) sowie für *social undermining* – d. h. den Versuch, Teammitglieder an der Zielerreichung zu hindern (Yu & Zellmer-Bruhn, 2018). Grund dafür ist ein besseres Monitoring der eigenen Emotionen. Ängste, aber auch Bedürfnisse werden rational hinterfragt und kommuniziert. Unstimmigkeiten im Team werden dadurch eher erkannt (ebenda).
- In insgesamt fünf Studien legte ein Forschungsteam aus den USA (Hafenbrack et al., 2020) dar, wie bereits kurze Mitgefühls- und Achtsamkeitsinterventionen die Großzügigkeit erhöhen. Mitarbeitende aus verschiedenen Branchen nahmen an einer Lotterie teil, wobei ein Teil von ihnen zunächst Achtsamkeitstraining absolvierte. Die Trainingsteilnehmenden

teilten ihren Lotteriegewinn deutlich großzügiger. Ähnliche Ergebnisse finden sich in einer Untersuchung von 2016, in der Achtsamkeit die Spendenbereitschaft erhöhte (Ashar et al., 2016).

- Eine umfangreiche Metastudie mit über 17.000 Teilnehmenden berichtet, dass Achtsamkeit das prosoziale Verhalten steigert (Donald et al., 2019). In verschiedenen Studien erhöhte Achtsamkeit zudem die Hilfsbereitschaft (siehe u. a. Böckler et al., 2018; Condon et al., 2013).

### Zusammenfassung

Zusammenfassend zeigt sich, dass die sechs Bereiche der Achtsamkeit – Fokus und Konzentration, Umgang mit Ärger und Stress, Gedächtnisfunktionen, Immunsystem, Wohlbefinden und stärkere soziale Verbindung – durch Achtsamkeitstechniken gesteigert werden. Die Gründe für die positiven Effekte von Achtsamkeit liegen vor allem in gesteigertem Fokus auf den Alltag, einer verbesserten Selbstwahrnehmung eigener Gefühle und Gedanken sowie einem sicheren Umgang mit den Gefühlen und Bedürfnissen anderer – kurz gesagt: in der durch Achtsamkeit gesteigerten emotionalen Intelligenz.

## 5.2 Der RETURN ON MEANING-Achtsamkeits-Survey

Aufgrund von bestehenden Forschungslücken in Feldstudien wurde das Achtsamkeitsprogramm *MOMENTUM* der Unternehmensberatung RETURN ON MEANING in zwei Untersuchungen evaluiert. Diese gehören mit 269 Teilnehmenden zu einer der weltweit größten Achtsamkeitsstudien in Organisationen (vgl. Vonderlin et al., 2020). In Zusammenarbeit mit einem internationalen Tech-Konzern und einem Verwaltungsträger des öffentlichen Sektors wurde das Achtsamkeitsprogramm *MOMENTUM* als Onlinetraining mit Webinaren inklusive täglicher Nutzung der dazugehörigen App wissenschaftlich über einen Zeitraum von sechs Wochen evaluiert. Begleitet wurde dies durch Prof. Johannes Michalak, Lehrstuhlinhaber (Details zur Person im Interview in Kap. 5.3) der Fakultät für Gesundheit an der Universität Witten/Herdecke, sowie der Professorin für Wirtschaftspsychologie, Prof. Hannah Möltner von der Hochschule für Oekonomie und Management in Essen. Die Relevanz von Achtsamkeitstechniken für Führung und Gesundheit standen dabei im Fokus. Box 5.3 gibt einen Überblick über das Vorgehen. (Details zum *MOMENTUM*-Programm finden Sie hinter dem QR-Code.)

**BOX 5.3 Die RETURN ON MEANING-Untersuchung im Überblick**

- **Erhebungszeitraum**: Die Teilnehmenden nahmen im Zeitraum von 2019 bis 2022 über einen Zeitraum von sechs Wochen am Achtsamkeitsprogramm *MOMENTUM* teil.
- **Stichprobe**: 344 Mitarbeitende, durchschnittlich 39 Jahre alt (37 % männlich, 62 % weiblich, 1 % divers)
- **Methode**: Quasiexperimentelles[47] Interventions-Kontrollgruppen-Design

47 Forschungsdesign ohne zufällige Zuordnung zu Interventions- und Kontrollgruppe.

Zum Einsatz kam ein Online-Fragebogen mit acht Skalen:
- Achtsamkeit
- Wohlbefinden
- Emotionale Erschöpfung
- Arbeitsengagement
- Selbstwirksamkeit
- Anforderungen, Kontrolle, soziale Unterstützung

- **Auswertung**: Mehrebenenmodelle, Mixed-ANOVA-Verfahren, Post-Hoc-Tests und Korrelationen auf 5 %-Signifikanzniveau

## Die wichtigsten Ergebnisse im Überblick

### Achtsamkeit

- Je aktiver die Teilnehmenden sich am Programm beteiligten, desto besser waren die Effekte.
- Es zeigten sich mittlere bis große Zusammenhänge zwischen Achtsamkeit und den untersuchten Variablen (nach Cohen, 1988).
- Ein Anstieg der Achtsamkeit führte zu einem signifikanten Anstieg des Arbeitsengagements, des subjektiven Wohlbefindens und der beruflichen Selbstwirksamkeit.
- Bei der Aufnahme von Achtsamkeit in die Modelle zur Vorhersage des Arbeitsengagements, der emotionalen Erschöpfung, des subjektiven Wohlbefindens, der beruflichen Selbstwirksamkeit und der Symptomcheckliste wurde über alle Personen hinweg ein signifikanter Effekt in den genannten Punkten durch Achtsamkeit verzeichnet.

### Leadership und Selbstwirksamkeit

- Das *MOMENTUM*-Achtsamkeitsprogramm erhöhte signifikant die berufsspezifische Selbstwirksamkeit, die wiederum positiv mit der Arbeitsleistung und Zufriedenheit korreliert.
- Selbstwirksamkeit meint ein Gefühl, Kontrolle über die Situation zu haben, und damit die Überzeugung, herausfordernde Aufgaben allgemein meistern zu können (Bandura, 1994). Sie gilt als entscheidende Kompetenz für Führungskräfte. Es konnte hier erstmalig gezeigt werden, dass Achtsamkeit nachhaltig die Selbstwirksamkeit steigert.
- Teilnehmende, die die App viel nutzten (mind. dreimal pro Woche), hatten eine höhere Selbstwirksamkeit als Personen, die das Programm wenig in Anspruch nahmen (bei sonst gleichen Kovariaten[48]).
- Die Trainings steigerten zudem das Arbeitsengagement, das positiv mit Freude während der Arbeit zusammenhängt.

48 Merkmale, die miterfasst werden, um verzerrende Einflüsse auf die Untersuchungsergebnisse zu minimieren.

**Gesundheit**

- Achtsamkeit ging mit einer Erhöhung von Wohlbefinden und einer Senkung der emotionalen Erschöpfung sowie geringeren psychischen Beschwerden einher.
- Ein Anstieg der Achtsamkeit führte zu einem signifikanten Absinken der emotionalen Erschöpfung und dem Score auf der Symptomcheckliste.
- Positive Ergebnisse verzeichneten hier auch bereits Personen, die die App nur wenig nutzten.

**Selbstführung**

- Die Achtsamkeitstrainings und die App schulten zudem die Gelassenheit, d. h. die Fähigkeit innezuhalten und die innerliche »Pausentaste« zu finden, bevor nach außen hin reagiert wurde.
- Dies ging mit weniger Ärger und reduzierten Konflikten in Interaktionen einher.

### Fazit

Das Achtsamkeitsprogramm verzeichnet somit positive Effekte auf berufsbezogene Fähigkeiten, sowohl für die Selbstführung als auch für die Gesundheit. Es konnte gezeigt werden, dass ein Trainingsprogramm über mehrere Monate hinweg eine nachhaltige Veränderung bewirkt. Die Studien sprechen dafür, dass Achtsamkeit, gerade auch in einer Pandemie, ein wirksames Mittel ist – sowohl, um emotionaler Erschöpfung vorzubeugen, als auch für einen verbesserten Führungsstil und die Zusammenarbeit im Team.

## 5.3 Interview mit Prof. Johannes Michalak, Universitätsprofessor für Klinische Psychologie und Psychotherapie

### Wie man mit Akzeptanz aus dem »To-do-Modus« kommt

**Zur Person:**

Prof. Johannes Michalak, Diplom Psychologe und approbierter Psychotherapeut, lehrt als Universitätsprofessor für Klinische Psychologie und Psychotherapie an der renommierten Universität Witten/Herdecke. Johannes gilt als Vorreiter in Deutschland zum Thema Achtsamkeit in der Klinischen Psychologie und ist bekannt für seine zahlreichen Arbeiten dazu. Johannes ist zudem Gründer und Lehrender im »Achtsamkeitsinstitut Ruhr«. Auch hat er in 2022 die Oberberg Tagesklinik in Essen konzeptionell mit entwickelt, in der neben klassischen Therapieverfahren intensiv Achtsamkeit praktiziert wird und die Basis der tagesklinischen Behandlung darstellt. Johannes praktiziert seit über 30 Jahren Achtsamkeit, insbesondere Qi Gong und Zen. Er lehrt Zen in Bochum, wo er lebt. Johannes hat zwei erwachsene Kinder.[49]

---

49 https://www.uni-wh.de/detailseiten/kontakte/johannes-michalak-2341/f0/; https://www.achtsamkeitsinstitut-ruhr.de.

**Deine Vorstellung von Achtsamkeit: Wo stehen wir gerade?**

Ich bin da mal ganz offen, ich habe das Gefühl, es gab einen Hypezyklus im Achtsamkeitskontext. Der Begriff Hypezyklus stammt ursprünglich aus dem Technik-Kontext. Wenn eine neue Technologie entsteht, stürzen sich alle erstmal darauf. Es entsteht ein Hype im Sinne von überzogenen Erwartungen. Daraufhin geht es erstmal in die andere Richtung zum Tal der Enttäuschung. Was ich total interessant finde, ist, dass der Weg der Erleuchtung gar nicht an der Spitze steht, sondern erst nach dem Hype und dem Absinken in die Enttäuschung folgt. Dieser Prozess beschreibt mein aktuelles Gefühl zum Thema Achtsamkeit und auch was mich persönlich bezüglich Forschung und klinischer Anwendung von Achtsamkeit betrifft.

Es gab ganz viele wichtige Aspekte, die Achtsamkeit in die Psychologie und Psychotherapie eingebracht hat. Zum Beispiel Akzeptanz als komplementäres Prinzip zur einseitigen Veränderungsorientierung gerade der Verhaltenstherapie, veränderte Haltung zu Gedanken, wo die Haltung gegenüber Gedanken betont wurde statt der Veränderung von Inhalten und die Bedeutung des Hier-und-Jetzt statt permanenter Beschleunigung und Fixierung auf To-do-Listen. Aber dann gab es auch überzogene Erwartungen, zum Beispiel:

- Es sei jetzt die Lösung in Unternehmen mit hohen Fehlzeiten, da müsse man nur ein wenig Achtsamkeitstraining machen, dann würde das schon wieder besser.
- Achtsamkeit sei eine total sanfte Methode, die überhaupt keine Nebenwirkungen haben kann.
- Achtsamkeit sei die Lösung für fast alle Probleme.

Dann gab es in der Wissenschaft kritische Analysen, also das Tal der Enttäuschung. Zum Beispiel gab es sehr enttäuschende Ergebnisse in einer groß angelegten Achtsamkeitsstudie im

Schulkontext (N = 7.000), die leider geringe bis gar keine Effekte nachgewiesen hat. Auch in der Klinik kann das Tal der Enttäuschung in Folge überzogener Erwartungen sichtbar werden. Es ist problematisch, nur auf Grund verschiedener positiver Forschungsergebnisse zu achtsamkeitsbasierter Therapie zu sagen, man muss jetzt auch auf jeden Fall in der Klinik oder Therapie Achtsamkeit anbieten. Man braucht ja auch eine Person, die das entsprechend gut machen kann und auch will. Z. B. habe ich mitbekommen, dass eine Kollegin mit Achtsamkeit überhaupt nichts anfangen konnte, aber trotzdem als Psychotherapeutin in Ausbildung eine Achtsamkeitsgruppe leiten musste, nur weil Achtsamkeit im Dienstplan war. Der Gedanke: »Wir müssen eine Achtsamkeitsgruppe anbieten, weil wir wissen, Achtsamkeit ist ja gut«, ist nicht ausreichend. Aus klinischer Perspektive ist Achtsamkeit nicht besser als andere Therapieansätze, denn es gibt nicht stärkere Effekte, aber eben auch nicht schwächere. Es ist sehr problematisch, wenn man sich als Klinik, Therapeut oder als Individuum unter Druck gesetzt fühlt, jetzt Achtsamkeit machen zu müssen.

Eine aktuelle Studie verdeutlicht die überzogenen Erwartungen zum Thema Achtsamkeit als Allheilmittel. In einer kontrollierten Studie von Willoughby Britton (2021) – sie sitzt an der Brown University, war selbst mal buddhistische Nonne, ich habe sie vor 5 Jahren besucht – konnte gezeigt werden, dass über 80 % der Teilnehmenden auch von unbeabsichtigten Nebenwirkungen bei Meditationen in der achtsamkeitsbasierten Therapie berichteten, wenn sie dazu eingehender befragt wurden. Und das, obwohl die achtsamkeitsbasierte Behandlung insgesamt sehr gute Effekte zeigte. Zu Nebeneffekten zählten:

- Störungen des Raum-/Zeit-Erlebens
- andauernde Überempfindlichkeit
- Erinnerungen an traumatische Ereignisse
- Gefühl von Ängstlichkeit
- emotionale Abstumpfung

Das Resümee: Das ist wie bei allen anderen psychotherapeutischen Ansätzen auch. Das heißt nicht, dass Meditation super gefährlich ist, aber wie bei allen wirksamen Interventionen gibt es auch negative Nebenwirkungen. Die relevante Frage ist, wie diese Erkenntnisse integriert werden können: Ich denke,

- wir müssen wachsam sein und die Augen aufhalten, wenn wir einen Kurs geben.
- Die Teilnehmenden sollten von Vornherein darüber informiert werden, dass es zu Nebenwirkungen kommen kann. Das ist auch aus einer ethischen Perspektive sehr wichtig. Also ein Art Beipackzettel mitzugeben, aber ohne die Teilnehmenden zu verängstigen.
- Und wir müssen uns um die Menschen kümmern, bei denen Effekte auftreten. Leider sind Nebenwirkungen auch ein vernachlässigtes Thema in der Psychotherapieforschung insgesamt.

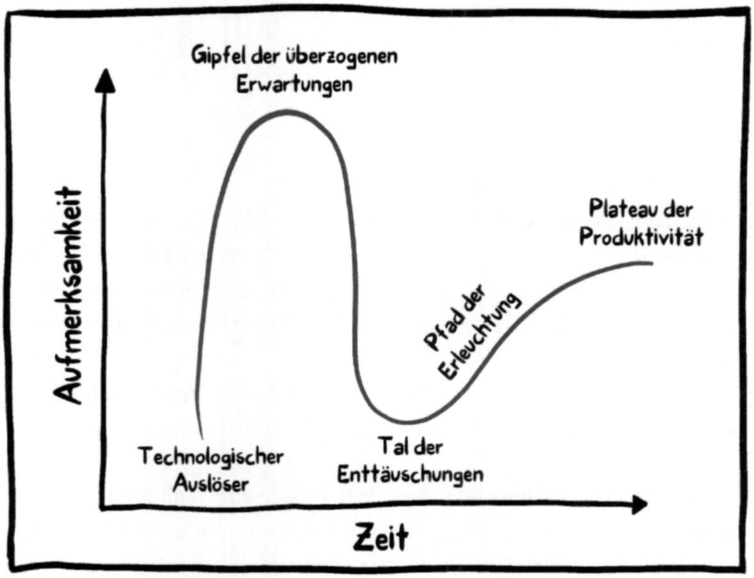


**Abb. 5.2:** Gartner Hype Cycle (2018)

Wahrscheinlich sind wir jetzt durch das Tal der Enttäuschungen durch. Wir haben ganz viel gelernt, jetzt gäbe es die Chance, den »Weg der Erleuchtung zu gehen«, aber wie genau wir da hinkommen, ist nicht ganz klar. Es geht darum, auch die kritischen Aspekte zu integrieren, eine realistische Sichtweise des Ganzen zu haben. Und gleichzeitig haben wir in den gängigen Ansätzen noch gar nicht die Tiefe erreicht, die mit Achtsamkeit möglich ist. Wir können jetzt noch lange nicht sagen: »Das war's, wir wissen, wie Achtsamkeit geht.« Es ist mehr Substanz dahinter und wir dürfen die Tiefe nicht verlieren, die wir noch gar nicht richtig ausgeschöpft haben, das muss aber gar nicht nur im klinischen Bereich sein.

**Was ist deine persönliche Geschichte?**

Ich habe schon jahrelang meditiert, bevor ich Achtsamkeit in der Forschung oder Therapie aufgegriffen habe, ich war da erst eher zurückhaltend und wollte das Private und Berufliche trennen. Thomas Heidenreich kannte ich schon länger. Nachdem die erste Arbeit zur Mindfulness-Based Cognitive Therapy (MBCT) herauskam, haben wir uns getroffen und auf den Weg gemacht:

- Haben 2003 das Buch *»Achtsamkeit und Akzeptanz in der Psychotherapie«* geschrieben, wir gehörten zu den ersten, die das Thema in die klinische Psychologie in Deutschland gebracht haben – wir waren dann sehr überrascht über die Resonanz, die das Thema in Deutschland ausgelöst hat.

- Wir sind sehr häufig zu Vorträgen oder Workshops eingeladen worden, es wurden Studien gemacht, Projekte; wir wurden von der Presse eingeladen, z. B. gab es ein großes *ZEIT*-Interview.
- Wir schreiben viele Kapitel für Lehrbücher.

Warum ich Achtsamkeit in die Welt bringen will?

- Um den Leuten die »wunderbare Qualität« des Hier und Jetzt ins Bewusstsein zu bringen.
- Mir geht es darum, den Leuten eine Alternative zum analytischen gedankenbasierten Modus näherzubringen. Unsere Gesellschaft und auch jeder individuell ist häufig im »To-do-Modus« gefangen und es besteht eine große Sehnsucht nach Alternativen zu diesem Lebensstil.
- Und natürlich: Es hilft Menschen, die unter psychischen Störungen leiden, zu üben, aus ihren Gedanken »auszusteigen« und sich mit dem Erleben im Hier-und-Jetzt zu verbinden.

Zu meiner persönlichen Entwicklung war es so, dass ich erst zur Meditation gekommen bin und dann zu Qi Gong. Den Körper mit reinzubringen mit seinen unterschiedlichen Ebenen ist für mich gerade ein Schwerpunkt meiner Forschung. Jeder meint zu wissen, was mit Körper gemeint ist, aber der Körper ist etwas sehr Komplexes und Vielschichtiges. Neben der Achtsamkeit mit dem »Hier und Jetzt Sein« und dem »Aussteigen aus den Gedanken« war für mich ein wirklich lebensgeschichtlicher Wendepunkt, mit der Qi-Qualität in Kontakt zu kommen und Qi Gong zu üben. Am Anfang war es für mich alles viel zu esoterisch, aber während der Übung war plötzlich viel zu merken, das war für mich ein echtes Wendeerlebnis. Vielleicht hört sich das jetzt etwas übertrieben an, aber bei meinem ersten Seminar mit einem chinesischen Qi-Gong-Meister bin ich geradezu in einer anderen Realität aufgewacht. Da merke ich gerade ein intrinsisches Interesse, dem auch in der Forschung weiter nachzugehen.

Wie ich Achtsamkeit in die Therapie gebracht habe?

- Ich habe selbst erlebt, dass die richtigen Bedingungen vorhanden sein müssen. Man kann es sich als Grass Root vorstellen, es braucht also Leute, die sich für das Thema begeistern. Die Gesellschaft muss auch offen sein für solche Themen.
- Zudem ist eine offene Organisationskultur von Vorteil. Wie ich damals in der Uni in Bochum und dem Therapiezentrum mit Achtsamkeit angefangen habe, hatte ich allerdings das Gefühl, das rein gar nichts nach dem Thema Achtsamkeit schreit. Sogar eher im Gegenteil, aber ich habe das Thema trotzdem reingebracht.
- Es war zwar schwer, aber ich konnte selbst erleben, es ist nicht unmöglich, und wer weiß, was für Samen gesät werden. Selbst wenn man die Resultate nicht direkt sehen sollte. Das muss vielleicht eine Generation nach mir weitermachen.

**In Interaktionen zeigt sich ja mitunter sehr deutlich, wie emotional intelligent wir miteinander umgehen und jede kennt den Wunsch noch »besser« mit anderen – gerade engen Teammitgliedern oder Familienangehörigen – umgehen zu wollen. Wieso ist Interaktion so schwierig? Und was tun?**

Das ist eine sehr tiefe und fundamentale Frage, auf die es sehr unterschiedliche Antworten gibt. Das ist schon fast eine Theodizee-Frage, also warum existiert das Leid in der Welt? Aus der spirituellen Lehre wäre es wahrscheinlich die Ich-Bezogenheit im Buddhismus und die Sünde im Christentum, was aber nichts anderes meint. Es ist sehr schwierig, sich von der eigenen Perspektive ein Stück weit zu lösen und zu versuchen, das Gesamtbild zu sehen. Sich von der Ich-Bezogenheit zu lösen, fällt Menschen sehr schwer. Auch die Interessensunterschiede und Ungerechtigkeiten in der Welt dürften auf diese Tendenz zurückzuführen sein.

Wenn man die Frage aus einer psychologischen Perspektive betrachtet, passt der *Alliance-Ruptures-Ansatz* eigentlich ganz gut.

- Das ist ein achtsamkeitsbasierter psychodynamischer Ansatz, nach dem Alliance-Ruptures – also Beziehungsbrüche – einfach zum Leben dazugehören. Vielleicht ist die Anerkennung des Leidens der erste Schritt, indem wir sagen, wir sind nicht alle Heilige und erleuchtete Menschen, sondern es gehört zum Leben im interpersonellen Bereich dazu, dass es Brüche gibt und davon gibt es zwei Arten.
  - Bei *Withdrawal ruptures* ziehe ich mich zurück, ganz subtil, zum Beispiel wechsle ich das Thema während eines Gesprächs, bis hin zu ganz massiv, indem ich zum Beispiel den Kontakt ganz abbreche.
  - Die andere Art sind *Confrontational ruptures*, hier reagiert man eher aggressiv, mit einer subtil zickigen Stimme oder wenn es ganz massiv zu ganz starken Konflikten kommt.
- Nach diesem Ansatz gehören Brüche erst mal zum Menschsein dazu. Menschen mit psychischen Störungen erleben vielleicht mehr Ruptures. Nach dem Alliance-Ruptures-Ansatz geht es dann darum, solche Brüche mit Achtsamkeit wahrzunehmen und die unausgesprochenen Bedürfnisse, die hinter den Brüchen stehen, bewusst zu machen und darüber in eine Metakommunikation einzutreten.

Wenn ich es auf eine ganz basale Ebene runterbreche, dann ist es schwierig, die beiden tiefen, motivationalen Grundtendenzen des Menschen immer wieder zu balancieren.

- Das eine ist die *Individuation* – ich möchte was aus meinem Leben machen, mich immer wieder entwickeln, Projekte durchführen – und auf der anderen Seite steht die *soziale Bezogenheit*.
- Wahrscheinlich stand die Psychotherapie seit über 100 Jahren sehr stark im Dienste der Individuation (z. B. Selbstverwirklichung der 60er Jahre). Die soziale Bezogenheit ist dabei ein bisschen zu kurz gekommen. Heutzutage muss man sich fast rechtfertigen, wenn man sich selbst mal zurückstellt (z. B. berufliche Chance ablehnen zugunsten der eigenen Familie), früher oder in anderen Kulturen wäre es genau umgekehrt gewesen.

- Es ist sehr schwer, die beiden Grundbedürfnisse und motivationalen Tendenzen, die alle Menschen irgendwie haben, miteinander zu balancieren. Es geht irgendwie, aber es ist immer wieder eine Verhandlungssache. Es ist sehr wichtig, immer wieder über die unterschiedlichen Bedürfnisse zu sprechen.
- Da kann Achtsamkeit sehr hilfreich sein: »Wie ist gerade die Beziehung, was ist gerade unausgesprochen zwischen uns?« – Das wahrzunehmen und metakommunikativ in Worte zu fassen, ist sehr wichtig. Hier kann es Skilldefizite geben. Die Schwierigkeit ist, es anzuerkennen und zu versuchen, die beiden Bedürfnisse auszubalancieren und auszuhalten.

**Wie damit umgehen, wenn einem alles zu viel im Leben ist?**

Es gibt unterschiedliche Motive, zur Achtsamkeit zu kommen. Es kann aus Neugierde geschehen oder man hat es mal irgendwo gehört oder befindet sich selbst in einer aktuellen Krise. Doch wenn alles zu viel ist, ist man vielleicht auch so blockiert, dass man sich gar nicht erst für einen Achtsamkeitskurs anmeldet. Es gibt verschieden Antworten zum Gedanken »Mir ist alles zu viel«:

- Es kann eine gute Motivation sein, im Sinne von »Ich will alles verändern«.
- Aber auch eine Blockade kann entstehen, »es wird mir alles zu viel, ich sehe überhaupt keinen Weg mehr«.
- Achtsamkeit kann eine Antwort sein, wenn man mit dem Thema bereits irgendeine Affinität hat. Manchmal ist »Ist mir alles zu viel« einfach nur ein Gedanke – das kennt man auch aus der Meditation.
- Im Lebenslauf ist es eine wichtige Erfahrung, von dem Gedanken »Ist mir alles zu viel« mal loszulassen und erstmal den ersten Schritt zu gehen und nochmal den nächsten Schritt – und das alles im Hier und Jetzt.
- Es kann auch ein Zuviel von »Ist mir alles zu viel und ich ziehe mich dann zurück« geben und ich entlaste mich und mache es dann nicht, es ist immer wieder eine Balancefrage.

Manchmal kann der Gedanke »Ist mir alles zu viel« auch nur eine Vorstellung sein, und wieder bei Anderen tatsächlich so sein. Hier dürfen wir nicht in die Falle tappen, dass Achtsamkeit die Lösung für alles sei.

- Wichtig ist die Kommunikation, mit Leuten zu sprechen, Unterstützung holen, sei es im Kontext von Familie oder Freunde – es wagen, darüber zu sprechen, also bei der Kommunikation nicht dichtmachen und gegebenenfalls auch professionelle Unterstützung zu suchen.
- Überlegen, was ist mir wirklich wichtig im Leben? Worauf kann ich verzichten?

Ich persönlich bin eher ein »Durchhalter«. Qi Gong ist ein schöner und wichtiger Ausgleich für mich. Trotzdem habe ich den Gedanken »Alles ist zu viel« auch bei mir immer mal wieder in bestimmten Lebensphasen.

**Kann Meditation auch schaden, z. B. wenn es mir gerade nicht gut geht?**

Ich sehe schon, dass es gewisse Situationen und Zustände gibt, in denen Meditation nicht zu empfehlen ist. Sogenannte Kontraindikationen beziehen sich auf Zustände, in denen nicht empfohlen wird, an Achtsamkeitskursen teilzunehmen. Diese Punkte hier sind keine absoluten Kontraindikationen, da kann man auch immer wieder individuell schauen, ob die Teilnahme an Achtsamkeitskursen doch sinnvoll ist oder ob es auch andere Möglichkeiten außerhalb von Kursen gibt, Achtsamkeit zu praktizieren. Aber bei den folgenden Zuständen sollte man vorsichtig sein und hier ist abzuraten von klassischen Achtsamkeitskursen wie MBSR:

- akute Substanzabhängigkeit;
- Personen, die zu selbstverletzendem Verhalten neigen, die es nicht so gut aushalten, auf sich selbst fokussiert zu sein über längere Zeiträume;
- Menschen, die große interaktionelle Störungen haben, Persönlichkeitsstörungen, große soziale Ängste, wenn Achtsamkeit im Gruppenkontext angeboten wird;
- Menschen, die neurologische Erkrankungen haben, wenn die Aufmerksamkeitskapazität verkürzt ist,
- Menschen, die sich in akuten Krisensituationen befinden, hier kann Meditation ein Element sein, aber vielleicht sind eher direktive und stärkere unterstützende Maßnahmen sinnvoll.

**Was tun, wenn man sich zu gestresst fühlt, um zu meditieren?**

Ich muss den wirklichen Entschluss haben, zu meditieren. Aber das ist nur die halbe Wahrheit: Meditieren-können hat auch eine »Geschenk-Qualität«, man kann und muss zwar selbst einen entschlossenen Beitrag leisten, aber man kann es nicht erzwingen. Und es hängt vom Grad der Übung ab: Wenn ich gut geübt bin, kann man auch in sehr herausfordernden Situationen meditieren. Meine tiefe innerliche Sehnsucht und der Wunsch, dieser Sehnsucht folgen zu wollen, sind dabei sehr entscheidend. Und ich sollte auch die Bereitschaft haben, »kleine Brötchen zu backen« und sich trotz Rückschlägen immer wieder auf den Weg zu machen. Meditieren erfordert auch immer wieder ein hohes Maß an Demut.

# 6 Epilog – Unsere Intention mit diesem Buch

Wir agieren heute in einer sich kontinuierlich wandelnden Welt – zusammengefasst unter dem Begriff BANI[50] – mit den Transformationstreibern Digitalisierung, Demografie und Nachhaltigkeit. Die damit einhergehenden Veränderungen der äußeren Welt erfordern zur Bewältigung eine innere Transformation – von Individuen, Teams und Organisationen. Hier erweist sich eine emotional intelligente Organisationskultur, die auf Achtsamkeit basiert, als hilfreich. Diese zu leben bedeutet, sich schneller auf Neues einstellen zu können – nicht den Sturm abzuwehren, sondern die Ruhe im Sturm zu bewahren.

Die BANI-Welt mag überfordernd erscheinen, durch Achtsamkeit jedoch gelangen wir zu innerer Gelassenheit und zu der Fähigkeit, mit einem Gefühl der Überforderung (da) sein und umgehen zu können. Emotionale Intelligenz hilft dabei, überlegt die nächsten passenden Schritte zu wählen. Die achtsame Haltung ist kein Schutzschild, das die äußeren Einflüsse fernhalten soll und kann, sie ermöglicht uns vielmehr einen Umgang damit – sodass wir nicht mehr das Gefühl haben, ein Schutzschild zu benötigen. Sie führt dazu, mit dem vermeintlichen Chaos um uns sein zu können, ohne das Bedürfnis zu haben, es direkt in bestehende Konzepte und Strukturen gießen oder zum Schweigen bringen zu müssen. Und dies mit mehr Lebendigkeit. Wir nennen diese Haltung die Haltung eines tanzenden Sterns, basierend auf dem bereits erwähnten Nietzsche-Zitat: »Man muss noch Chaos in sich haben, um einen tanzenden Stern gebären zu können.«

Die Wirkung ist auf verschiedene Weise sichtbar und entscheidend für einen erfolgreichen Umgang mit den Herausforderungen und Chancen der BANI-Welt:

- Auf der **individuellen Ebene** kultiviert man mittels Achtsamkeit und emotionaler Intelligenz mentale Gesundheit, Fokus und Präsenz sowie Mitgefühl.
- In den **Teams** braucht es Achtsamkeit und emotionale Intelligenz, um psychologische Sicherheit, achtsame Führung und agile Mindsets zu entwickeln.
- Für die Offenheit gegenüber nachhaltigen Veränderungen bedarf es zudem einer **Organisationskultur**, die wie ein Nährboden wirkt, auf dem emotionale Intelligenz und Achtsamkeit gedeihen können.

Dabei geht es bei der Etablierung von Achtsamkeit über den Umgang mit Herausforderungen weit hinaus, vielmehr öffnet sich ein Raum von Chancen, welche gestaltet werden können: Achtsamkeit und emotionale Intelligenz in den Organisationen sind wichtige Hebel, um eine menschendienliche Form des Wirtschaftens und Arbeitens stärker im Arbeitskontext zu verankern. Eine solche Arbeitswelt wiederum kann zum Ausgangspunkt für Beiträge zur Lösung gesellschaftlicher und ökologischer Probleme werden. Die lebensdienliche Wirtschaft bildet

50 Eine nähere Erläuterung hierzu finden Sie in Kapitel 1.

letztlich eine Voraussetzung für eine friedliche Koexistenz auf globaler Ebene sowie für den Erhalt unseres Ökosystems, da die Wirtschaft einer der größten Hebel für einen tiefgreifenden Wandel darstellt. Materiell-produktive Innovationen allein werden hierfür nicht genügen. Es bedarf eines neuen wirtschaftlichen Betriebssystems, das einer Wirtschaftslogik basierend auf den Prämissen sozialer und ökologischer Gerechtigkeit folgt. Wissenschaftliche Erkenntnisse, bekannt gemacht etwa durch den Club of Rome (2022) oder den Nobelpreisträger Prof. Joe Stiglitz (z. B. 2020), legen Handlungsansätze vor. Insbesondere heben sie hervor, dass dieses neue Betriebssystem nur in Gang kommt, wenn wir – ob individuell, organisational oder gesellschaftlich – unsere Denkweise und unsere Haltung, also unsere Mindsets, ändern. Achtsamkeit liefert hier einen wichtigen Beitrag, denn bei regelmäßig durchgeführten Achtsamkeitstechniken stellt sich die Erkenntnis ein, dass unser Handeln in größeren Zusammenhängen steht, insbesondere, dass jeder Mensch in gegenseitiger Abhängigkeit existiert. In der Konsequenz wird dadurch klar, dass nachhaltiges und innovatives Wirtschaften, auch im Sinne des Gemeinwohls und derjenigen Stakeholder, die bisher nicht berücksichtigt wurden, notwendig ist.

Das Gute daran: Jeder Mensch hat bereits die Fähigkeiten zur Verfügung. Achtsamkeit ist wie eine Superpower, die man in sich trägt und lediglich entdecken bzw. freilegen muss, um sie zu nutzen. Es ist nichts, was mühevoll zu erarbeiten wäre. Wir kennen keinen »per se achtsamen Menschen«, uns eingeschlossen. Jede und jeder befindet sich irgendwo auf dem »Kontinuum zwischen Unwissenheit und Weisheit«, so der Neurowissenschaftler Sam Harris (Harris, 2018).

Das gilt für die individuelle Ebene genauso wie für Teams und Organisationen. Ein Kontinuum, das wir in Bezug auf Achtsamkeit und emotionale Intelligenz in dem vorliegenden Buch versuchen, erstmals für Organisationen durch Reifegrade zu beschreiben. Um dann einen Toolkoffer anzubieten, wie sich Achtsamkeit und emotionale Intelligenz über die drei Hebel **Verbundenheit herstellen**, **Klarheit erhöhen** und **Stress reduzieren** steigern lassen. Wir haben dabei auf Vielfalt bei den Tipps geachtet, damit für jede Leserin und jeden Leser – ob im individuellen, im Team oder aber im organisationalen Kontext – etwas dabei ist. Wohlwissend, dass sicherlich nicht alle Techniken zu den jeweiligen Themen abgebildet werden können. Das Forschungsfeld ist relativ neu und durch die Vielschichtigkeit von Unternehmen sowie die Schwierigkeit, in natürlichen Umgebungen zu forschen, bedarf es neben den vorhandenen, deren Ergebnisse Eingang in dieses Buch gefunden haben, vieler weiterer wissenschaftlicher Studien. Dazu regen wir gerne an, z. B. bezüglich der hier angedachten Reifegrade von Organisationen.

Es sind uns übrigens keine Organisationen bekannt, die wir als vollständig achtsame Organisation bezeichnen würden, sondern lediglich jene, die sich auf dem Spektrum, auf den Reifegraden dorthin bewegen. Es gibt Organisationen, die z. B. durch eine ökologisch gerechte Lieferkette als recht achtsam erscheinen. Aber die Mitarbeitenden berichten von einem eher angstgetriebenen Teamklima, das zu gesundheitlichen Schäden führt. Dann gibt es solche, die die Bedürfnisse der eigenen Mitarbeitenden stark in den Vordergrund stellen, sodass es jedem, der einmal dort arbeitet, sehr schwerfällt zu gehen. Die es aber nicht schaffen, das »Leben über das Geld« zu stellen, wie es Prof. John Schellnhuber ausdrückt (2020), und Wachstum sowie

Profitorientierung priorisieren, ohne die Folgen ihres Handelns auf andere zu berücksichtigen. Dies entspricht einem Reifegrad, der für mehr und mehr Menschen, insbesondere für die »Sustainable Natives«, ein inakzeptabler Zustand mit Blick auf ökologische und soziale Ungerechtigkeiten darstellt (vgl. auch Laloux, 2015). Und dazu gibt es noch viele Organisationen, die irgendwo in der Mitte stehen.

Wir wollen mit diesem Buch Impulse geben, um Achtsamkeit und emotionale Intelligenz in Organisationen weiterzuverbreiten. Bei all unserer Überzeugung hinsichtlich der Wirkungsmacht von Achtsamkeit möchten wir aber auch auf mögliche Grenzen hinweisen, da mit dem Überschreiten dieser Grenzen Risiken und sogar Missbrauch drohen: Weil Achtsamkeit nachweislich zu einem verbesserten Umgang mit Unsicherheiten und Stress führt, wird diese noch zu oft als eine Art Optimierungstool für Individuen missverstanden. Nach dieser Auffassung sollen Individuen ihren persönlichen Erschöpfungszuständen einfach mit Achtsamkeit begegnen, weitere Unterstützung – etwa durch Anpassung von Strukturen und Prozessen – ist nicht vorgesehen. Diesen Ansatz halten wir für falsch, denn Menschen wird so suggeriert, dass die alleinige Verantwortung für mögliche Missstände bei ihnen liegen. Unsere Hoffnung ist stattdessen, dass die zunehmenden Erschöpfungszustände von Menschen systemisch betrachtet und angegangen werden. Dass erkannt wird, dass die Reduktion von Belastungen nicht beim Individuum alleine liegt, sondern erst durch eine kluge Orchestrierung mit anderen Wirkhebeln, wie Führungsstil sowie Strukturen und Prozesse in Teams und Organisationen, langfristig ermöglicht wird.

**Abb. 6.1:** Tanzender Stern

Es ist eine radikale Veränderung des eigenen Bewusstseins und Geistes mittels Achtsamkeit möglich und aus unserer Sicht gilt dies auch für Teams und Organisationen. Wir glauben daran, dass eine Entwicklung hin zu mehr Achtsamkeit und emotionaler Intelligenz auf den drei Ebenen Individuum, Team und Organisationskultur die notwendige innere Transformation als Passung zu den äußeren Veränderungen der BANI-Welt darstellt. Und wir glauben daran, dass Achtsamkeit mehr und mehr zu einer Selbstverständlichkeit im Unternehmensalltag werden wird. Aber wir werden nicht umhinkommen, uns aktiv dafür einzusetzen, denn Achtsamkeit passiert in der Arbeitswelt nicht einfach so, aus reinem Zufall.

Achtsamkeit, die notwendig ist, um die innere Haltung eines tanzenden Sternes zu kultivieren.

# Anhang

Die folgenden Anhänge finden sich auf myBook+:

- **Literaturverzeichnis**
  Unser umfangreiches Literaturverzeichnis finden Sie ebenfalls auf myBook+. Dieses enthält eine Auflistung aller verwendeten Quellen inklusive einer Vielzahl fundierter Studien, systematische Reviews sowie Literaturlinks, die das Fundament dieses Buches bilden.
- **Akteure und Schulen der Achtsamkeit**
  Die Auflistung der Akteure und Schulen der Achtsamkeit bietet einen Überblick über wichtige Vertretungen von Achtsamkeit im Bereich der Wissenschaft, Anbietende für Achtsamkeit insbesondere für Organisationen, Achtsamkeits-Apps, Achtsamkeit im klinischen Bereich sowie eine Übersicht über die spirituellen Wurzeln und Schulen der Meditation.
- **Kleines Glossar**
  Ein kleines Glossar »rund um Agilität und New Work« definiert und erläutert die in diesem Buch erwähnten Begrifflichkeiten aus diesem Themenbereich.

# Autorinnen und Grafikerin

**Dr. Svea von Hehn (geb. 1975)**

Svea ist Unternehmerin, promovierte Psychologin und mehrfach zertifizierte Achtsamkeits-Coach (u. a. für Search Inside Yourself, Googles Achtsamkeitsprogramm). Als Sprecherin ist Svea auf Konferenzen sowie in der Achtsamkeits-App *MOMENTUM* zu hören. Svea ist Autorin von Fachbüchern und Artikeln (u. a. »Achtsamkeit in Beruf und Alltag«). Seit über 30 Jahren praktiziert sie Achtsamkeit (mit Fokus auf Zen und Yoga) und ist Schülerin des Zen-Meisters Prof. Migaku Sato Roshi. Die Gründerin und Partnerin der RETURN ON MEANING GmbH ist seit über 25 Jahren international tätig, darunter auch einige Jahre bei McKinsey. Ihre Schwerpunkte liegen auf Kulturwandel, Führung und emotionaler Intelligenz. Sie engagiert sich ehrenamtlich für soziale Projekte (z. B. für das Hospiz Domicilium Weyarn). Sie hat einen Sohn und lebt mit ihrer Familie in Berlin.

www.sveavonhehn.com/
www.returnonmeaning.de/svea-von-hehn

**Johanna Rauls (geb. 1994)**

Johanna ist Psychologin und Doktorandin bei der Bundesanstalt für Arbeitsschutz und Arbeitsmedizin im Fachbereich mentale Gesundheit. Ihr Studium der Psychologie absolvierte sie als Deutschlandstipendiatin in Heidelberg und Berlin. Im Rahmen des Fulbright-Programms verbrachte Johanna ein Jahr an der Emory University in den USA, wo sie sich u. a. über die vom Dalai Lama geförderte Emory-Tibet Science Initiative intensiv mit den aktuellen Themen der Achtsamkeitsforschung befasste. Johanna war mehrere Jahre als Senior Consulting Analyst bei RETURN ON MEANING tätig und begleitete schwerpunktmäßig Projekte zu emotionaler Intelligenz und Achtsamkeit. Sie engagiert sich ehrenamtlich für verschiedene soziale Projekte im In- und Ausland, u. a. als Mentorin in der Geflüchteten-Hilfe. Ihre Begeisterung für wissenschaftliche Forschung und die langjährige Leidenschaft für Achtsamkeit vereint Johanna in diesem Buch.

johanna.rauls@outlook.com

**Ylva Schmökel (geb. 1994)**
Ylva ist Beraterin für die öffentliche Hand und die Privatwirtschaft. Ihr interdisziplinäres Studium in Governance absolvierte sie in Freiburg und Madrid und spezialisiert sich aktuell im Masterstudium auf organisationales Lernen. Sie ist systemische Organisationsberaterin in Ausbildung und begeistert sich für Themen nachhaltiger Transformation, die sie auch in ihr privates Leben und ehrenamtliches Engagement übersetzt. Um die Komplexität der BANI-Welt verständlicher und greifbarer zu machen, nutzt Ylva freiberuflich den kreativen Prozess des Visualisierens und Illustrierens.

www.artgravly.wixsite.com/gravly

Die Fotos der Autorinnen sind von Ralf Hiemisch.

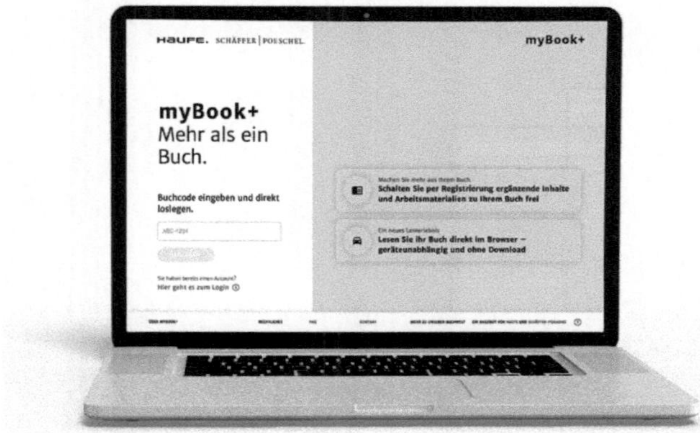


## Ihre Online-Inhalte zum Buch: Exklusiv für Buchkäuferinnen und Buchkäufer!

---

▶ https://mybookplus.de

▶ Buchcode: ODM-74058